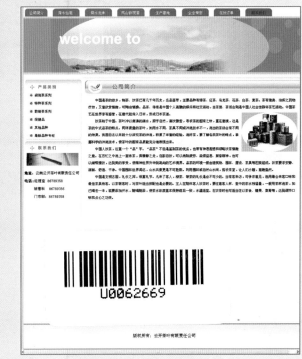

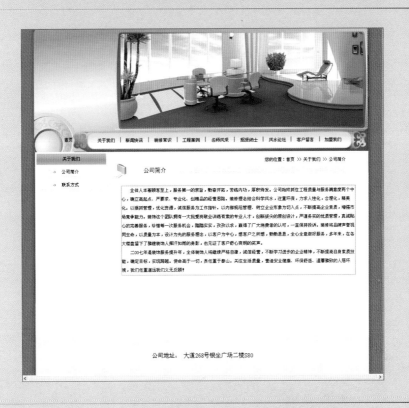

中国风

中文版 刘志珍 / 编著
Dreamweaver CS4
学习总动员

清华大学出版社
北京

内 容 简 介

本书内容涵盖了Dreamweaver CS4中全部的常用知识点。主要包括初识网页制作与Dreamweaver CS4、创建与管理站点、创建基本的文本网页、创建绚丽多彩的图像网页、创建超级链接、建立表格排列网页数据、AP元素和布局对象、制作框架网页、插入多媒体内容、CSS样式表的使用、给网页添加行为制作特效网页、使用模板和库、扩展功能、交互式表单、编写HTML代码、创建动态网页、网站的发布和维护、设计美食休闲网站、设计个人博客网站、设计在线购物网站、HTML常用标签、JavaScript语法手册、CSS属性一览表、VBScript语法手册等内容。在介绍软件系统的同时，还运用了大量的实例，贯穿于整个讲解过程。在对实例进行讲解时，手把手地解读如何操作，直至得出最终效果。这样使读者既能掌握各项知识点的使用方法，又能及时了解各项知识点的实际运用场合，从而方便记忆，并能够举一反三。

本书适用于网页设计与制作人员、网站建设与开发人员、大中专院校相关专业师生、网页制作培训班学员，以及个人网站爱好者与自学读者。

本书封面贴有清华大学出版社防伪标签，无标签者不得销售。

版权所有，侵权必究。侵权举报电话：010-62782989　13701121933

图书在版编目(CIP)数据

中国风——中文版 Dreamweaver CS4 学习总动员/刘志珍　编著.—北京：清华大学出版社，2010.3
ISBN 978-7-302-21600-1

I. 中…　II. 刘…　III. 主页制作—图形软件，Dreamweaver CS4　IV. TP393.092

中国版本图书馆 CIP 数据核字(2009)第 224082 号

责任编辑：于天文
封面设计：ANTONIONI
版式设计：康　博
责任校对：胡雁翎
责任印制：何　芊

出版发行：清华大学出版社　　　　　　　　地　　　址：北京清华大学学研大厦 A 座
　　　　　http://www.tup.com.cn　　　　邮　　　编：100084
　　　　社　总　机：010-62770175　　　　邮　　　购：010-62786544
　　　　投稿与读者服务：010-62776969，c-service@tup.tsinghua.edu.cn
　　　　质　量　反　馈：010-62772015，zhiliang@tup.tsinghua.edu.cn
印　刷　者：北京嘉实印刷有限公司
装　订　者：三河市李旗庄少明装订厂
经　　销：全国新华书店
开　　本：203×260　印　张：26.75　插　页：2　字　数：945 千字
版　　次：2010 年 3 月第 1 版　　　　印　　次：2010 年 3 月第 1 次印刷
　　　　　附光盘 1 张
印　　数：1～4000
定　　价：55.00 元

前 言
Preface

近年来随着网络信息技术的广泛应用，互联网正逐步改变着人们的生活方式和工作方式。越来越多的个人、企业等纷纷建立自己的网站，利用网站来宣传推广自己。在这一浪潮中，网络技术应用特别是网页制作技术受到了很多人的青睐，而在一些流行的"所见即所得"的网页制作软件中，Adobe公司的Dreamweaver无疑是使用最为广泛，也是最为优秀的一个，它以强大的功能和友好的操作界面备受广大网页设计工作者的欢迎。已经成为网页设计制作的首选软件。据统计，全球80%的网站页面都是通过Dreamweaver制作的。特别是最新版本的Dreamweaver CS4软件，新增了许多有效功能，可以帮助用户在更短的时间内完成更多的工作。

本书主要内容

本书内容由浅入深，丰富多彩，力争涵盖Dreamweaver CS4中全部的常用知识点。在介绍软件系统的同时，还运用了大量的实例，贯穿于整个讲解过程。详细的文字解说配合图像，使得每一个步骤都明了易懂，操作一目了然。在对实例进行讲解时，手把手地解读如何操作，直至得出最终效果。这样使读者既能掌握各项知识点的使用方法，又能及时了解各项知识点的实际运用场合，从而方便记忆，并能够举一反三。

本书主要特点

本书的作者有着多年的丰富教学经验与实际设计经验，在编写本书时最希望能够将自己实际授课和作品设计制作过程中积累下来的宝贵经验与技巧展现给读者。希望读者能够在体会到Dreamweaver CS4软件强大功能的同时，把设计思想、创意方面的知识通过软件反映到网页设计制作的视觉效果上来。也就是说，在掌握了基本操作的同时，通过实例和优秀的网站作品，能够体会网页设计制作中的独到之处，实现由浅入深、从业余到专业这一循序渐进的过程。本书主要有如下特点。

- 图文并茂：在介绍具体操作步骤的过程中，每一个操作步骤均配有对应的插图，图中用简洁的语言标注步骤信息，尽量增加图中的知识含量。这种图文并茂的方法，使读者在学习过程中能够直观、清晰地看到操作的过程以及效果，便于读者理解和掌握。
- 结构清晰：本书结构安排合理，符合教学需要和个人自学的习惯，每章都是先介绍本章学习要点，便于教师和读者提纲挈领地掌握本章重点知识，每章的最后还有范例精讲，读者不仅可锻炼操作能力，还可以复习本章知识。最后通过综合实例讲述了软件的综合应用。
- 超值配套光盘：本书配套多媒体教学光盘内容与书中知识紧密结合并互相补充。多媒体教学录像模拟工作中的真实场景，让读者体验实际工作环境，并借此掌握工作中所需的知识和技能，掌握处理各种问题的方法，达到学以致用的目的，从而大大地扩充了本书的知识范围。
- 网页设计培训班学员
- 个人网站爱好者与自学读者

本书读者对象

本书语言叙述通俗易懂，突出了实用性，采用由浅入深的编排方法，内容丰富、结构清晰、语言简练、实例众多、图文并茂。本书适用于以下读者对象：

1. 网页设计与制作人员
2. 网站建设与开发人员
3. 大中专院校相关专业师生
4. 网页制作培训班学员
5. 个人网站爱好者与自学读者

　　本书能够在这么短的时间内出版，是和很多人的努力分不开的。在此，我要感谢很多在我写作的过程当中给予帮助的朋友们，他们为此书的编写和出版做了大量的工作，在此向他们致以深深的谢意。

　　本书由国内著名网页设计培训专家刘志珍编写，参加本书编写和制作的人员还有潘瑞兴、王海燕、于广浩、周轶、郭瑞燕、刘永彬、王伟光、田慧、巨英连、张养丽、陈洋、程　睿、初巧岗、范　明、何海霞、何丽艳、何秀明、李　华、林金浪、刘贵国、刘建明、刘　强、刘亚利、刘志珍、潘志鹏、秦　雪、任向龙、孙良军、田娟娟、王大印、王　宏、王瑞玺、王宜美、吴　毓、吴劲松、吴　蓉、杨　伟、袁紊玉、藏方青、张　戈、张立业、张　龙、张陆军、张绍山、张艳群、张养丽、郑桂英、郑庆柱、郑元华、寇玉珍、李晓鹏、马联和、李　华、巨英莲、张嵘峰、田娟娟、赵玉华、李保华、焦丽英、李怀良、汪钢、荣文臻等,在此一并表示感谢。由于作者水平有限，加之创作时间仓促，本书不足之处在所难免，欢迎广大读者批评指正。若读者有技术或其他问题可联系作者，我们的电子邮箱是qited@126.com，电话：01086324326，QQ：50880590。

2010年1月

目　录

Contents

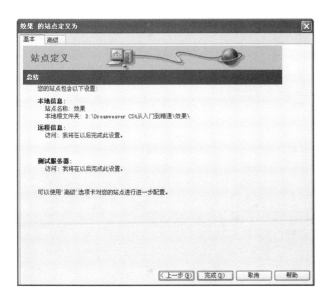

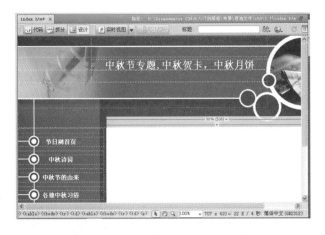

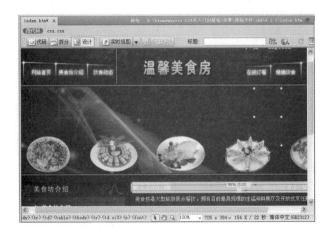

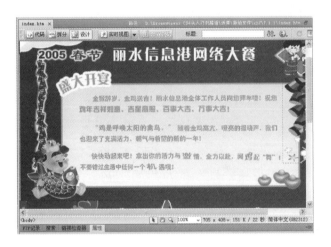

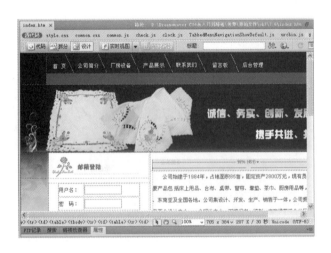

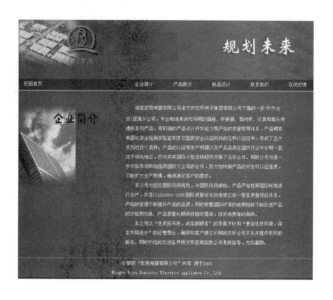

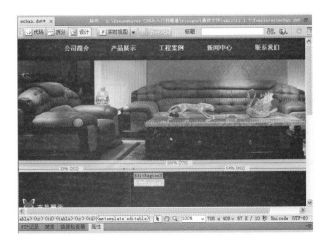

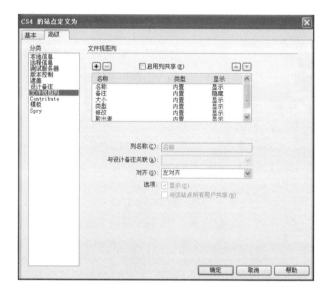

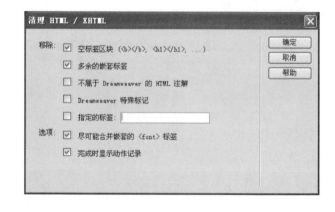

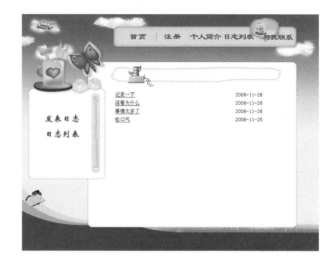

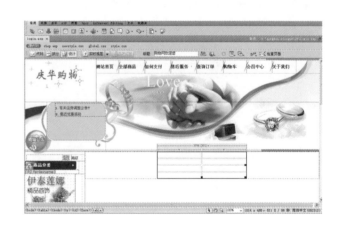

第1章

初识网页制作与Dreamweaver CS4

本章导读

为了能够使网页初学者对网页设计有个总体的认识，在设计与制作网站之前，需要先了解一些网页设计的基础知识。本章首先介绍网页设计的基本技术，接着介绍如何设计网页、网页设计的基本原则，以及网页设计的常用软件Dreamweaver、Flash和Photoshop。在网页设计中，色彩是网页风格的灵魂，网页的色彩是树立网站形象的关键，也是网站设计风格的主要组成部分。一个网站设计成功与否，在很大程度上取决于网页色彩的运用和搭配，网页色彩处理得好，可以锦上添花，达到事半功倍的效果。因此，在设计网页时，必须要高度重视网页色彩的搭配。

学习要点

- 熟悉网页制作基础知识
- 熟悉网页色彩设计
- 熟悉网页设计的常见软件
- 熟悉Dreamweaver CS4工作界面

1.1 网页制作基础知识

网页是网站信息发布与表现的一种主要形式。网页的内容与发布信息的目的和要求相关，网页的表现形式和效果与制作工具和创意水平有关。

1.1.1 网页的基本元素

在因特网上浏览时，看到的每个页面，称为网页，很多网页组成一个网站。一个网站的第一个网页称为主页。主页是所有网页的索引页，通过单击主页上的超链接，可以打开其他的网页。正是由于主页在网站中的特殊作用，人们也常常用主页指代所有的网页，将个人网站称为"个人主页"，将建立个人网站、制作专题网站称为"网页制作"。

网页中的基本元素包括：文字、图片、音频、动画和视频。文字，符合排版要求。图片、音频、动画、视频，符合网络传输及专题需要，需要精选。

1.1.2 常见的网页类型

通常我们看到的网页，都是以htm或html后缀结尾的文件，俗称HTML文件。不同的后缀，分别代表不同类型的网页文件，例如以CGI、ASP、PHP、JSP甚至其他更多。

HTML全称HyperText Markup Language，正式名称是超文本标记语言，利用标记(tag)来描述网页的字体、大小、颜色和页面布局的语言，使用任何的文本编辑器都可以对它进行编辑，与VB、C++等编程语言有着本质上的区别。

PHP是Hypertext Preprocessor的缩写，代表超文本预处理器。其优势在于其运行效率比一般的CGI程序要高，而且PHP是完全免费，不用花钱，可以从PHP官方站点(http://www.php.net)自由下载。PHP在大多数Unix平台，GUN/Linux和微软Windows平台上均可以运行。

JSP与ASP非常相似。不同之处在于ASP的编程语言是VBScript之类的脚本语言，而JSP使用的是Java。此外，ASP与JSP还有一个更为本质的区别：两种语言引擎用完全不同的方式处理页面中嵌入的程序代码。在ASP下，VBScript代码被ASP引擎解释执行；在JSP下，代码被编译成Servlet并由Java虚拟机执行。

VRML(Virtual Reality Modeling Language)就是虚拟实境描述模型语言，是描述三维的物体及其连结的网页格式。用户可在三维虚拟现实场景中实时漫游，VRML2.0在漫游过程中还可能受到重力和碰撞的影响，并可和物体产生交互动作，选择不同视点等。

浏览VRML的网页需要安装相应的插件，利用经典的三维动画制作软件3ds max，可以简单而快速地制作出VRML。

1.1.3 网页版面布局设计

网页是通过浏览器所看到的页面，在Dreamweaver中，用户可以方便地、可视化地输入文本和插入其他网页元素，如图像、声音、动画以及媒体对象，以便使网页内容更加充实。

在制作网页前，可以先布局出网页的草图。网页布局的方法有两种，第一种为纸上布局，第二种为软件布局，下面分别加以介绍。

- 纸上布局法

许多网页设计人员不喜欢先画出页面布局的草图，而是直接在网页编辑工具里边设计布局边加内容。这种不打草稿的方法不能设计出优秀的网页来，所以在开始制作网页时，首先在纸上画出页面的布局草图。这属于创造阶段，不必讲究细腻工整，不必考虑细节功能，只以粗陋的线条勾画出创意的轮廓即可。尽可能地多画几张草图，最后选定一个满意的来创作。

- 软件布局法

如果不喜欢用纸来画出布局意图，那么还可以利用Photoshop、Fireworks等软件来完成这些工作。不像用纸来设计布局，利用软件可以方便的使用颜色，使用图形，并且可以利用AP元素的功能设计出用纸张无法实现的布局意念。

1.2　网页色彩设计

网页设计的成败，在很大程度上取决于色彩运用的优劣。网页的色彩创作拥有自身的设计规则，与其他视觉形式有着较大的差异。

对平面设计而言，色彩是静止的，色彩的分布是根据固定的信息去编排的，创作好后，作品也就完成了。即使是系列平面作品，每幅作品也会具有自己的思量，可以独立思考。对网站来说，信息是流动的，页面的信息会变更。图片信息较多时，图片中的色彩将主宰整个页面，此时的网页色彩风格必定与插图色彩密不可分。即便创作已经完成了，由于后续信息的更新，可能会对方案风格产生影响。即便是稍许的偏差，如果不去调整，也可能会把整套风格打散。

1.2.1　色彩的基本知识

一个网站的整体色彩效果取决于主色调的确定，以及前景色与背景色的关系。网站是倾向于冷色或暖色，还是倾向于明朗鲜艳或素雅质朴，这些色彩倾向所形成的不同色调给人们的印象即网站色彩的整体效果，网站色彩的整体效果取决于网站的主题需要以及访问者对色彩的喜好，并以此为依据来决定色彩的选择与搭配。如药品网站的色彩大都为白色、蓝色和绿色等冷色，这是根据人们心理特点决定的。这样的总体色彩效果才能给人一种安全、宁静可靠的印象，使网站宣传的药品易于被人们接受。如果不考虑网站内容与消费者对色彩的心理反应，仅凭主观想象设计色彩，其结果必定适得其反。

1. 网站的主色调

网站的色调一般由多种色彩组成，为了获得统一的整体色彩效果，要根据网站主题和视觉传达要求，选择一种处于支配地位的色彩作为主色，并以此构成画面的整体色彩倾向。其他色彩围绕主色变化，形成以主色为代表的统一色彩风格。

2. 前景色与背景色的关系

网页画面中既然有反映主题形象的主体色，就必须有衬托前景色的背景色。主体与背景所形成的关系，是平面广告设计中主要的对比关系，多种柔和、相近的色彩或中间色突出前景色，也可用统一的暗色彩突出较明亮的前景色。背景色彩明度的高低视前景色明度而定，一般情况下，前景色彩都比背景色彩更为强烈、明亮且鲜艳。这样既能突出主题形象，又能拉开主体与背景的色彩距离，产生醒目的视觉效果。

因此在处理主体与背景色彩关系时，一定要考虑二者之间的适度对比，以达到主题形象突出，色彩效果强烈的目的。

3. 色彩均衡

网页的色彩均衡相当重要，如一个网页中不可能仅使用一种颜色。色彩均衡包括色彩的位置、每种颜色所占的比例及面积等。如鲜艳明亮的色彩面积小一点可以让人感觉舒适，不刺眼，这就是一种均衡的色彩搭配。

1.2.2 常见的网页配色方案

网页配色很重要，网页颜色的搭配好坏与否直接会影响到访问者的情绪。好的色彩搭配会给访问者带来很强的视觉冲击力，不好的色彩搭配则会让访问者浮躁不安。下面就来讲述常见的网页配色方案。

1. 同种色彩搭配

同种色彩搭配是指首先选定一种色彩，然后调整透明度或饱和度，将色彩变淡或加深，产生新的色彩。这样的页面看起来色彩统一，有层次感。

2. 邻近色彩搭配

邻近色是色环上已给定的颜色邻近的任何一种颜色。如绿色和蓝色、红色和黄色就互为邻近色。采用邻近色可以使网页避免色彩杂乱，易于达到页面的和谐统一。

3. 暖色色彩搭配

暖色色彩搭配是指红色、橙色、黄色、褐色等色彩的搭配。这种色调的运用，可使网页呈现温馨、和谐、热情的氛围。

4. 冷色色彩搭配

冷色色彩搭配是指使用绿、蓝、紫色等色彩的搭配。这种色彩搭配，可使网页呈现宁静、清凉、高雅的氛围。冷色调与白色搭配一般会获得较好的效果。

5. 有主色的混合色彩搭配

有主色的混合色彩搭配是指以一种颜色作为主要颜色，即作为主色，同时辅以其他色彩混合搭配，形成缤纷而不杂乱的搭配效果。

1.3 网页设计的常见软件

制作一个精美的网页，需要综合利用各种网页制作工具才能完成，下面简单介绍一下常用的网页设计软件。

1.3.1 网页设计软件Dreamweaver CS4

Dreamweaver是网页设计与制作领域中用户最多、应用最广、功能最强的软件，无论在国内还是国外，它都是备受专业Web开发人员喜爱的软件之一。随着Dreamweaver CS4的发布，更稳固了

Dreamweaver在网页设计与制作领域中的地位。Dreamweaver用于网页的整体布局和设计，以及对网站进行创建和管理，是网页设计三剑客之一，利用它可以轻而易举地制作出充满动感的网页。如图1.1所示是Dreamweaver CS4的工作界面。

图1.1　Dreamweaver CS4的工作界面

1.3.2　网络图像处理软件Photoshop CS4

最常用的网页图像处理软件有Photoshop和Fireworks，其中Photoshop凭借其强大的功能和广泛的使用范围，一直占据着图像处理软件的领先地位。Photoshop在图像合成、图像处理和照片处理中可以实现非常完美的效果。如图1.2所示是Photoshop CS4的工作界面。

图1.2　Photoshop CS4的工作界面

1.3.3　网络动画设计软件Flash CS4

Flash是一款非常优秀的交互式矢量动画制作工具，能够制作包含矢量图、位图、动画、音频、视频、交互式动画等。为了吸引浏览者的兴趣和注意，传递网站的动感和魅力，许多网站的介绍页面、广告条、按钮，甚至整个网站，都是采用Flash制作出来的。由于Flash编制的网页文件比普通网页文件要小得多，所以大大加快了浏览速度，这是一款十分适合动态Web制作的工具。如图1.3所示是Flash CS4的工作界面。

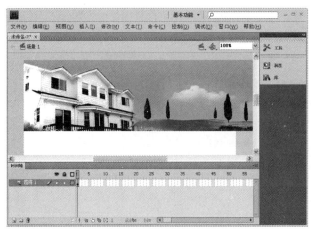

图1.3　Flash CS4的工作界面

1.4　Dreamweaver CS4工作界面

为了更好地使用Dreamweaver CS4，应了解Dreamweaver CS4操作界面的基本元素。Dreamweaver CS4的操作界面是由菜单栏、插入栏、文档窗口、【属性】面板以及浮动面板组组成，如图1.4所示，整体布局显得紧凑、合理、高效。

图1.4　Dreamweaver CS4的操作界面

1.4.1　菜单栏

菜单栏包括【文件】、【编辑】、【查看】、【插入】、【修改】、【格式】、【命令】、【站点】、【窗口】和【帮助】10个菜单，如图1.5所示。

图1.5　菜单栏

- 文件：用来管理文件，包括创建和保存文件、导入与导出文件、浏览和打印文件等。
- 编辑：用来编辑文本，包括撤消与恢复、复制与粘贴、查找与替换、参数设置和快捷键设置等。
- 查看：用来查看对象，包括代码的查看、网格线与标尺的显示、面板的隐藏和工具栏的显示等。
- 插入：用来插入网页元素，包括插入图像、多媒体、AP元素、框架、表格、表单、电子邮件链接、日期、特殊字符和标签等。
- 修改：用来实现对页面元素修改的功能，包括页面元素、面板、快速标签编辑器、链接、表格、框架、导航条、AP元素的位置、对象的对齐方式、AP元素与表格的转换、模板、库和时间轴等。
- 格式：用来对文本进行操作，包括字体、字形、字号、字体颜色、HTML/CSS样式、段落格式化、扩展、缩进、列表、文本的对齐方式等。
- 命令：收集了所有的附加命令项，包括应用记录、编辑命令清单、获得更多命令、插件管理器、应用源代码格式、清除HTML/Word HTML、设置配色方案、格式化表格和表格排序等。
- 站点：用来创建与管理站点，包括站点显示方式、新建、打开与自定义站点、上传与下载、登记与验证、查看链接和查找本地/远程站点等。
- 窗口：用来打开与切换所有的面板和窗口，包括插入栏、【属性】面板、站点窗口和CSS面板等。
- 帮助：内含Dreamweaver联机帮助、注册服务、技术支持中心和Dreamweaver的版本说明。

1.4.2 工具栏

　　【标准】工具栏包括【新建】、【打开】、【保存】、【剪切】、【复制】和【粘贴】等一般文档编辑命令，如图1.6所示。如果不需要经常使用这些命令，可以将此工具栏关闭，在工具栏的空白处单击鼠标右键，在弹出的快捷菜单中去掉【标准】前面的对勾即可。

图1.6　【标准】工具栏

- 新建文档：新建一个网页文档。
- 打开：打开已保存的文档。
- 在Bridge中浏览：在Bridge中浏览文件。
- 保存：保存当前的编辑文档。
- 全部保存：保存Dreamweaver 中的所有文件。
- 打印代码：单击此按钮，将自动打印代码。
- 剪切：剪切工作区中被选中的文字和图像等对象。
- 复制：复制工作区中被选中的文字和图像等对象。
- 粘贴：把剪切或复制的文字和图像等对象粘贴到文档窗口内的光标所在位置。
- 还原：撤销前一步的操作。
- 重做：重新恢复取消的操作。

　　【文档】工具栏包括了控制文档窗口视图的按钮和一些比较常用的弹出菜单，用户可以通过【代码】、【拆分】、【设计】和【实时视图】4个按钮使工作区在不同的视图模式之间进行切换，如图1.7所示。

图1.7　【文档】工具栏

- 代码 代码：显示HTML源代码视图。
- 拆分 拆分：同时显示HTML源代码和【设计】视图。
- 设计 设计：是系统默认设置，只显示【设计】视图。
- 实时试图 实时视图：显示不可编辑的、交互式的、基于浏览器的文档视图。
- 实时代码 实时代码：显示浏览器用于执行该页面的实际代码。
- 标题 标题：：输入要在网页浏览器上显示的文档标题。
- 文件管理：当有多个人对一个页面进行过操作时，进行获取、取出、打开文件、导出和设计附注等操作。
- 在浏览器中预览/调试：允许用户在浏览器中浏览或调试文档。
- 刷新设计视图：将【代码】视图中修改后的内容及时反映到文档窗口。
- 视图选项：允许用户为【代码】视图和【设计】视图设置选项，其中包括对哪个视图显示在上面进行选择。
- 可视化助理：允许用户使用不同的可视化助理来设计页面。
- 验证标记：允许用户验证当前文档或选定的标签。

1.4.3 属性面板

　　【属性】面板主要用于查看和更改所选对象的各种属性，每种对象都具有不同的属性。在【属性】面板包括两种选项，一种是【HTML】选项，如图1.8所示。将默认显示文本的格式、样式和对齐方式等属性。单击【属性】面板中的CSS选项，可以在CSS选项中设置各种属性。

图1.8　【属性】面板

1.4.4 插入栏

　　插入栏有两种显示方式，一种是以菜单方式显示，另一种是以制表符方式显示。插入栏中放置的是制作网页的过程中经常用到的对象和工具，通过插入栏可以很方便地插入网页对象。【插入】面板包含用于创建和插入对象(例如表格、图像和链接)的按钮。这些按钮按几个类别进行组织，可以通过从【类别】弹出菜单中选择所需类别来进行切换。当前文档包含服务器代码时(例如 ASP 或 CFML 文档)，还会显示其他类别。

1．常用插入栏

　　【常用】用于创建和插入最常用的对象，例如图像和表格，如图1.9所示。

- 超级链接：创建超级链接。
- 电子邮件链接：创建电子邮件链接，只要指定要链接邮件的文本和邮件地址，就可以自动插入邮件地址发送链接。
- 命名锚记：设置链接到网页文档的特定部位。
- 水平线：插入水平线。

- 表格⊞：建立主页的基本构成元素，即表格。
- 插入Div标签▣：可以使用Div标签创建CSS布局块并在文档中对它们进行定位。
- 图像▣▾：在文档中插入图像和导航栏等，单击右侧的小三角，可以看到其他与图像相关的按钮。
- 媒体▣▾：插入Flash，单击右侧的小三角，可以看到其他媒体类型的按钮。
- 日期📅：插入当前时间和日期。
- 服务器端包括🔛：是对Web服务器的指令，它指示Web服务器在将页面提供给浏览器前在Web页面中包含指定的文件。
- 注释🗨：在当前光标位置插入注释，便于以后进行修改。
- 文件头🕙▾：按照指定的时间间隔进行刷新。
- 脚本◇▾：包含几个与脚本相关的按钮。
- 模板🗐▾：单击此按钮，可以从下拉列表中选择与模板相关的按钮。
- 标签选择器▣：标签编辑器可用于查看、指定和编辑标签的属性。

2．布局插入栏

用于插入表格、表格元素、div标签、框架和Spry构件。还可以选择表格的两种视图：标准(默认)表格和扩展表格。如图1.10所示。

图1.9 【常用】插入栏

图1.10 【布局】插入栏

- 标准┃标准┃：在一般状态下显示的视图状态，可以插入和编辑图像、表格和AP元素。
- 扩展┃扩展┃：用于使用扩展的表格样式进行显示。
- 插入Div标签▣：用于插入Div标签，为布局创建一个内容块。
- 绘制AP Div▣：单击此按钮后，在文档窗口中拖动鼠标，就会生成适当大小的绘制层。
- Spry菜单栏▣：单击此按钮可以创建横向或纵向的网页下拉或弹出菜单。
- Spry选项卡式面板▣：单击此按钮可以在网页中实现选项卡功能。
- Spry折叠式▣：单击此按钮可以在网页中添加折叠式菜单。
- Spry可折叠面板▣：单击此按钮可以在网页中添加折叠式面板。
- 表格⊞：在当前光标所在的位置插入表格。
- 在上面插入行🗒：在当前行的上方插入一个新行。
- 在下面插入行🗒：在当前行的下方插入一个新行。
- 在左边插入列🗒：在当前列的左边插入一个新列。
- 在右边插入列🗒：在当前列的右边插入一个新列。

- IFRAME⬚：单击此按钮，在文档中创建浮动框架。
- 框架⬚▾：在光标所在的位置插入框架。
- 绘制布局表格⬚：在布局表格内插入布局表格。只有在布局视图状态下，才能激活该项。
- 绘制布局单元格⬚：在布局表格内插入布局单元格。只有在布局视图状态下，才能激活该项。

3．表单插入栏

表单在动态网页中是最重要的元素对象之一。使用【表单】插入栏可以定义表单和插入表单对象。【表单】插入栏如图1.11所示。

图1.11　【表单】插入栏

- 表单⬚▾：在制作表单对象之前首先插入表单。
- 文本字段⬚：插入文本字段，用于输入文字。
- 隐藏域⬚：插入用户看不到的隐藏字段。
- 文本区域⬚：插入文本区域，可输入多行文本。
- 复选框✓：插入复选框。
- 单选按钮⬤：插入单选按钮。
- 单选按钮组⬚：一次生成多个单选按钮。插入普通单选按钮之后，将其组合为一个群组。
- 列表/菜单⬚：插入列表或菜单。
- 跳转菜单⬚：使用列表/菜单对象建立跳转菜单。
- 图像域⬚：在表单中插入图像字段。
- 文件域⬚：插入可在文件中进行检索的文件字段。利用此字段，可以添加文件。
- 按钮⬚：插入可传输样式内容的按钮。
- 标签⬚：在表单控件上设置标签。
- 字段集⬚：在表单控件中设置边框。
- Spry验证文本域⬚：单击此按钮可以验证文本域。
- Spry验证文本区域⬚：单击此按钮可以验证文本区域。
- Spry验证复选框✓：单击此按钮可以验证复选框。
- Spry验证选择⬚：单击此按钮可以验证选择。

4．数据插入栏

【数据】插入栏可以插入Spry数据对象和其他动态元素，例如记录集、重复区域以及插入记录表单和更新记录表单。【数据】插入栏如图1.12所示。

图1.12　【数据】插入栏

- 导入表格式数据按钮▦：单击此按钮可以导入表格式数据。
- Spry数据集▤：单击此按钮可以插入XML数据集。
- Spry区域▤：单击此按钮可以插入Spry区域。
- Spry重复项▤：单击此按钮可以插入Spry重复项。
- Spry重复列表▤：单击此按钮可以插入Spry重复列表。
- 记录集▤：利用查询语句，从数据库中提取记录集。
- 预存过程▤：该按钮用来创建存储过程。
- 动态数据▤ ▾：通过将HTML属性绑定到数据可以动态地更改页面的外观。
- 重复区域▤：将当前选定的动态元素值传给记录集，重复输出。
- 显示区域▤ ▾：单击此按钮，可以使用一系列其他用于显示控制的按钮。
- 记录集分页▤ ▾：插入一个可在记录集内向前、向后、第一页和最后一页移动的导航条。
- 转到详细页面▤ ▾：转到详细页面或转到相关页面。
- 显示记录计数▤ ▾：插入记录集中重复页的第一页、最后一页和总页数等信息。
- 主详细页集▤：用来创建主/细节页面。
- 插入记录▤ ▾：利用记录集自动创建表单文档。
- 更新记录▤ ▾：利用表单文档传递过来的数值更新数据库记录。
- 删除记录▤：用于删除记录集中的记录。
- 用户身份验证▤ ▾：必须在登录页中添加【登录用户】服务器行为来确保用户输入的用户名和密码有效。
- XSL转换▤：整个XSLT页面在转换后会生成完整的HTML页面。

5．Spry插入栏

包含一些用于构建Spry页面的按钮，包括Spry数据对象和构件。【Spry】插入栏如图1.13所示。

6．文本插入栏

【文本】插入栏用于插入各种文本格式和列表格式的标签，如 b、em、p、h1 和 ul。如图1.14所示。

图1.13 【Spry】插入栏 　　　　　图1.14 【文本】插入栏

- 粗体 **B**：将所选文本改为粗体。
- 斜体 *I*：将所选文本改为斜体。
- 加强 **S**：为了强调所选文本，增强文本厚度。
- 强调 *em*：为了强调所选文本，以斜体表示文本。
- 段落 ¶：将所选文本设置为一个新的段落。
- 块引用 ["""]：将所选部分标记为引用文字，一般采用缩进效果。
- 已编排格式 **PRE**：所选文本区域可以原封不动地保留多处空白，在浏览器中显示其中的内容时，将完全按照输入的原有文本格式显示。
- 标题：使用预先制作好的标题，数值越大，字号越小。
- 项目列表 **ul**：创建无序列表。
- 编号列表 **ol**：创建有序列表。
- 列表项 **li**：将所选文字设置为列表项目。
- 定义列表 **dl**：创建包含定义术语和定义说明的列表。
- 定义术语 **dt**：定义文章内的技术术语和专业术语等。
- 定义说明 **dd**：在定义术语下方标注说明。以自动缩进格式显示与术语区分的结果。
- 缩写 abbr：为当前选定的缩写添加说明文字。虽然不会在浏览器中显示，但是可以用于音频合成程序或检索引擎。
- 首字母缩写词 **W3C**：指定与Web内容具有类似含义的同义词，可用于音频合成程序或检索引擎。
- 字符 **₩」** ▾：插入一些特殊字符。

7．收藏夹插入栏

【收藏夹】插入栏用于将"插入"面板中最常用的按钮分组和组织到某一公共位置。【收藏夹】插入栏如图1.15所示。

1.4.5 面板组

在Dreamweaver工作界面的右侧排列着一些浮动面板，这些面板集中了网页编辑和站点管理过程中最常用的一些工具按钮。这些面板被集合到面板组中，每个面板组都可以展开或折叠，并且可以和其他面板停靠在一起或取消停靠。面板组还可以停靠到集成的应用程序窗口中。这样就能够很容易地访问所需的面板，而不会使工作区变得混乱。面板组如图1.16所示。

图1.15 【收藏夹】插入栏

图1.16 面板组

第 2 章

创建与管理站点

本章导读

制作网页的根本目的是为了构建一个完整的网站。因此在利用Dreamweaver制作网页之前，应该先在本地计算机上创建一个本地站点，以便于控制站点结构和管理站点中的每个文件。本章主要讲述站点的创建和管理。

学习要点

- 熟悉创建本地站点
- 掌握管理站点
- 掌握管理站点中的文件
- 使用站点地图
- 创建企业网站的站点实例

2.1 创建本地站点

站点是管理网页文档的场所。Dreamweaver CS4是一个站点创建和管理的工具，使用它不仅可以创建单独的文档，还可以创建完整的站点。

2.1.1 使用向导搭建站点

在使用Dreamweaver制作网页前，最好先定义一个新站点，这是为了更好地利用站点对文件进行管理，尽可能减少错误，如路径出错和链接出错等。可以使用【站点定义向导】按照提示快速创建本地站点，具体操作步骤如下。

(1) 选择【站点】|【管理站点】命令，弹出【管理站点】对话框，在对话框中单击【新建】按钮，在弹出的菜单中选择【站点】选项，如图2.1所示。

(2) 弹出【站点定义为】对话框，在对话框中选择【基本】选项卡，弹出【站点定义向导】的第一个界面，在该界面中可以根据网站的需要给网站起一个名字，如图2.2所示。

图2.1 【管理站点】对话框　　　图2.2 【站点定义向导】的第一个界面

(3) 单击【下一步】按钮，出现向导的下一个界面，询问是否要使用服务器技术，如果建立的是一个静态站点，选择【否，我不想使用服务器技术】选项；如果建立的是一个动态站点，选择【是，我想使用服务器技术】选项，在这里因为创建的是静态站点，所以选择【否，我不想使用服务器技术】选项，如图2.3所示。

(4) 单击【下一步】按钮，弹出如图2.4所示的对话框，在该对话框中选择要定义的本地根文件夹，并指定站点位置。

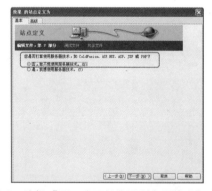

图2.3 选择【否，我不想使用服务器技术】选项　　　图2.4 指定站点位置

(5) 单击【下一步】按钮，询问是否使用服务器，因为没有使用远程服务器，这里就选择【无】，如图2.5所示。

(6) 单击【下一步】按钮，将显示站点概要，如图2.6所示。

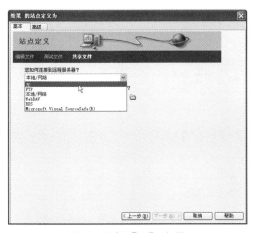

图2.5　选择【无】选项　　　　　　　　　图2.6　显示站点概要

(7) 单击【完成】按钮，出现【管理站点】对话框，其中显示了新建的站点，如图2.7所示。

(8) 单击【完成】按钮，此时在【文件】面板中可以看到创建的站点文件，如图2.8所示。

图2.7　【管理站点】对话框

图2.8　创建的站点

2.1.2 通过高级面板创建站点

除了可以利用【站点定义向导】快速创建站点之外，还可以在【站点定义为】对话框中选择【高级】选项卡，快速设置【本地信息】、【远程信息】和【测试服务器】中的参数来创建本地站点，具体操作步骤如下。

(1) 选择【站点】|【管理站点】命令，弹出【管理站点】对话框，在对话框中单击【编辑】按钮，在弹出的【站点定义】对话框中选择【高级】选项卡，在【分类】列表框中选择【本地信息】选项，如图2.9所示。

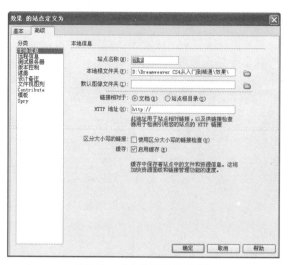

图2.9 【本地信息】选项

在【本地信息】选项中可以设置以下参数。

- 在【站点名称】文本框中输入站点名称。
- 在【本地根文件夹】文本框中输入本地站点文件夹路径名称，或者单击文件夹按钮浏览到该文件夹。
- 在【默认图像文件夹】文本框中，输入此站点的默认图像文件夹的路径，或者单击文件夹按钮浏览到该文件夹。此文件夹是Dreamweaver上传到站点上的图像的位置。
- 在【HTTP地址】文本框中，输入已完成的站点将使用的URL。
- 【启用缓存】复选框表示指定是否创建本地缓存以提高链接和站点管理任务的速度。

(2) 在【分类】列表框中选择【远程信息】选项，这里主要设置访问远程文件夹的方式，主要有无、本地/网络、FTP、RDS、SourceSafe和WebDAV这样几种方式。其中最常用的是FTP方式，如图2.10所示。

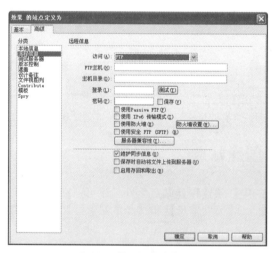

图2.10 【远程信息】选项

在【远程信息】选项中可以设置以下参数。

- 在【FTP主机】文本框中输入远程站点的FTP主机名，主机名要输入完整，不要带任何其他的文本，特别是不要在主机名前面添加协议名。
- 在【主机目录】文本框中输入在远程站点上的主机目录。

- 在【登录】文本框中输入用于连接到FTP服务器的登录名。
- 在【密码】文本框中输入用于连接到FTP服务器的密码。
- 单击【测试】按钮，测试登录名和密码。
- 默认情况下，Dreamweaver会保存密码。如果希望每次连接到远程服务器时Dreamweaver都提示输入密码，则取消选中【保存】复选框。
- 如果防火墙配置要求使用Passive FTP，选中【使用Passive FTP】复选框。
- 如果防火墙配置要求使用IPv6传输模式，选中【使用IPv6传输模式】复选框。
- 如果从防火墙后面连接到远程服务器，选中【使用防火墙】复选框。
- 如果希望在保存文件时，Dreamweaver将文件上传到远程站点，选中【保存时自动将文件上传到服务器】复选框。
- 选中【使用安全FTP】复选框以使用安全FTP身份验证。
- 如果希望激活【存回/取出】系统，选中【启用存回和取出】复选框。

(3) 在【分类】列表框中选择【测试服务器】选项，用于指定Dreamweaver用来处理动态页以进行网页创作的测试服务器，如图2.11所示。

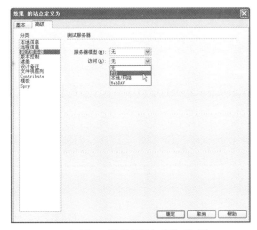

图2.11　【测试服务器】选项

2.2 管理站点

中国风——中文版Dreamweaver CS4学习总动员

在Dreamweaver CS4中，可以对本地站点进行管理，如打开、编辑、删除和复制站点等。

2.2.1 打开站点

当运行Dreamweaver CS4后，系统会自动打开上次退出Dreamweaver CS4时编辑的站点。

如果想打开另外一个站点，在【文件】面板左边的下拉列表框中将会显示已定义的所有站点，如图2.12所示。在下拉列表框中选择需要打开的站点，即可打开已定义的站点。

图2.12　打开站点

2.2.2 编辑站点

在创建站点以后，可以对站点进行编辑，具体操作步骤如下。

(1) 选择【站点】|【管理站点】命令，弹出【管理站点】对话框，在对话框中单击【编辑】按钮，如图2.13所示。

(2) 弹出【站点定义为】对话框，在【高级】选项卡中可以编辑站点的相关信息，如图2.14所示。

图2.13　【管理站点】对话框

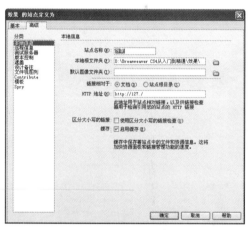

图2.14　编辑站点

(3) 编辑完毕后，单击【确定】按钮，返回到【管理站点】对话框，单击【完成】按钮即可完成站点的编辑。

2.2.3 删除站点

如果不再需要站点，可以将其从站点列表框中删除，删除站点的具体操作步骤如下。

(1) 选择【站点】|【管理站点】命令，弹出【管理站点】对话框，在对话框中单击【删除】按钮，如图2.15所示。

(2) 系统弹出提示对话框，询问用户是否要删除本地站点，如图2.16所示。单击【是】按钮即可将本地站点删除。

图2.15 【管理站点】对话框　　　　　图2.16 提示对话框

技巧 提示●●●

　　删除站点的操作实际上只是删除了Dreamweaver同该站点之间的关系，但是实际本地站点内容，包括文件夹和文档等，都仍然保存在磁盘相应的位置，可以重新创建指向其位置的新站点，重新对其进行管理。

2.2.4 复制站点

　　在创建多个结构相同或类似的站点时，可以利用站点的复制功能，复制站点的具体操作步骤如下。

　　(1) 选择【站点】|【管理站点】命令，弹出【管理站点】对话框，在对话框中单击【复制】按钮，即可复制该站点，新复制出的站点名称，将会出现在【管理站点】对话框的站点列表框中，如图2.17所示。

　　(2) 在【管理站点】对话框中单击【完成】按钮，完成对站点的复制。

图2.17 复制站点

2.3 管理站点中的文件

中国风——中文版Dreamweaver CS4学习总动员

　　在Dreamweaver CS4的【文件】面板中，可以找到多个工具来管理站点，如向远程服务器传输文件，设置存回/取出文件，以及同步本地和远程站点上的文件。管理站点包括了很多方面，如新建文件夹和文件，文件的复制和移动等。

2.3.1 创建文件夹和文件

　　网站每个栏目中的所有文件被统一存放在单独的文件夹内，根据包含的文件多少，又可以细分到子文件夹里。文件夹创建好以后，就可以在文件夹里创建相应的文件。

创建文件夹的具体操作步骤如下。

(1) 在【文件】面板的站点文件列表框中，将光标置于要创建文件夹的位置。

(2) 单击鼠标左键，在弹出的菜单中选择【新建文件夹】命令，如图2.18所示，即可创建一个新文件夹。

图2.18　选择【新建文件夹】命令

创建文件的具体操作步骤如下。

(1) 在【文件】面板的站点文件列表框中，将光标置于要创建文件的位置。

(2) 单击鼠标右键在弹出的菜单中选择【新建文件】选项，如图2.19所示，即可创建一个新文件。

图2.19　选择【新建文件】命令

2.3.2　移动和复制文件

同大多数的文件管理一样，可以利用剪切、复制和粘贴来实现对文件的移动和复制，具体操作方法如下。

选择一个本地站点的文件列表，单击鼠标右键选中要移动和复制的文件，在弹出的菜单中选择【编辑】选项，出现【剪切】和【复制】等子选项，如图2.20所示。

图2.20 【编辑】选项

2.4 本章实例——创建企业网站的站点

中国风——中文版Dreamweaver CS4学习总动员

Dreamweaver是最佳的站点创建和管理工具，使用它不仅可以创建单独的文档，还可以创建完整的站点。创建本地站点的具体操作步骤如下。

(1) 选择【站点】|【管理站点】命令，弹出【管理站点】对话框，在对话框中单击【新建】按钮，在弹出的菜单中选择【站点】命令，如图2.21所示。

(2) 弹出【站点定义为】对话框，在对话框中如果显示的是【高级】选项卡，则切换到【基本】选项卡，弹出【站点定义向导】的第一个界面，可以根据网站的需要任意起一个名字，如图2.22所示。

图2.21 【管理站点】对话框

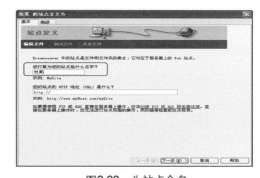

图2.22 为站点命名

(3) 单击【下一步】按钮，出现向导的下一个界面，询问【您是否打算使用服务器技术】，因为这里创建的是一个静态站点，所以选择【否，我不想使用服务器技术】选项，如图2.23所示。

(4) 单击【下一步】按钮，选择要把文件储存到计算机中的位置，如图2.24所示。

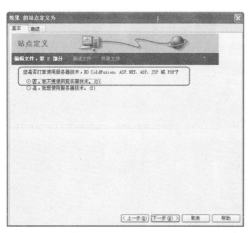

图2.23 选择【否，我不想使用服务器技术】选项

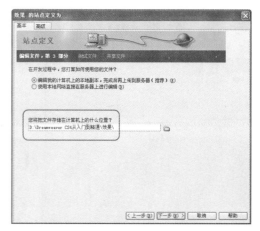

图2.24 选择文件的储存位置

(5) 单击【下一步】按钮，询问是否使用服务器，因为没有使用远程服务器，所以选择【无】，将整个站点制作完成以后再上传，如图2.25所示。

(6) 单击【下一步】按钮，显示站点定义总结，如图2.26所示。

图2.25 选择【无】

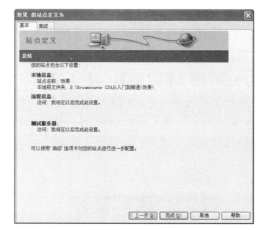

图2.26 显示站点定义总结

(7) 单击【完成】按钮，返回到【管理站点】对话框，在对话框中显示了新建的站点，如图2.27所示。单击【完成】按钮，即可完成站点的创建。

图2.27 【管理站点】对话框

第 3 章

创建基本的文本网页

本章导读

    文本是网页的基本组成部分，人们通过网页了解的信息大部分是从文本对象中获得的。文本处理是整个网页设计中最简单、最容易的一部分，学习网页设计也应该从基本的文本处理开始。只有将文本内容处理好，才能使网页更加美观易读，使访问者在浏览时赏心悦目，激发浏览的兴趣。在Dreamweaver CS4中可以很方便地添加文本和设置文本格式。本章主要讲述文本的插入、文本属性的设置、项目列表和编号列表的创建等。

学习要点

- 掌握文本的插入
- 掌握文本属性的设置
- 掌握在网页中插入其他元素
- 掌握项目列表和编号列表的创建
- 掌握网页头部内容的插入
- 掌握设置页面属性
- 掌握检查拼写与查找替换
- 掌握创建基本文本网页实例

3.1 插入普通文本

文本是网页中最常见也是运用最广泛的元素之一。插入文本包括普通文本的插入、特殊字符的插入和日期的插入等，下面将分别介绍。

3.1.1 文学的插入

插入普通文本的方法很简单，最常用的方法有以下两种。

- 将光标放置在要插入文本的位置，直接在文档中输入文本即可。
- 在其他文本编辑器中复制文本，切换到Dreamweaver文档窗口，将光标置于要添加文本的位置，选择【编辑】|【粘贴】命令，就可以将前面复制的内容粘贴到相应的位置。

在网页中输入普通文本的效果如图3.1所示，具体操作步骤如下。

图3.1 输入普通文本的效果

(1) 打开原始网页文档，如图3.2所示。

(2) 将光标放置在要输入文本的位置，输入文本，如图3.3所示。

图3.2 打开原始网页文档

图3.3 输入文本

(3) 保存文档，按F12键在浏览器中浏览效果，如图3.1所示。

要设置文本的属性，必须在【属性】面板中设置，在【属性】面板中的【CSS】选项中，如图3.4所示。

图3.4　【属性】面板

在【属性】面板中的【HTML】选项中各参数如下。

- 目标规则：用来控制网页中的某一文本区域外观的一组格式属性。

设置文本的格式，段落属性可以使选中文字独自成为一个段落，标题1～6用来控制文本大小。在这几种格式中，标题1字体最大，标题6字体最小。

- 编辑规则：单击此按钮，弹出【新建CSS规则】对话框，在该对话框中的【选择器类型】中选择【类】，在【选择器名称】中输入名称，在【定义在】文本框中设置仅对该文档，单击【确定】按钮，在弹出的对话框中定义文本的属性。
- 字体：设置文本字体。
- 粗体、斜体：使文字加粗、倾斜。
- 居左、居中、居右：使整段文本居左、居中或居右排列。
- 文本颜色：在弹出的颜色框中选择颜色，也可以直接在文本框中输入颜色的十六进制代码，如常见的红色(#FF0000)、绿色(#00FF00)和蓝色(#0000FF)等。
- 大小：用来设置文本的大小，与格式不同的是，Heading标记通常赋予标题，字体改变大小的同时变为粗体；如果只想改变文本大小，而不想让字体变为粗体，可以使用大小属性。另外，大小只对选中文本起作用，而格式对整段文字起作用。

设置文本属性后的效果如图3.5所示，具体操作步骤如下。

图3.5　设置文本属性效果

(1) 打开原始网页文档，如图3.6所示。

(2) 选中要设置属性的文本，选择【窗口】|【属性】命令，打开【属性】面板，在【属性】面板中单

击【大小】文本框，如图3.7所示。

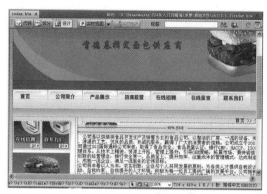
图3.6 打开原始网页文档

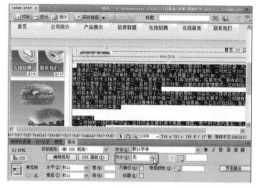
图3.7 【属性】面板

(3) 弹出【新建CSS规则】对话框，在对话框中的【选择器类型】中选择【类】，在【选择器名称】中输入名称，在【定义在】文本框中设置【仅限该文档】，如图3.8所示。

(4) 单击【确定】按钮，设置文本的大小，单击【颜色】文本框在弹出的【新建CSS规则】对话框，在对话框中的【选择器类型】中选择【复合内容】，在【选择器名称】中选择默认的名称，在【定义在】文本框中设置【仅限该文档】，如图3.9所示。

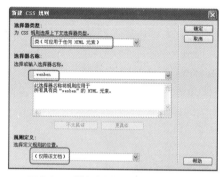
图3.8 【新建CSS规则】对话框

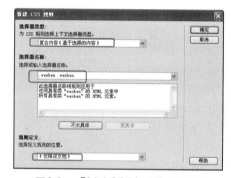
图3.9 【新建CSS规则】对话框

(5) 单击【确定】按钮，设置文本的属性，如图3.10所示。

(6) 保存文档，按F12键在浏览器中浏览效果，如图3.5所示。

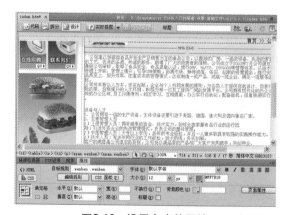
图3.10 设置文本的属性

网页中除了文本、图像和表格等这些基本的元素之外，还有一些元素也是非常重要的，如水平线、注释等内容，这些都是网页中较常用的元素。

3.2.1 插入特殊字符

特殊字符包含换行符、空格、版权信息和注册商标等，是网页中经常用到的元素之一。当在网页文档中插入特殊字符时，在【代码】视图中显示的是特殊字符的源代码，在【设计】视图中显示的是一个标志，只有在浏览器窗口中才能显示真正面目。

下面通过实例讲述插入版权字符的效果，如图3.11所示，具体操作步骤如下。

图3.11　插入特殊字符的效果

(1) 打开原始网页文档，如图3.12所示。

(2) 将光标置于要插入特殊字符的位置，选择【插入】|【HTML】|【特殊字符】|【版权】命令，即可插入版权字符，如图3.13所示。

图3.12　打开原始网页文档

图3.13　插入版权字符

技巧 提示 ●●●

　　如果选择【插入】|【HTML】|【特殊字符】|【其他字符】命令，将弹出【插入其他字符】对话框，在此对话框中可以选择更多的特殊字符。

　　(3) 保存文档，按F12键在浏览器中浏览效果，如图3.11所示。

3.2.2 插入水平线

　　水平线在网页文档中经常用到，它主要用于分隔文档内容，使文档结构清晰明了。一篇内容繁杂的文档，如果合理放置水平线，会变得层次分明，易于阅读。

　　下面通过实例讲述插入水平线的效果如图3.14所示，具体操作步骤如下。

图3.14　插入水平线的效果

　　(1) 打开原始网页文档，将光标置于要插入水平线的位置，如图3.15所示。

　　(2) 选择【插入】|【HTML】|【水平线】命令，即可插入水平线，如图3.16所示。

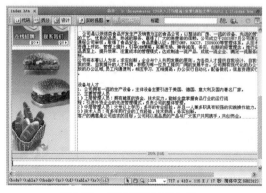

图3.15　打开原始网页文档

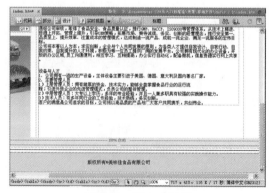

图3.16　插入水平线

(3) 选中水平线，打开【属性】面板，可以在【属性】面板中设置水平线的【高】、【宽】、【对齐方式】和【阴影】，如图3.17所示。

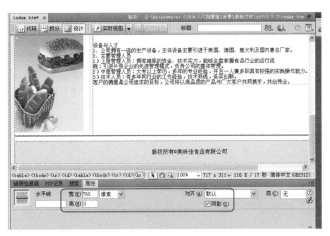

图3.17 设置水平线属性

在水平线的【属性】面板中可以设置以下参数。

- 【宽】和【高】：以像素为单位或以页面尺寸百分比的形式设置水平线的宽度和高度。

- 【对齐】：设置水平线的对齐方式，包括【默认】、【左对齐】、【居中对齐】和【右对齐】4个选项。只有当水平线的宽度小于浏览器窗口的宽度时，该设置才有效。

- 【阴影】：设置绘制的水平线是否带阴影。取消选择该项将使用纯色绘制水平线。

(4) 保存文档，按F12键在浏览器中浏览效果，如图3.14所示。

3.2.3 插入注释

注释是在HTML代码中插入的描述性文本，用来解释该代码或提供其他信息。插入注释的具体操作步骤如下。

(1) 将光标置于插入注释的位置，选择【插入】|【注释】命令，弹出【注释】对话框，如图3.18所示。

(2) 在【注释】文本框中输入注释内容，单击【确定】按钮，即可插入注释。

图3.18　【注释】对话框

技巧 提示 ●●●

如果要在【设计】视图中显示注释标记，则要在【首选参数】对话框中选中【注释】复选框，否则将不出现注释标记。

3.3 创建项目列表和编号列表

中国风——中文版Dreamweaver CS4学习总动员

通常情况下，经常用到两种类型的列表，一种是无序项目列表，一种是有序项目列表，前者用项目符号来记录项目，而后者则使用编号来记录项目的顺序。

3.3.1 项目列表的创建

创建项目列表的效果如图3.19所示，具体操作步骤如下。

图3.19　创建项目列表的效果

(1) 打开原始网页文档，如图3.20所示。

(2) 将光标置于要创建项目列表的位置，选择【格式】|【列表】|【项目列表】命令，即可创建项目列表，如图3.21所示。

图3.20　打开原始网页文档

图3.21　创建项目列表

技巧 提示 ●●●

单击【属性】面板中的【项目列表】≣按钮，也可创建项目列表。

(3) 按照步骤(2)的方法创建其他的项目列表，如图3.22所示。

(4) 保存文档，按F12键在浏览器中浏览效果，如图3.19所示。

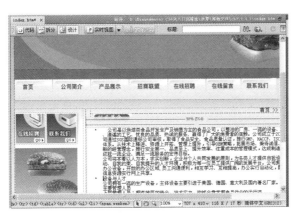

图3.22　创建其他的项目列表

3.3.2 嵌套列表的创建

创建嵌套列表效果的如图3.23所示，具体操作步骤如下。

图3.23　创建嵌套列表的效果

(1) 打开原始网页文档，如图3.24所示。

(2) 将光标置于创建编号列表的位置，选择【格式】|【列表】|【编号列表】命令，即可创建编号列表，如图3.25所示。

图3.24　打开原始网页文档

图3.25　创建编号列表

技巧 提示 ● ● ●

单击【属性】面板中的【编号列表】 按钮，即可创建编号列表。

(3) 按照步骤(2)的方法创建其他的编号列表，如图3.26所示。

(4) 保存文档，按F12键在浏览器中浏览效果，如图3.23所示。

图3.26　创建嵌套列表

3.4 插入网页头部内容

文件头标签在网页中是看不到的，它包含在网页中的<head>…<head>标签之间，所有包含在该标签之间的内容在网页中都是不可见的，文件头标签主要包括META、关键字、说明、刷新、基础和链接等。下面介绍常用的文件头标签的使用。

3.4.1 插入META

META对象常用于插入一些为Web服务器提供选项的标记符，方法是通过http-equiv属性和其他各种包括在页面中不会被浏览者看到的数据。插入META的具体操作步骤如下。

(1) 选择【插入】| HTML |【文件头标签】| META命令，弹出META对话框，如图3.27所示。

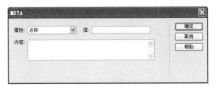

图3.27　META对话框

在【META】对话框中可以设置以下参数。

- 属性：在其下拉列表框中包括【名称】和http-equivalent两个选项。
  - ◆ 名称：主要用于说明网页，对应于内容，以便于搜索引擎、分类。
  - ◆ http-equivalent：相当于HTTP文件头的作用，可以直接影响网页的传输。
- 值：在文本框中输入属性值。
- 内容：在文本框中输入属性的内容。

(2) 在对话框中进行相应的设置，单击【确定】按钮，在【代码】视图中就可以看到插入的META信息。

技巧 提示●●●

单击【常用】插入栏中文件头按钮右侧的小三角形，在弹出的菜单中选择META⬛·按钮，也可以弹出META对话框。

3.4.2 插入关键字

在搜索引擎中，检索信息都是通过关键字来实现的，关键字是整个网站登录过程中最基本也是最重要的一步，是进行网页优化的基础。关键字在浏览时是看不到的，它可供搜索引擎使用，当别人用关键字搜索网站时，如果网页包含该关键字，就可以在搜索结果中列出来。

插入关键字的具体操作步骤如下。

(1) 选择【插入】| HTML |【文件头标签】|【关键字】命令，弹出【关键字】对话框，如图3.28所示。

图3.28 【关键字】对话框

(2) 在【关键字】文本框中输入关键性文字，单击【确定】按钮即可。

技巧 提示●●●

单击【常用】插入栏中文件头按钮右侧的小三角形，在弹出的菜单中选择【关键字】⬛按钮，弹出【关键字】对话框，插入关键字。

3.4.3 插入说明

插入说明文字的具体操作步骤如下。

(1) 选择【插入】| HTML |【文件头标签】|【说明】命令，弹出【说明】对话框，如图3.29所示。

图3.29 【说明】对话框

(2) 在【说明】文本框中输入说明网页内容的文本，单击【确定】按钮即可。

技巧 提示 ● ● ●

单击【常用】插入栏中文件头按钮右侧的小三角形，在弹出的菜单中选择【说明】🗐按钮，弹出【说明】对话框，插入说明信息。

3.4.4 刷新

使用刷新功能可以指定浏览器在一定时间后自动刷新页面，或跳转到不同的页面。使用刷新的具体操作步骤如下。

(1) 选择【插入】| HTML |【文件头标签】|【刷新】命令，弹出【刷新】对话框，如图3.30所示。

图3.30　【刷新】对话框

在【刷新】对话框中可以设置以下参数。

* 延迟：设置在浏览器刷新页面之前需要等待的时间，以秒为单位。
* 操作：包括两个选项，可以选择在指定的时间间隔跳转到某个页面，或者仅仅刷新自身。

(2) 在对话框中进行相应的设置，单击【确定】按钮，定义刷新。

技巧 提示 ● ● ●

单击【常用】插入栏中文件头按钮右侧的小三角形，在弹出的菜单中选择【刷新】🔄按钮，也可以弹出【刷新】对话框。

3.4.5 设置基础

【基础】定义了文档的基本URL地址，在文档中，所有相对地址形式的URL都是相对于这个URL地址而言的。设置基础元素的具体操作步骤如下。

(1) 选择【插入】| HTML |【文件头标签】|【基础】命令，弹出【基础】对话框，如图3.31所示。

图3.31　【基础】对话框

在【基础】对话框中可以设置以下参数。

- Href：基础URL。单击文本框右边的【浏览】按钮，在弹出的对话框中选择一个文件，或在文本框中直接输入路径。
- 目标：在其下拉列表框中选择打开链接文档的框架集。这里共包括以下4个选项。
    ◆ 空白：将链接的文档载入一个新的、未命名的浏览器窗口。
    ◆ 父：将链接的文档载入包含该链接的框架的父框架集或窗口。如果包含链接的框架没有嵌套，则相当于_top，链接的文档将被载入整个浏览器窗口。
    ◆ 自身：将链接的文档载入链接所在的同一框架或窗口。此目标是默认的，所以通常不需要指定它。
    ◆ 顶部：将链接的文档载入整个浏览器窗口，从而删除所有框架。

(2) 在对话框中进行相应的设置，单击【确定】按钮，设置基础。

技巧 提示 ●●●

单击【常用】插入栏中文件头按钮右侧的小三角形，在弹出的菜单中选择【基础】 按钮，也可以弹出【基础】对话框。

3.4.6 设置链接

链接设置可以定义当前网页和本地站点中的另一网页之间的关系。设置链接的具体操作步骤如下。

(1) 选择【插入】|HTML|【文件头标签】|【链接】命令，弹出【链接】对话框，如图3.32所示。

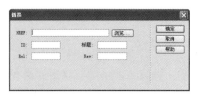

图3.32 【链接】对话框

在【链接】对话框中可以设置以下参数。

- Href：链接资源所在的URL地址。
- ID：输入ID值。
- 标题：输入该链接的描述。
- Rel和Rev：输入文档与链接资源的链接关系。

(2) 在对话框中进行相应的设置，单击【确定】按钮，设置文档链接。

技巧 提示 ●●●

单击【常用】插入栏中文件头按钮右侧的小三角形，在弹出的菜单中选择【链接】 按钮，也可以弹出【链接】对话框。

3.5 设置页面属性

创建文档以后，在编辑文档前还需要对页面属性进行必要的设置，设置一些影响整个网页的参数。选择【修改】|【页面属性】命令，打开【页面属性】对话框，利用该对话框设置页面字体、大小、颜色、标题、编码、链接和页边距等页面属性。

3.5.1 设置外观

可使用【页面属性】对话框指定Web页面的若干基本页面布局选项，包括字体、背景颜色和背景图像。

选择【修改】|【页面属性】命令，弹出【页面属性】对话框，在【分类】选项中选择【外观(CSS)】选项，如图3.33所示。

图3.33 【外观(CSS)】选项

技巧 提示 ●●●

要使页面中的上下部分不留白，需要将页面的上边距与下边距都设置为0。在Dreamweaver CS4中可以打开【页面属性】对话框，在【外观】页面属性中将页面的上边距与下边距都设置为0。

【外观(CSS)】类别并设置各个选项。

- 在【页面字体】右边的文本框中可以设置文本的字体。
- 在【大小】右边的文本框中可以设置网页中文本的字号。
- 在【文本颜色】右边的文本框中设置网页文本的颜色。
- 在【背景颜色】右边的文本框中可以设置网页的背景颜色。
- 单击【背景图像】右边的【浏览】按钮，会弹出【选择图像源文件】对话框，在对话框中可以选择一个图像作为网页的背景图像。
- 在【重复】右边的下拉列表中指定背景图像在页面上的显示方式。选择【重复】选项横向和纵向重复或平铺图像。选择【横向重复】选项可横向平铺图像。选择【纵向重复】选项可纵向平铺图像。
- 【左边距和右边距】指定页面左边距和右边距的大小。
- 【上边距和下边距】指定页面上边距和下边距的大小。

在【页面属性】对话框的此类别中设置属性会导致页面采用HTML格式，而不是CSS格式。选择【修改】|【页面属性】命令，弹出【页面属性】对话框，在【分类】选项中选择【外观(HTML)】选项，如图3.34所示。

图3.34　【外观(HTML)】选项

【外观(HTML)】类别并设置各个选项。

- 单击【背景图像】右边的【浏览】按钮，会弹出【选择图像源文件】对话框，在对话框中可以选择一个图像作为网页的背景图像。
- 在【背景】设置页面的背景颜色。单击【背景颜色】框并从颜色选择器中选择一种颜色。
- 在【文本】指定显示字体时使用的默认颜色。
- 【链接】指定应用于链接文本的颜色。
- 【已访问链接】指定应用于已访问链接的颜色。
- 【活动链接】指定当鼠标(或指针)在链接上单击时应用的颜色。
- 【左边距和上边距】指定页面左边距和上边距的大小。
- 【边距宽度和边距高度】指定页面边距的宽度和边距高度的大小。

3.5.2 设置链接

标题/编码页面属性类别可指定特定于制作Web页面时所用语言的文档编码类型，以及指定要用于该编码类型的Unicode范式。

在对话框中的【分类】选项中选择【链接(CSS)】选项，如图3.35所示。

图3.35　【链接(CSS)】选项

【链接(CSS)】类别并设置各个选项。

- 在【链接字体】右边的文本框中可以设置页面中超链接文本的字体。
- 在【大小】右边的文本框中可以设置页面中超链接文本的字体大小。

- 在【链接颜色】右边的文本框中可以设置页面中超链接的颜色。
- 在【变换图像链接】右边的文本框中可以设置页面中变换图像后的超链接文本颜色。
- 在【已访问链接】右边的文本框中可以设置网页中访问过的超链接的颜色。
- 在【活动链接】右边的文本框中可以设置网页中激活的超链接的颜色。
- 在【下划线样式】右边的文本框中可以自定义网页中鼠标上滚时采用的下划线样式。

3.5.3 设置标题

【标题】指的并不是页面的标题内容，而是可以应用在具体文本中各级不同标题上的一种【标题字体样式】。在分类中可以定义【标题字体】及6种预定义的标题字体样式，包括粗体、斜体、大小和颜色。

在对话框中的【分类】选项中选择【标题(CSS)】选项，如图3.36所示。

图3.36 【标题(CSS)】选项

【标题(CSS)】类别并设置各个选项。

- 在【标题字体】文本框中可以设置标题文字的字体。
- 在【标题1】文本框中可以设置一级标题字的字号和颜色。
- 在【标题2】文本框中可以设置二级标题字的字号和颜色。
- 在【标题3】文本框中可以设置三级标题字的字号和颜色。
- 在【标题4】文本框中可以设置四级标题字的字号和颜色。
- 在【标题5】文本框中可以设置五级标题字的字号和颜色。
- 在【标题6】文本框中可以设置六级标题字的字号和颜色。

3.5.4 设置标题/编码

可以定义默认字体、字体大小、链接的颜色、已访问链接的颜色以及活动链接的颜色。标题/编码页面属性类别可指定特定于制作Web页面时所用语言的文档编码类型，以及指定要用于该编码类型的Unicode范式。

技巧 提示 ●●●

这里的【标题】才是页面的标题内容，可填入和首页相关的文字，最终它将显示在浏览器的标题栏中。【编码】即文档编码，可直接选中【简体中文(GB2312)】。

在对话框中的【分类】选项中选择【标题/编码】选项，如图3.37所示。

图3.37 【标题/编码】选项

 技巧 提示 ●●●

设置网页标题的最简单方法是在【文档】工具栏中的【标题】文本框中输入网页标题名称即可。

【标题/编码】类别并设置各个选项。

- 在【标题】文本框中可以输入网页的标题。
- 在文档类型(DTD)下拉列表中指定文档类型定义。
- 在【编码】下拉列表中可以设置网页的文字编码。通常设置为中文，应用【简体中文(GB2312)】。
- 【重新加载】转换现有文档或者使用新编码重新打开它。
- Unicode：标准化表单仅在选择UTF-8作为文档编码时启用。
- 包括Unicode签名(BOM)选项可在文档中包括字节顺序标记(BOM)。

3.5.5 设置跟踪图像

在对话框中的【分类】选项中选择【跟踪图像】选项，如图3.38所示。

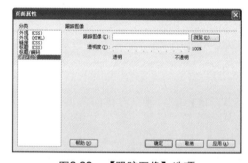

图3.38 【跟踪图像】选项

【跟踪图像】类别并设置各个选项。

- 【跟踪图像】指定在复制设计时作为参考的图像。该图像只供参考，当文档在浏览器中显示时并不出现。
- 【透明度】确定跟踪图像的不透明度，从完全透明到完全不透明。

技巧 提示 ●●●

可以在【跟踪图像】文本框中选择一幅图像，它将显示在网页编辑窗口的背景中，这样在排版时可以提供引导网页的设计。但是有一点一定要明确，【跟踪图像】只是起辅助编辑的作用，最终并不会显示在浏览器中，所以千万不要把它当作页面的背景图像来使用。

3.6 检查拼写与查找替换

中国风——中文版Dreamweaver CS4学习总动员

使用【命令】菜单中的【检查拼写】命令可以检查当前文档中的拼写错误，【检查拼写】命令忽略HTML标签和属性值。

使用【查找和替换】对话框可以在文档中搜索文本或标签，并用其他的文本或标签替换找到的内容。

3.6.1 检查拼写

选择【命令】|【检查拼写】命令，弹出如图3.39所示的Dreamweaver提示框。单击【是】按钮，弹出【检查拼写】对话框，如图3.40所示，单击【确定】按钮完成检查拼写。

图3.39 Dreamweaver提示框

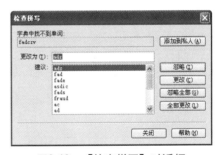

图3.40 【检查拼写】对话框

在【检查拼写】对话框中可以设置以下参数。

- 字典里找不到单词：在Dreamweaver字典中没有找到的单词。
- 更改为：Dreamweaver提示用来替换的单词。
- 添加到私人：将无法识别的单词添加到个人字典。
- 忽略：忽略无法识别的单词。
- 更改：将无法识别的单词替换为在【更改为】文本框中输入的文本或【建议】列表中的选定内容。
- 忽略全部：忽略所有无法识别的单词。
- 全部更改：以相同的方式替换所有无法识别的单词。

3.6.2 查找和替换

网页制作中很多情况下都是文本的输入工作，在输入的过程中难免会出现一些错误，特别是有大量的文本输入时就有可能出现大量的相同错误，如果要手动去修改这些错误，则可能会因为文件较多或错误较多而使工作变得非常繁重。

Dreamweaver提供了和Word类似的查找和替换功能，它可以快速地修改大量相同的错误，或替换相同的字符，而且无论是代码还是文档内容，也无论是单一的文档，还是整个网站内所有的文档，都可以一次完成修改操作。

选择【编辑】|【查找和替换】命令，弹出【查找和替换】对话框，如图3.41所示。

图3.41 【查找和替换】对话框

- 在【查找范围】下拉列表框中有【所选文字】、【当前文档】、【打开的文档】、【文件夹…】、【站点中选定的文件】和【整个当前本地站点】6个选项，如图3.42所示。

图3.42 【查找范围】下拉列表框中的选项

其中，【所选文字】是查找所选的文字；【当前文档】指当前的文档；【打开的文档】是指当前所打开的文档；选择【文件夹…】选项，会在【文件夹…】选项的右边出现选择文件的文本框，单击文本框后面的【搜索文件】按钮，弹出【选择搜索文件夹】对话框，在对话框中选择一个文件。

- 在【搜索】下拉列表框中有【源代码】、【文本】、【文本(高级)】和【指定标签】4个选项，如图3.43所示。

图3.43 【搜索】下拉列表框中的选项

其中，【源代码】是在【代码】视图中搜索；【文本】是在【设计】视图中搜索；选择【文本(高级)】选项后，在其下面的下拉列表框中有【在标签中】和【不在标签中】两个选项，

选择【指定标签】选项，在其下面的下拉列表框中有【含有属性】和【设置属性】等选项。

- 在【查找】列表框中输入要查找的内容。
- 在【替换】列表框中输入要替换的内容。
- 在【选项】右边有【区分大小写】、【全字匹配】、【忽略空白】和【使用正则表达式】4个选项，可以根据不同的查找替换内容选中不同的选项。
- 【查找下一个】按钮用于查找下一个内容，单击该按钮，可一个一个进行查找。

- 【查找全部】按钮用于替换全部的内容，单击该按钮，可一次性全部查找。
- 【替换】按钮用于替换内容，单击该按钮，可一个一个进行替换。
- 【替换全部】是指替换全部的内容，单击此按钮，可以一次性全部进行替换。

3.7 本章实例——创建基本文本网页

文本是传递信息的基础，浏览网页内容时，大部分时间是浏览网页中的文本，所以学会在网页中创建文本至关重要。在Dreamweaver CS4中可以很方便地创建出所需的文本，还可以对创建的文本进行段落格式的排版

插入普通文本的方法非常简单，效果如图3.44所示，具体操作步骤如下。

图3.44 插入普通文本效果

(1) 打开原始网页文档，如图3.45所示。

(2) 将光标置于要输入文本的位置，输入文本，如图3.46所示。

图3.45 打开原始网页文档

图3.46 输入文本

(3) 选中插入的文本，选择【窗口】|【属性】命令，打开【属性】面板，如图3.47所示。

(4) 在【属性】面板中单击【大小】文本框右边的列表，弹出【新建CSS规则】对话框，在对话框中的【选择器类型】中选择类，在【选择器名称】文本框中输入名称，【规则定义】中设置为【仅限该文档】，如图3.48所示。

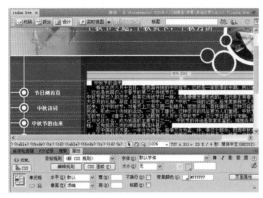 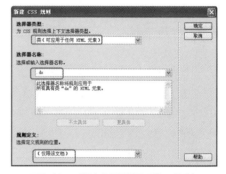

图3.47　【属性】面板　　　　　　　　　　图3.48　【新建CSS规则】对话框

(5) 单击【确定】按钮，设置大小，单击【颜色框】在打开的颜色面板中选择颜色#965055，如图3.49所示。

(6) 保存文档，按F12键在浏览器中浏览效果，如图3.44所示。

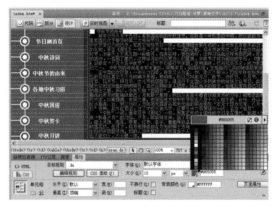

图3.49　文本设置颜色

第4章

创建绚丽多彩的图像网页

本章导读

图像是网页上最常用的对象之一，制作精美的图像可以大大增强网页的视觉效果，令网页更加丰富多彩。在网页中恰当地使用图像，能够极大地吸引浏览者的眼球。因此，利用好图像，也是网页设计的关键。本章主要介绍在网页中插入图像、属性设置和网页图像的编辑等，通过本章的学习可以创建出精美的图文混排网页。

学习要点

- 掌握网页中常用的图像格式
- 掌握在网页中插入图像
- 掌握在Dreamweaver中编辑图像
- 掌握设置图像属性
- 掌握创建图文混排网页

4.1 网页中常用的图像格式

网页中图像的格式通常有3种，即GIF、JPEG和PNG。目前GIF和JPEG 文件格式的支持情况最好，大多数浏览器都可以查看这两种格式的文件。由于PNG文件具有较大的灵活性并且文件较小，所以它对于几乎任何类型的网页图像都是最适合的。但是Microsoft Internet Explorer和Netscape Navigator只能部分支持PNG图像的显示。建议使用GIF或JPEG格式以满足更多人的需求。

1. GIF格式

GIF是英文单词Graphic Interchange Format的缩写，即图像交换格式，文件最多使用256种颜色，最适合显示色调不连续或具有大面积单一颜色的图像，例如导航条、按钮、图标、徽标或其他具有统一色彩和色调的图像。

GIF格式的最大优点就是制作动态图像，可以将数张静态文件作为动画帧串联起来，转换成一张动画文件。

GIF格式的另一优点就是可以将图像以交错的方式在网页中呈现。所谓交错显示，就是当图像尚未下载完成时，浏览器会先以马赛克的形式将图像慢慢显示，让浏览者可以大略猜出下载图像的雏形。

2. JPEG格式

JPEG是英文单词Joint Photographic Experts Group的缩写，它是一种图像压缩格式，文件格式是用于摄影或连续色调图像的高级格式，这是因为JPEG文件可以包含数百万种颜色。随着JPEG文件品质的提高，文件的大小和下载时间也会随之增加。通常可以通过压缩JPEG文件在图像品质和文件大小之间达到良好的平衡。

JPEG格式是一种压缩格式，专门用于不含大色块的图像。JPEG的图像有一定的失真度，但是在正常的损失下肉眼分辨不出JPEG和GIF图像的区别，而JPEG文件只有GIF文件的1/4倍大小。JPEG格式对图标之类的含大色块的图像不是很有效，而且不支持透明图、动态图，但它能够保留全真的色调板格式。如果图像需要全彩模式才能表现效果，JPEG就是最佳的选择。

3. PNG格式

PNG是英文单词Portable Network Graphic的缩写，即便携网络图像，是一种替代GIF格式的无专利权限制的格式，它包括对索引色、灰度、真彩色图像以及alpha通道透明的支持。PNG是Fireworks固有的文件格式。PNG文件可保留所有原始层、矢量、颜色和效果信息，并且在任何时候所有元素都是可以完全编辑的。文件必须具有.png文件扩展名才能被Dreamweaver识别为PNG文件。

4.2 在网页中插入图像

前面介绍了网页中常见的3种图像格式，下面就来学习如何在网页中使用图像。在使用图像前，一定要有目的地选择图像，最好运用图像处理软件美化一下图像，否则插入的图像可能不美观，会显得非常呆板。

图像是网页中最重要的元素之一，美观的图像会为网站增添生命力，同时也能加深用户对网站的印象。插入普通图象的效果如图4.1所示，具体操作步骤如下。

图4.1　插入图象的效果

(1) 打开原始网页文档，将光标置于网页文档中要插入图像的位置，如图4.2所示。

(2) 选择【插入】|【图像】命令，弹出【选择图像源文件】对话框，在对话框中选择需要的图像文件，如图4.3所示。

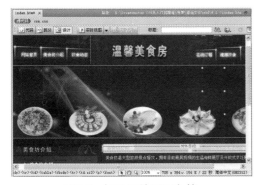

图4.2　打开原始网页文档

图4.3　【选择图像源文件】对话框

(3) 单击【确定】按钮，插入图像，如图4.4所示。

图4.4　插入图像

技巧 提示 ●●●

使用以下方法也可以插入图像。

选择【窗口】|【资源】命令，打开【资源】面板，在【资源】面板中单击■·按钮，展开图像文件夹，选定图像文件，然后用鼠标拖动到网页中合适的位置。

单击【常用】插入栏中的■·按钮，弹出【选择图像源文件】对话框，从中选择需要的图像义件。

4.2.2 插入图像占位符

有时根据页面布局的需要，要在网页中插入一幅图片。这个时候可以不制作图片，而是使用占位符来代替图片位置，插入图象占位符的效果如图4.5所示，具体操作步骤如下。

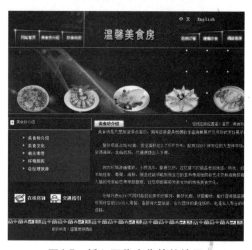

图4.5　插入图像占位符的效果

(1) 打开原始网页文档，如图4.6所示。

(2) 将光标放置在要插入图像占位符的位置，选择【插入】|【图像对象】|【图像占位符】命令，弹出【图像占位符】对话框，在对话框中进行相应的设置，如图4.7所示。

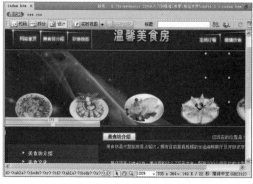

图4.6　打开原始网页文档

图4.7　【图像占位符】对话框

技巧 提示 ●●●

在【常用】插入栏中单击图标，在弹出的菜单中选择【图像占位符】图标，也可以弹出【图像占位符】对话框。

(3) 单击【确定】按钮，插入图像占位符，如图4.8所示。

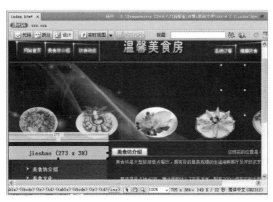

图4.8　插入图像占位符

4.2.3 插入鼠标经过图像

鼠标经过图像就是当鼠标经过图像时，原图像会变成另外一张图像。鼠标经过图像其实是由原始图像和鼠标经过图像这两张图像组成的，因此组成鼠标经过图像的两张图像必须有相同的大小。如果两张图像的大小不同，Dreamweaver会自动将第二张图像大小调整成与第一张同样大小。选择【插入】|【图像对象】|【鼠标经过图像】命令，弹出如图4.9所示的【插入鼠标经过图像】对话框。

图4.9　【插入鼠标经过图像】对话框

在【插入鼠标经过图像】对话框中可以设置以下参数。

- 图像名称：在文本框中输入图像名称。
- 原始图像：单击【浏览】按钮选择图像源文件或直接在文本框中输入图像路径。
- 鼠标经过图像：单击【浏览】按钮选择图像文件或直接在文本框中输入图像路径设置鼠标经过时显示的图像。
- 预载鼠标经过图像：让图像预先加载到浏览器的缓存中使图像显示速度快一点。
- 按下时，前往的URL：单击【浏览】按钮选择文件或者直接在文框框中输入鼠标经过图像时打开的文件路径。如果没有设置链接，Dreamweaver会自动在HTML代码中为鼠标经过图像加上一个空链接(#)。如果将这个空链接除去，鼠标经过图像将无法应用。

鼠标经过图像前的效果如图4.10所示，鼠标经过图像时的效果如图4.11所示，具体操作步骤如下。

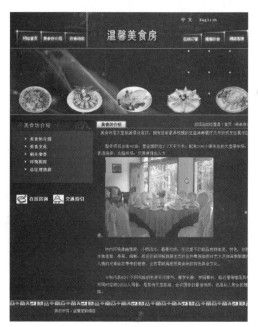

图4.10　鼠标经过图像前的效果　　　　　　　图4.11　鼠标经过图像时的效果

(1) 打开原始网页文档，将光标置于要插入鼠标经过图像的位置，如图4.12所示。

(2) 选择【插入】|【图像对象】|【鼠标经过图像】命令，弹出【插入鼠标经过图像】对话框，如图4.13所示。

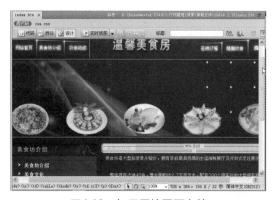

图4.12　打开原始网页文档　　　　　　　図4.13　【插入鼠标经过图像】对话框

技巧 提示 ●●●

单击【常用】插入栏中的【鼠标经过图像】按钮，也可以弹出【选择图像源文件】对话框。

(3) 单击【原始图像】文本框右边的【浏览】按钮，弹出【原始图像】对话框，在对话框中选择相应的原始图像文件，如图4.14所示。

(4) 单击【确定】按钮，插入原始图像，单击【鼠标经过图像】文本框右边的【浏览】按钮，弹出【鼠标经过图像】对话框，在对话框中选择相应的鼠标经过图像文件，如图4.15所示。

图4.14　【原始图像】对话框

图4.15　【鼠标经过图像】对话框

(5) 单击【确定】按钮，将文件添加到文本框中，如图4.16所示。

(6) 单击【确定】按钮，插入鼠标经过图像，如图4.17所示。

图4.16　文件添加到文本框中

图4.17　插入鼠标经过图像

(7) 保存文档，按F12键在浏览器中浏览，鼠标经过图像前的效果如图4.10所示，鼠标经过图像时的效果如图4.11所示。

4.3 设置图像属性

中国风——中文版Dreamweaver CS4学习总动员

将图像插入文档后，Dreamweaver会自动按照图像的大小显示，所以还需要对图像进行调整，如大小、位置和对齐等。选中图像，在图像的【属性】面板中可以自定义图像的属性。

4.3.1 调整图像的大小和边距

要设置图像大小和边距，首先选中图像，选择【窗口】|【属性】命令，打开【属性】面板，如图4.18所示。在【属性】面板中通过调整图像的【宽】和【高】可以调整图像的大小。在【属性】面板中设置【垂直边距】和【水平边距】可以设置图像的边距效果。

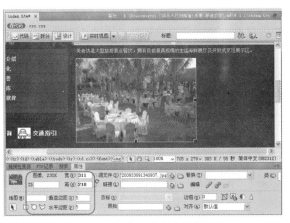

图4.18 调整图像大小和边距

4.3.2 设置图像的对齐方式

在网页文档中，选中要设置对齐方式的图像，在【属性】面板中的【对齐】下拉列表框中选择相应的对齐方式，如图4.19所示。

图4.19 设置图像对齐方式

技巧 提示●●●

在图像的【对齐】下拉列表框中有【默认值】、【基线】、【顶端】、【居中】、【底部】、【文本上方】、【绝对居中】、【绝对底部】、【左对齐】和【右对齐】选项。

图像属性面板中可以进行如下设置。

- 宽和高：以像素为单位设定图像的宽度和高度。当在网页中插入图像时，Dreamweaver自动使用图像的原始尺寸。可以使用点、英寸、毫米和厘米单位指定图像大小。在HTML源代码中，Dreamweaver将这些值转换为以像素为单位。

- 源文件：指定图像的具体路径。

- 链接：为图像设置超级链接。可以单击 📁 按钮浏览选择要链接的文件，或直接输入URL路径。
- 目标：链接时的目标窗口或框架。在其下拉列表中包括4个选项：
  - _blank：将链接的对象在一个未命名的新浏览器窗口中打开。
  - _parent：将链接的对象在含有该链接的框架的父框架集或父窗口中打开。
  - _self：将链接的对象在该链接所在的同一框架或窗口中打开。_self是默认选项，通常不需要指定它。
  - _top：将链接的对象在整个浏览器窗口中打开，因而会替代所有框架。
- 替换：图片的注释。当浏览器不能正常显示图像时，便在图像的位置用这个注释代替图像。
- 编辑：启动【外部编辑器】首选参数中指定的图像编辑其并使用该图像编辑器打开选定的图像。
  - 编辑 🔲：启动外部图像编辑器编辑选中的图像。
  - 编辑图像设置 🔗：弹出【图像预览】"对话框，在对话框中可以对图像进行设置。
  - 重新取样 🔍：将【宽】和【高】的值重新设置为图像的原始大小。调整所选图像大小后，此按钮显示在【宽】和【高】文本框的右侧。如果没有调整过图像的大小，该按钮不会显示出来。
  - 裁剪 🔲：修剪图像的大小，从所选图像中删除不需要的区域。
  - 亮度和对比度 🔵：调整图像的亮度和对比度。
  - 锐化 △：调整图像的清晰度。
- 地图：名称和【热点工具】标注和创建客户端图像地图。
- 垂直边距：图像在垂直方向与文本域或其他页面元素的间距。
- 水平边距：图像在水平方向与文本域或其他页面元素的间距。
- 原始：指定在载入土图像之前应该载入的图像。
- 边框：以像素为单位的图像边框的宽度。默认为无边框。
- 对齐：设置图像和文字的对齐方式。

4.4 在Dreamweaver中编辑图像

裁剪、调整亮度/对比度和锐化等一些辅助性的图像编辑功能可以不用离开Dreamweaver就能够完成，编辑工具是内嵌的Fireworks技术。

有了这些简单的图像处理工具，在编辑网页图像时就轻松多了，不需要打开其他的图像处理工具进行处理，从而大大提高了工作效率。

4.4.1 使用Photoshop优化图像

单击并选中图像，在图像【属性】面板中单击【编辑】右边的【编辑】按钮 🔲，如图4.20所示，即可在弹出的工作界面的编辑。

图4.20 【编辑】按钮

4.4.2 裁剪图像

裁剪图像的具体操作步骤如下。

(1) 单击并选中图像，在图像属性面板中选择【边框】文本框右边的【裁剪】按钮，如图4.21所示。

(2) 弹出Dreamweaver提示对话框，如图4.22所示。

图4.21 单击【裁剪】按钮

图4.22 【Dreamweaver】提示对话框

(3) 单击【确定】按钮，裁剪后如图4.23所示。

图4.23 裁剪后

　　使用Dreamweaver裁剪图像时，会直接更改磁盘上的源图像文件，因此，可能需要备份图像文件，以在需要恢复到原始图像时使用。

4.4.3 重新取样图像

　　重新取样可以添加或减少已调整大小的JPEG和GIF图像文件中的像素，并与原始图像的外观尽可能地匹配，对图像进行重新取样会减小图像文件的大小，但可以提高图像的下载性能。在【属性】面板中单击【重新取样】按钮，如图4.24所示。

图4.24　单击【重新取样】按钮

4.4.4 调整图像的亮度和对比度

　　单击图像属性面板中的【亮度和对比度】按钮，可修改图像中像素的亮度和对比度，利用该按钮可以调整图像的高亮显示、阴影和中间色调，修正过暗或过亮的图像，具体操作步骤如下。

　　(1) 单击并选中图像，在属性面板中单击【边框】文本框右边的【亮度和对比度】按钮，如图4.25所示。

　　(2) 弹出【亮度/对比度】对话框，在对话框中拖动【亮度】和【对比度】滑块到合适的位置，如图4.26所示。

图4.25　单击【亮度和对比度】按钮

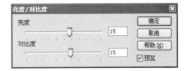

图4.26　【亮度/对比度】对话框

(3) 调整完【亮度】和【对比度】后，单击【确定】按钮，如图4.27所示。

图4.27　调整后的效果

 **技巧 提示 ●●●**

在【亮度/对比度】对话框中向左拖动滑块可以降低亮度和对比度，向右拖动滑块可以增加亮度和对比度，其取值范围在–100～+100之间，常用的取值是0为最佳。

4.4.5 锐化图像

锐化将增加对象边缘像素的对比度，从而增加图像的清晰度或锐度，在Dreamweaver中锐化图像的具体操作步骤如下。

(1) 选中要锐化的图像，单击【属性】面板中的【锐化】按钮，如图4.28所示。

(2) 弹出【锐化】对话框，在对话框中将【锐化】设置为2，如图4.29所示。

图4.28　单击【锐化】按钮

图4.29　【锐化】对话框

(3) 单击【确定】按钮，即可锐化图像，如图4.30所示。

图4.30　锐化图像

技巧 提示 ●●●

　　只能在保存包含图像的页面之前撤消【锐化】命令的效果并恢复到原始图像文件。页面一旦保存，对图像所做更改即永久保存。

4.5 本章实例——创建图文混排网页

中国风——中文版Dreamweaver CS4学习总动员

　　文字和图像是网页中最基本的元素，在网页中插入图像就使得网页更加生动形象，在网页中创建图文混排网页的方法非常简单，如图4.31所示的是图文混排的效果，具体操作步骤如下。

图4.31　创建图文混排的效果

(1) 打开原始网页文档，如图4.32所示。

(2) 将光标置于要输入文字的位置，输入文字，如图4.33所示。

图4.32　打开原始网页文档

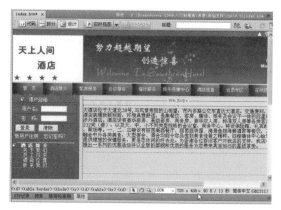

图4.33　输入文字

（3）选中输入的文字，单击【属性】面板中【大小】文本框，在弹出的列表中选择12像素，弹出【新建CSS规则】对话框，在对话框中的【选择器类型】中选择【类】，在【选择器名称】文本框中输入名称，在【规则定义】中选择【仅限该文档】，如图4.34所示。

（4）单击【确定】按钮，设置文本大小，单击【字体】文本框在弹出的列表中选择宋体，如图4.35所示。

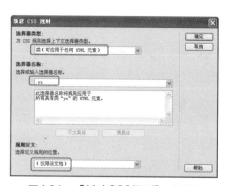

图4.34　【新建CSS规则】对话框

图4.35　设置字体

（5）将光标置于要插入图像的位置，选择【插入】|【图像】命令，弹出【选择图像源文件】对话框，在对话框中选择相应的图像，如图4.36所示。

（6）单击【确定】按钮，插入图像，如图4.37所示。

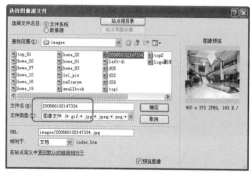

图4.36　【选择图像源文件】对话框

图4.37　插入图像

（7）保存文档，按F12键在浏览器中预览，效果如图4.31所示。

第 5 章

创建超级链接

本章导读

超级链接是构成网站最为重要的部分之一，单击网页中的超级链接，即可跳转到相应的网页，因此可以非常方便地从一个网页到达另一个网页。在网页上创建超级链接，就可以把Internet上众多的网站和网页联系起来，构成一个有机的整体。本章主要讲述超级链接的基本概念和各种类型超级链接的创建。

学习要点

- 了解超级链接的基本概念
- 熟悉创建超级链接的方法
- 掌握各种类型超级链接的创建
- 掌握链接检查
- 掌握创建插入网页锚点超链接实例

5.1 关于超级链接的基本概念

链接是从一个网页或文件到另一个网页或文件的访问路径，不但可以指向图像或多媒体文件，还可以指向电子邮件地址或程序等。当网站访问者单击链接时，将根据目标的类型执行相应的操作，即在Web浏览器中打开或运行。

要正确地创建链接，就必须了解链接与被链接文档之间的路径，每一个网页都有一个唯一的地址，称为统一资源定位符(URL)。网页中的超级链接按照链接路径的不同，可以分为相对路径和绝对路径两种链接形式。

5.1.1 绝对路径

绝对路径是包括服务器规范在内的完全路径，绝对路径不管源文件在什么位置，都可以非常精确地找到，除非目标文档的位置发生变化，否则链接不会失败。

采用绝对路径的好处是，它同链接的源端点无关，只要网站的地址不变，则无论文档在站点中如何移动，都可以正常实现跳转而不会发生错误。另外，如果希望链接到其他的站点上的文件，就必须用绝对路径。

采用绝对路径的缺点在于，这种方式的链接不利于测试，如果在站点中使用绝对地址，要想测试链接是否有效，就必须在Internet服务器端对链接进行测试，它的另一个缺点是不利于站点的移植。

5.1.2 相对路径

相对路径对于大多数的本地链接来说，是最适用的路径。在当前文档与所链接的文档处于同一文件夹内，文档相对路径特别有用。文档相对路径还可用来链接到其他的文件夹中的文档，方法是利用文件夹层次结构，指定从当前文档到所链接的文档的路径，文档相对路径省略掉对于当前文档和所链接的文档都相同的绝对URL部分，而只提供不同的路径部分。

使用相对路径的好处在于，可以将整个网站移植到另一个地址的网站中，而不需要修改文档中的链接路径。

5.2 创建超级链接的方法

可以使用多种方法创建超级链接。Dreamweaver通常使用文档相对路径创建指向站点中其他网页的链接。

5.2.1 使用属性面板创建链接

在【文档】中选择要创建链接的文本或图像，选择【窗口】|【属性】命令，打开【属性】面板。

单击【链接】框右侧的文件夹图标 ，在弹出的【选择文件】对话框中选择一个文件。或者在【链接】文本框中直接输入文档的路径和文件名。如果链接到站点内的文档，输入文档相对路径或站点根目录相对路径。如果链接到站点外的文档，则输入包含协议(如http://)的绝对路径。此种方法可用于输入尚未创建的文件的链接。

输入链接后，从【目标】下拉列表框中选择文档打开的位置，如图5.1所示。

图5.1　【属性】面板

在【目标】下拉列表中的各项的设置如下。

- _blank：将链接的文档载入一个新的、未命名的浏览器窗口。
- _parent：将链接的文档加载到该链接所在框架的父框架或父窗口。如果包含链接的框架不是嵌套框架，则所链接的文档加载到整个浏览器窗口。
- _self：将链接的文档载入链接所在的同一框架或窗口。此目标是默认的，所以通常不需要指定它。
- _top：将链接的文档载入整个浏览器窗口，从而删除所有框架。

5.2.2 使用指向文件图标创建链接

在【文档】中选择要创建链接的文本或图像，在【属性】面板中，单击【链接】文本框右侧的指向文件图标 ，指向当前文档中的可见锚记、另一个打开文档中的可见锚记、分配有唯一ID的元素或者【文件】面板中的文档。拖动鼠标时会出现一条带箭头的细线，指示要拖动的位置，指向链接的文件后，释放鼠标，即会链接到该文件，如图5.2所示。

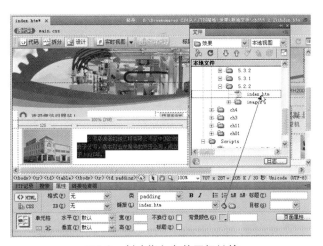

图5.2　创建指向文件图标链接

5.2.3 使用菜单创建链接

使用菜单创建链接的具体操作步骤如下。

(1) 选择【插入】|【超级链接】命令，弹出【超级链接】对话框，在对话框中输入相应的链接文件，或者单击【常用】插入栏中的【超级链接】按钮 ，也会打开【超级链接】对话框，如图5.3所示。

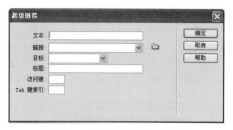

图5.3 【超级链接】对话框

在【超级链接】对话框中可以设置如下参数。

- 文本：设置超链接显示的文本。
- 链接：设置超链接链接到的路径，最好输入相对路径而不是绝对路径。
- 目标：设置超链接的打开方式，包括4个选项。
- 标题：设置超链接的标题。
- 访问键：设置键盘快捷键，设置好后，如果按键盘上的快捷键将选中这个超链接。
- Tab键索引：设置在网页中用Tab键选中这个超链接的顺序。

(2) 设置完各参数后，单击【确定】按钮，即可插入链接。

5.3 设置页面的链接

前面介绍了超级链接的基本概念和创建链接的方法，通过前面的学习已经对超链接有了大概的了解，下面将分别讲述各种类型超链接的创建。

5.3.1 文本链接

当浏览网页时，鼠标经过某些文本，会出现一个小手，同时文本也会发生相应的变化，提示浏览者这是带链接的文本。此时单击鼠标，会打开所链接的网页。这就是文本超级链接。文本超链接的效果如图5.4所示，具体操作步骤如下。

图5.4 文本超链接的效果

(1) 打开原始网页文档，选中要创建链接的文本，如图5.5所示。

(2) 打开【属性】面板，在面板中的【链接】文本框中输入链接的文件，如图5.6所示。

图5.5 打开原始网页文档

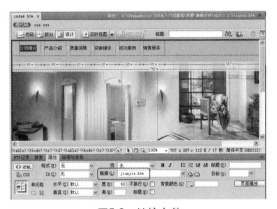
图5.6 链接文件

(3) 保存文档，按F12键在浏览器中浏览，效果如图5.4所示。

5.3.2 图像热点链接

当需要对一张图像的特定部位进行链接时就会用到热点链接。当用户单击某个热点时，会链接到相应的网页。热点区域主要有矩形、椭圆形和不规则多边形3种类型，其中矩形主要针对图像轮廓较规则且呈方形的图像；椭圆形主要针对圆形规则的轮廓；不规则多边形则针对复杂的轮廓外形。下面以矩形为例介绍热区链接的效果如图5.7所示，具体操作步骤如下。

图5.7 图像热点链接的效果

(1) 打开原始网页文档，选中图像，如图5.8所示。

(2) 选择【窗口】|【属性】命令，打开【属性】面板，在【属性】面板中选择矩形热点工具，如图5.9所示。

技巧 提示●●●

对于复杂的热点图像可以选择多边形工具来进行绘制。

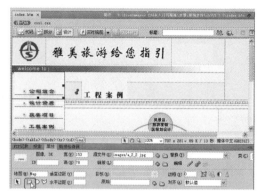

图5.8　打开原始网页文档　　　　　　　　　　图5.9　选择矩形热点工具

(3) 将光标置于图像上绘制一个矩形热点，在【属性】面板中，在【链接】文本框中输入链接，如图5.10所示。

在【热点链接】面板中的各项设置如下。

- 链接：输入相应的链接地址。
- 替换：填写了说明文字以后，光标移到热点就会显示相应的说明文字。
- 目标：不作选择则默认在浏览器窗口打开。

(4) 同步骤(2)～(3)，绘制其他的热点链接并输入相应的链接，如图5.11所示。

图5.10　绘制矩形热点　　　　　　　　　　图5.11　绘制其他的热点链接

(5) 保存网页文档，在浏览器中浏览，效果如图5.7所示。

5.3.3 E-mail链接

在网页上创建E-mail链接，可以使浏览者快速反馈自己的意见，当浏览者单击电子邮件链接时，可以立即打开浏览器默认的电子邮件处理程序，收件人邮件地址被电子邮件超链接中指定的地址自动更新。创建E-mail链接的效果如图5.12所示，具体操作步骤如下。

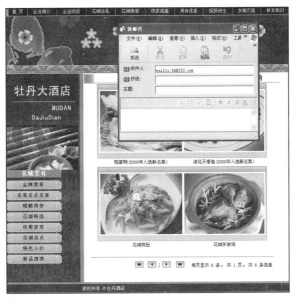

图5.12　创建E-mail链接效果

(1) 打开原始网页文档，将光标置于要创建E-mail链接的位置，如图5.13所示。

(2) 选择【插入】|【电子邮件链接】命令，弹出【电子邮件链接】对话框，在对话框中的【文本】文本框中输入文字"联系我们"，在【E-mail】文本框中输入"mailto:bh@163.com"，如图5.14所示。

图5.13　打开原始网页文档

图5.14　【电子邮件链接】对话框

 技巧 提示●●●

也可以在【属性】面板的【链接】文本框中直接输入【mailto:bh@163.com】。

(3) 单击【确定】按钮，即可插入电子邮件链接，如图5.15所示。

(4) 保存网页文档，在浏览器中浏览，当单击【联系我们】链接时的效果如图5.12所示。

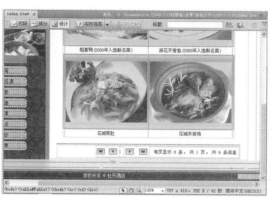

图5.15　插入电子邮件链接

5.3.4　下载文件链接

如果要在网站中提供下载资料，就需要为文件提供下载链接，如果超级链接指向的不是一个网页文件，而是其他文件，如ZIP、MP3、EXE文件等，单击链接的时候就会下载文件。创建下载文件链接的效果如图5.16所示，具体操作步骤如下。

图5.16　下载文件链接效果

(1) 打开原始网页文档，选中要创建下载链接的文字，如图5.17所示。

(2) 在【属性】面板中单击【链接】文本框右边的文件夹图标 ▭，弹出【选择文件】对话框，在对话框中选择文件，如图5.18所示。

图5.17 打开原始网页文档

图5.18 【选择文件】对话框

技巧 提示 ●●●

网站中每个下载文件必须对应一个下载链接，而不能为多个文件或文件夹建立下载链接，如果需要对多个文件或文件夹提供下载，只能利用压缩软件将这些文件或文件夹压缩为一个文件。

(3) 单击【确定】按钮，链接文件，如图5.19所示。

(4) 保存文档，按F12键浏览，单击【文件下载】链接，效果如图5.16所示。

图5.19 链接文件

5.3.5 锚点链接

有时网页很长，需要上下拖动滚动条来查看文档内容，为了找到其中的目标，不得不将整个文档内容浏览一遍，这样就浪费了很多时间。利用锚点链接能够更精确地控制访问者在单击超链接之后到达的位置，使访问者能够快速浏览到选定的位置，加快信息检索速度。创建锚点链接的效果如图5.20所示，具体操作步骤如下。

图5.20　创建锚点链接

(1) 打开原始网页文档，将光标置于要插入命名锚记的位置，如图5.21所示。

(2) 选择【插入】|【命名锚记】命令，弹出【命名锚记】对话框，在对话框中的【锚记名称】文本框中输入"1"，如图5.22所示。

技巧 提示 ●●●

还可以单击【常用】插入栏中的【命名锚记】按钮 🔒 ，弹出【命名锚记】对话框。

图5.21 打开原始网页文档

图5.22 【命名锚记】对话框

(3) 单击【确定】按钮，即可插入命名锚记，如图5.23所示。

(4) 选中需要创建锚点链接的文字，在【属性】面板中的【链接】文本框中输入链接，如图5.24所示。

图5.23 插入命名锚记

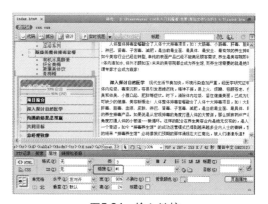
图5.24 输入链接

技巧 提示 ●●●

锚记名称要区分大小写，不能包含空白字符，而且锚记不要放置在AP元素中。

(5) 用同样的方法插入其他的命名锚记，并输入相应的链接，如图5.25所示。

(6) 保存网页文档，按F12键浏览，当单击某一个链接时，会跳转到相应的内容处，如图5.20所示。

图5.25 插入其他的命名锚记

5.3.6 脚本链接

脚本超链接执行JavaScript代码或调用JavaScript函数，它非常有用，能够在不离开当前网页文档的情况下为访问者提供有关某项的附加信息。脚本超链接还可以用于在访问者单击特定项时，执行计算、表单验证和其他处理任务，如图5.26所示的是创建脚本关闭网页的效果，具体操作步骤如下。

图5.26　关闭网页的效果

(1) 打开原始网页文档，选中文本【关闭窗口】，如图5.27所示。

(2) 在【属性】面板中的【链接】文本框中输入"javascript:window.close()"，如图5.28所示。

图5.27　打开原始网页文档

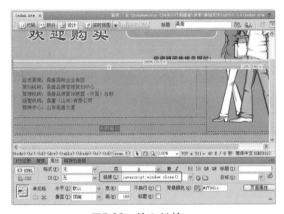

图5.28　输入链接

(3) 保存文档，按F12键在浏览器中浏览，单击【关闭窗口】超文本链接会自动弹出一个提示对话框，提示是否关闭窗口，单击【是】按钮，即可关闭窗口，如图5.26所示。

5.3.7 空链接

空链接用于向页面上的对象或文本附加行为，创建空链接的具体操作步骤如下。

(1) 选中要附加行为的对象。

(2) 选择【窗口】|【属性】命令，打开【属性】面板，在【链接】文本框中输入"#1"即可，如图5.29所示。

图5.29　输入链接

5.4 链接检查

【检查链接】功能用于搜索断开的链接和孤立文件(文件仍然位于站点中，但站点中没有任何其它文件链接到该文件)。可以搜索打开的文件、本地站点的某一部分或者整个本地站点。Dreamweaver验证仅指向站点内文档的链接；Dreamweaver将出现在选定文档中的外部链接编辑成一个列表，但并不验证它们。检查站点中链接错误的具体操作步骤如下。

(1) 在【文件】面板中，从【当前站点】弹出菜单中选择一个站点。

(2) 选择【站点】|【检查站点范围的链接】命令，打开【链接检查器】面板，【断掉的链接】报告出现在【链接检查器】面板中，如图5.30所示。

图5.30　【链接检查器】面板

在【链接检查器】面板中，从【显示】弹出菜单中选择【外部链接】或【孤立的文件】，可查看其它报告。一个适合所选报告类型的文件列表出现在【链接检查器】面板中。

如果选择的报告类型为【孤立的文件】，可以直接从【链接检查器】面板中删除孤立文件，方法是从该列表中选中一个文件后按Delete键。

(3) 如果要保存报告，单击【链接检查器】面板中的【保存报告】按钮。

5.5 本章实例——插入网页锚点超链接

锚点链接通常用于大量文本的网页，长文本的网页不便于阅读，而使用锚点链接可以给文本分段，便于阅读。创建锚点链接的效果如图5.31所示，具体操作步骤如下。

图5.31　创建锚点链接的效果

(1) 打开原始网页文档，如图5.32所示。

(2) 将光标置于文本【公司介绍】前面，选择【插入】|【命名锚记】命令，弹出【命名锚记】对话框，在对话框中的【锚记名称】文本框中输入"1"，如图5.33所示。

图5.32　打开原始网页文档

图5.33　【命名锚记】对话框

(3) 单击【确定】按钮，插入命名锚记1，如图5.34所示。

(4) 选择文字【公司简介】，在【属性】面板的【链接】文本框中输入"#1"，如图5.35所示。

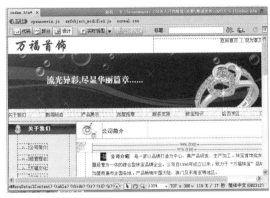

图5.34 插入命名锚记1

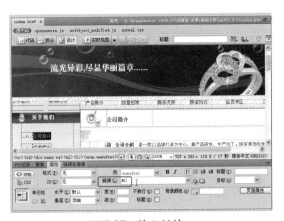

图5.35 输入链接

(5) 将光标置于文本【经营理念】前面，选择【插入】|【命名锚记】命令，弹出【命名锚记】对话框，在对话框中【锚记名称】文本框中输入"2"，如图5.36所示。

(6) 单击【确定】按钮，插入命名锚记2，如图5.37所示。

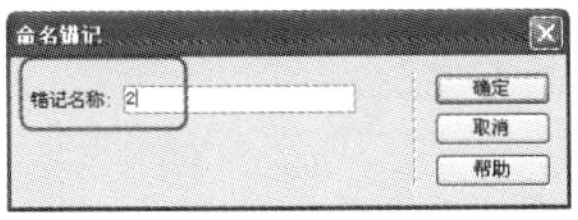

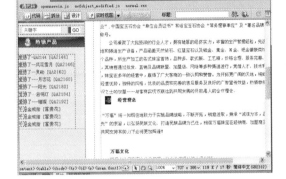

图5.36 【命名锚记】对话框

图5.37 插入命名锚记2

(7) 选中文字【经营理念】，在【属性】面板的【链接】文本框中输入"#2"，如图5.38所示。

(8) 将光标置于文本【万福文化】前面，选择【插入】|【命名锚记】命令，弹出【命名锚记】对话框，在对话框中【锚记名称】文本框中输入"3"，如图5.39所示。

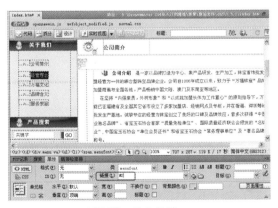

图5.38 输入链接

图5.39 【命名锚记】对话框

(9) 单击【确定】按钮，插入命名锚记3，如图5.40所示。

(10) 选中文字【万福文化】，在【属性】面板的【链接】文本框中输入"#3"，如图5.41所示。

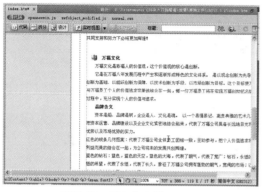
图5.40　插入命名锚记3

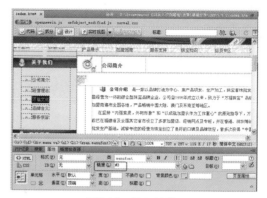
图5.41　输入链接

(11) 将光标置于文本【品牌含义】前面，选择【插入】|【命名锚记】命令，弹出【命名锚记】对话框，在对话框中【锚记名称】文本框中输入"4"，如图5.42所示

(12) 单击【确定】按钮，插入命名锚记4，如图5.43所示。

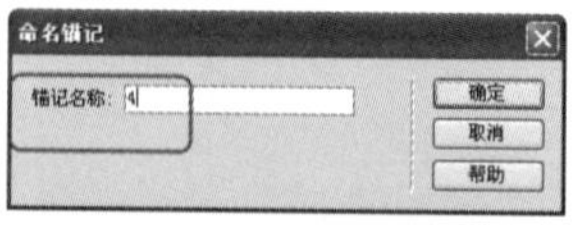

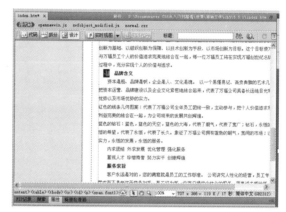
图5.43　插入命名锚记4

图5.42　【锚记名称】文本框

(13) 选中文字【品牌含义】，在【属性】面板的【链接】文本框中输入"#4"，如图5.44所示。

(14) 将光标置于文本【服务宗旨】前面，选择【插入】|【命名锚记】命令，弹出【命名锚记】对话框，在对话框中【锚记名称】文本框中输入"5"，如图5.45所示。

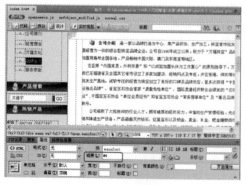
图5.44　输入链接

图5.45　【锚记名称】文本框

(15) 单击【确定】按钮，插入命名锚记5，如图5.46所示。

(16) 选中文字【服务宗旨】，在【属性】面板的【链接】文本框中输入"#5"，如图5.47所示。

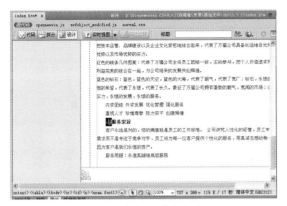

图5.46　插入命名锚记5

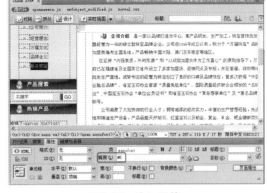

图5.47　输入链接

(17) 保存文档，按F12键在浏览器中预览，效果如图5.31所示。

第 6 章

建立表格排列网页数据

本章导读

　　表格是网页布局设计的常用工具，表格在网页中不仅可以用来排列数据，而且可以对页面中的图像、文本等元素进行准确定位，使得页面在形式上既丰富多彩又条理清楚，从而也使页面显得更加整齐有序。使用表格排版的页面在不同平台、不同分辨率的浏览器中都能保持原有的布局，所以表格是网页布局中最常用的工具。本章主要讲述表格的创建、表格属性的设置、表格的基本操作、表格的排序和导入表格式数据等。

学习要点

- 熟悉表格的基本概念
- 掌握设置表格及其元素属性
- 掌握调整表格结构
- 掌握表格的其他功能
- 掌握网页细线表格的制作
- 掌握网页圆角表格的制作
- 掌握利用表格布局网页

6.1 插入表格

在Dreamweaver CS4中，表格可以用于制作简单的图表，还可以用于安排网页文档的整体布局，起着非常重要的作用。利用表格设计页面布局，可以不受分辨率的限制，维持需要的布局，也可以制作出任何一种形态。

6.1.1 表格的基本概念

在开始制作表格之前，先对表格的各部分名称做简单介绍。

一张表格横向叫行，纵向叫列，行列交叉部分就叫做单元格，如图6.1所示。单元格中的内容和边框之间的距离叫边距。单元格和单元格之间的距离叫间距。整张表格的边缘叫做边框。

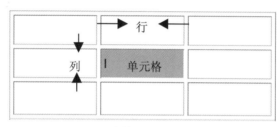

图6.1 表格的各部分名称

6.1.2 表格的插入

表格不但能够记载表单式的资料、规范各种数据和输入列表式的文字，而且还可以排列文字和图像。在网页中插入表格的具体操作步骤如下。

(1) 打开原始网页文档，如图6.2所示。

(2) 将光标置于要插入表格的位置，选择【插入】|【表格】命令，弹出【表格】对话框，在对话框中将【行数】设置为5，【列数】设置为4，【表格宽度】设置为90%，如图6.3所示。

图6.2 打开原始网页文档

图6.3 【表格】对话框

还可以单击【常用】插入栏中的 🎞 图标，弹出【表格】对话框，插入表格。

在【表格】对话框中可以设置以下参数。

- 行数：在该文本框中输入新建表格的行数。
- 列数：在该文本框中输入新建表格的列数。
- 表格宽度：用于设置表格的宽度，其中右边的下拉列表框中包含【百分比】和【像素】2个选项。
- 边框粗细：用于设置表格边框的宽度，如果设置为0，在浏览时将看不到表格的边框。
- 单元格边距：单元格内容和单元格边界之间的像素数。
- 单元格间距：单元格之间的像素数。
- 标题：可以定义表头样式，4种样式可以任选一种。
- 辅助功能：定义表格的标题。
- 对齐标题：用来定义表格标题的对齐方式。
- 摘要：用来对表格进行注释。

(3) 单击【确定】按钮，插入表格，如图6.4所示。

图6.4　插入表格

6.2　设置表格属性

中国风——中文版Dreamweaver CS4学习总动员

可以在表格的【属性】面板中对表格的属性进行详细的设置，在设置表格属性之前首先要选中表格。表格的【属性】面板如图6.5所示。

图6.5　表格的【属性】面板

在表格的【属性】面板中可以设置以下参数。

- 表格ID：表格的ID。

- 行和列：表格中行和列的数量。
- 表格的宽度(W)：以像素为单位或表示为占浏览器窗口宽度的百分比。
- 填充：单元格内容和单元格边界之间的像素数。
- 间距：相邻的表格单元格间的像素数。
- 对齐：设置表格的对齐方式，该下拉列表框中共包含4个选项，即【默认】、【左对齐】、【居中对齐】和【右对齐】。
- 边框：用来设置表格边框的宽度。
- 类：对该表格设置一个CSS类。
- ![img]：用于清除列高。
- ![img]：将表格的宽由百分比转换为像素。
- ![img]：将表格宽由像素转换为百分比。
- ![img]：从表格中清除列宽。

6.3 调整表格结构

在网页中，表格用于网页内容的排版，如文字放在页面的某个位置，就可以使用表格。下面讲述调整表格的结构。

6.3.1 选择表格

要想在文档中对一个元素进行编辑，那么首先要选择它；同样，要想对表格进行编辑，首先也要选中它。选取整个表格的方法主要有以下几种。

1. 单击表格上的任意一根边框线即可选中表格。

2. 将光标置于表格内的任意位置，选择【修改】|【表格】|【选择表格】命令即可选中表格。

3. 将光标置于表格的左上角，按住鼠标左键不放拖动到表格的右下角，将所有的单元格选中，选择【编辑】|【全选】命令即可选中表格。

4. 将光标置于表格内任意位置，单击文档窗口左下角的<table>标签也可以选中表格，如图6.6所示。

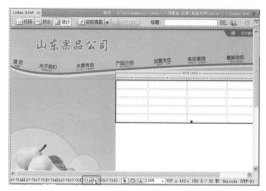

图6.6 选择<table>标签

6.3.2 调整表格和单元格的大小

当调整整个表格的大小时，表格中的所有单元格按比例更改大小。选中插入的表格，在出现3个控制点后将鼠标移动到控制点上，当鼠标指针变成形状时，按鼠标左键并拖动即可改变表格的大小，如图6.7所示。

技巧 提示 ● ● ●

还可以在【属性】面板中的【宽】和【高】文本框中精确的调整单元格的大小。

将光标置于要设置大小的单元格中，用鼠标拖动列或行的边框来调整列宽或行高则显得更为方便快捷，如图6.8所示。

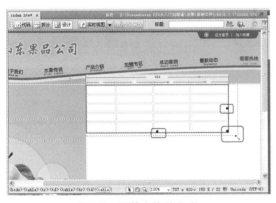

图6.7　调整表格的大小

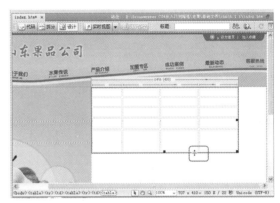

图6.8　调整单元格的行高

技巧 提示 ● ● ●

可以使用【代码】视图直接在HTML代码中更改单元格的宽度和高度。

6.3.3 添加或删除行或列

在网页文档中添加行或列的具体操作步骤如下。

可以选择【修改】|【表格】菜单中的子命令，增加或减少行与列。增加行与列可以用以下方法。

1. 将光标置于相应的单元格中，选择【修改】|【表格】|【插入行】命令，即可插入一行。

2. 将光标置于相应的位置，选择【修改】|【表格】|【插入列】命令，即可在相应的位置插入一列。

3. 将光标置于相应的位置，选择【修改】|【表格】|【插入行或列】命令，弹出【插入行或列】对话框，在对话框中进行相应的设置，如图6.9所示。单击【确定】按钮，即可在相应的位置插入行或列，如图6.10所示。

图6.9 【插入行或列】对话框

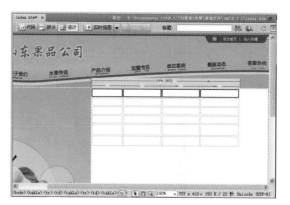

图6.10 插入行

在【插入行或列】对话框中可以进行如下设置。

● 插入：包含【行】和【列】两个单选按钮，一次只能选择其中一个来插入行或者列。该选项组的初始状态选择的是【行】选项，所以下面的选项就是【行数】。如果选择的是【列】选项，那么下面的选项就变成了【列数】，在【列数】选项的文本框内可以直接输入要插入的列数。

● 位置：包含【所选之上】和【所选之下】两个单选按钮。如果【插入】选项选择的是【列】选项，那么【位置】选项后面的两个单选按钮就会变成【在当前列之前】和【在当前列之后】。

在网页文档中删除行或列的方法如下。

1. 将光标置于要删除行的任意一个单元格，选择【修改】|【表格】|【删除行】命令就可以删除当前行。

2. 将光标置于要删除列中的任意一个单元格，选择【修改】|【表格】|【删除列】命令就可以删除当前列。

3. 选中要删除的行或列，选择【编辑】|【清除】命令，即可删除行或列。

4. 选中要删除的行或列，按Delete键或按BackSpace键也可删除行或列。

技巧 提示 ●●●

将光标置于要删除的行或列中，单击鼠标右键，在弹出的菜单中选择【表格】|【删除列】或【删除行】命令，即可删除列或行。

6.3.4 拆分单元格

在使用表格的过程中，有时需要拆分单元格以达到自己所需的效果。拆分单元格就是将选中的表格单元格拆分为多行或多列，具体操作步骤如下。

(1) 将光标置于要拆分的单元格中，选择【修改】|【表格】|【拆分单元格】命令，弹出【拆分单元格】对话框，如图6.11所示。

(2) 在对话框中的【把单元格拆分】选项组中选择【列】单选按钮，【列数】设置为"2"，单击【确定】按钮，将单元格拆分，如图6.12所示。

图6.11 【拆分单元格】对话框　　　　　　　　图6.12　拆分单元格

技巧 提示 ●○●●

拆分单元格还有以下两种方法。

1. 将光标置于拆分的单元格中，单击鼠标右键，在弹出的菜单中选择【表格】|【拆分单元格】命令，弹出【拆分单元格】对话框，然后进行相应的设置。

2. 单击【属性】面板中的【拆分单元格】按钮，弹出【拆分单元格】对话框，然后进行相应的设置。

6.3.5 合并单元格

合并单元格就是将选中单元格的内容合并到一个单元格，先将要合并的单元格选中，然后选择【修改】|【表格】|【合并单元格】命令，将多个单元格合并成一个，如图6.13所示。

图6.13　合并单元格

技巧 提示 ●○●●

合并单元格还有以下两种方法。

1. 选中要合并的单元格，在【属性】面板中单击【合并单元格】按钮，即可合并单元格。

2. 选中要合并的单元格，单击鼠标右键，在弹出菜单中选择【表格】|【合并单元格】，可合并单元格。

6.3.6 剪切、复制和粘贴表格

下面讲述剪贴、复制和粘贴表格，具体操作步骤如下。

(1) 选择要剪切的表格，选择【编辑】|【剪切】或【编辑】|【拷贝】命令。如图6.14所示。

(2) 光标置于要粘贴表格的位置，选择【编辑】|【粘贴】命令，粘贴表格后的效果如图6.15所示。

图6.14　【拷贝】命令

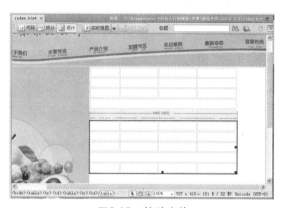

图6.15　粘贴表格

6.4　表格的其他功能

中国风——中文版Dreamweaver CS4学习总动员

Dreamweaver CS4供了对表格进行排序的功能，用户可以根据一列的内容来完成一次简单的表格排序，也可以根据两列的内容来完成一次较复杂的排序。

6.4.1 导入表格式数据

在实际工作中，有时需要把其他的程序(如Excel和Access)建立的表格数据导入到网页中，在Dreamweaver中，利用如图6.16所示的【导入表格式数据】对话框，可以很容易地实现这一功能。在导入表格式数据前，首先要将表格数据文件转换成.txt(文本文件)格式，并且该文件中的数据要带有分隔符，如逗号、分号、冒号等。

图6.16　【导入表格式数据】对话框

在【导入表格式数据】对话框中可以设置以下参数。

- 数据文件：输入要导入的数据文件的保存路径和文件名，或单击右边的【浏览】按钮进行选择。
- 定界符：选择定界符，使之与导入的数据文件格式匹配。其下拉列表框中包含5个选项，即【Tab】、【逗点】、【分号】、【引号】和【其他】。
- 表格宽度：设置导入表格的宽度。
- 匹配内容：选中此单选按钮，创建一个根据最长文件进行调整的表格。
- 设置为：选中此单选按钮，在后面的文本框中输入表格的宽度以及在下拉列表框中设置其单位。
- 单元格边距：单元格内容和单元格边界之间的像素数。
- 单元格间距：相邻的单元格间的像素数。
- 格式化首行：设置首行标题的格式。
- 边框：以像素为单位设置表格边框的宽度。

导入表格式数据的效果如图6.17所示，具体操作步骤如下。

图6.17　导入表格式数据的效果

(1) 打开原始网页文档，将光标置于要导入表格式数据的位置，如图6.18所示。

(2) 选择【插入】|【表格对象】|【导入表格式数据】命令，弹出【导入表格式数据】对话框，在对话框中单击【数据文件】文本框右边的【浏览】按钮，弹出【打开】对话框，在对话框中选择数据文件，如图6.19所示。

图6.18　打开原始网页文档

图6.19　【打开】对话框

(3) 单击【打开】按钮，将数据文件添加到【数据文件】文本框中，在【定界符】下拉列表框中选择【逗点】，如图6.20所示。

(4) 在对话框中进行相应的设置后，单击【确定】按钮，导入表格式数据如图6.21所示。

图6.20 【导入表格式数据】对话框

图6.21 导入表格式数据

 技巧 提示●●●

此例导入数据表格时注意定界符必须是逗点，否则可能会造成表格格式的混乱。

(5) 保存文档，按F12键在浏览器中浏览，效果如图6.17所示。

6.4.2 排序表格

排序表格功能主要针对具有格式数据的表格而言，是根据表格列表中的数据来排序的，选择【命令】|【排序表格】命令，弹出【排序表格】对话框，如图6.22所示。

图6.22 【排序表格】对话框

在【排序表格】对话框中可以设置以下参数。

- 排序按：确定哪个列的值将用于对表格的行进行排序。
- 顺序：确定是按字母还是按数字顺序以及是按升序还是按降序对列进行排序。
- 再按：确定在不同列上第二种排列方法的排列顺序。在其下面的两个下拉列表框中指定应用第二种排列方法的列及第二种排序方法的排序顺序。
- 排序包含第一行：选中此复选框，可将表格的第一行包括在排序中。如果第一行是不应移动的标题或表头，则不选中此复选框。

- 排序标题行：选中此复选框，指定使用与body行相同的条件对表格thead部分中的所有行进行排序。
- 排序脚注行：选中此复选框，指定使用与BODY行相同的条件对表格TFOOT部分中的所有行进行排序。
- 完成排序后所有行颜色保持不变：选中此复选框，指定排序之后表格行属性应该保持与相同内容的关联。
- 排序表格的效果如图6.23所示，具体操作步骤如下。

图6.23　排序表格的效果

(1) 打开原始网页文档，如图6.24所示。

(2) 选中表格，选择【命令】|【排序表格】命令，弹出【排序表格】对话框，在该对话框中的【排序按】下拉列表框中选择【列1】，【顺序】选择【按数字顺序】，在右边的下拉列表框中选择【降序】，如图6.25所示。

图6.24　打开原始网页文档

图6.25　【排序表格】对话框

技巧 提示 ●●●

如果表格行使用两种交替的颜色，则不要选中【完成排序后所有行颜色保持不变】复选框以确保排序后的表格仍具有颜色交替的行；如果行属性特定于每行的内容，则选中【完成排序后所有行颜色保持不变】复选框以确保这些属性保持与排序后表格中正确的行关联在一起。

(3) 单击【确定】按钮，表格进行排序，如图6.26所示。

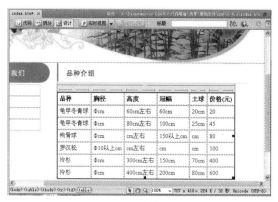

图6.26　表格排序

技巧 提示 ●●●

如果表格中含有合并或拆分的单元格，则表格无法使用表格排序功能。

(4) 保存文档，按F12键在浏览器中浏览，效果如图6.23所示。

6.5　本章实例

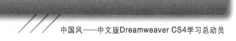
本章主要讲述了如何创建表格、设置表格及其元素属性、表格的基本操作以及表格的其他功能等。下面通过前面所学的知识讲述表格在网页中的应用实例。

6.5.1　实例1——制作网页细线表格

通过设置表格属性和单元格的属性可通过以制作细线表格，创建细线表格的效果如图6.27所示，具体操作步骤如下。

图6.27 细线表格的效果

(1) 打开原始网页文档，如图6.28所示。

(2) 将光标置于要插入表格的位置，选择【插入】|【表格】命令，弹出【表格】对话框，在对话框中将【行数】设置为1，【列数】设置为1，【表格宽度】设置为450像素，如图6.29所示。

图6.28 打开原始网页文档

图6.29 【表格】对话框

(3) 单击【确定】按钮，插入表格，将单元格的【背景颜色】设置为#16698B，如图6.30所示。

(4) 将光标置于表格中，选择【插入】|【表格】命令，插入5行3列的表格，【表格宽度】设置为100%，如图6.31所示。

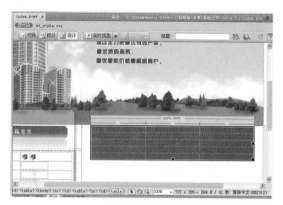

图6.30　插入表格　　　　　　　　　　　　图6.31　插入表格

（5）选中插入的表格，在【属性】面板中将【填充】设置为4，【间距】设置为1，如图6.32所示。

（6）将单元格的【背景颜色】设置为#FFFFFF，并在单元格中输入相应的文字，如图6.33所示。

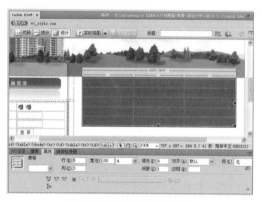

图6.32　设置表格的属性　　　　　　　　　图6.33　设置单元格的背景颜色

（7）保存文档，在浏览器中浏览，效果如图6.27所示。

6.5.2 实例2——制作网页圆角表格

制作网页时常常有一些技巧，如在表格的四周加上圆角，这样可以避免直接使用表格的直角，而显得过于呆板，创建圆角表格的效果如图6.34所示，具体制作步骤如下。

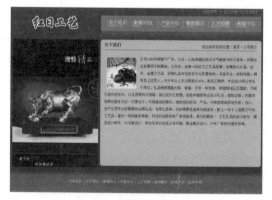

图6.34　圆角表格的效果

(1) 打开原始网页文档，如图6.35所示。

(2) 将光标置于页面中，选择【插入】|【表格】命令，弹出【表格】对话框，在对话框中将【行数】设置为3，【列数】设为1，【表格宽度】设为100%，如图6.36所示。

图6.35　打开原始网页文档

图6.36　【表格】对话框

(3) 单击【确定】按钮，插入表格1，如图6.37所示。

(4) 将光标置于表格1的第1行单元格中，选择【插入】|【图像】命令，弹出【选择图像源文件】对话框，在对话框中选择相应的圆角图像文件，如图6.38所示。

图6.37　插入表格

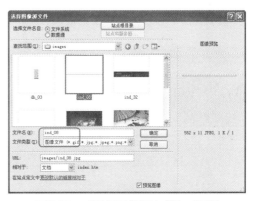

图6.38　【选择图像源文件】对话框

(5) 单击【确定】按钮，插入圆角图像，如图6.39所示。

(6) 将光标置于表格1的第2行单元格中，在【属性】面板中将【背景颜色】设置为#E7CB9B，如图6.40所示。

图6.39　插入圆角图像

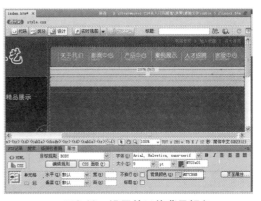

图6.40　设置单元格背景颜色

(7) 将光标置于表格1的在第2行单元格中，选择【插入】|【表格】命令，插入3行1列的表格，【表格宽度】设置为95%，此表格记为表格2，如图6.41所示。

(8) 将光标置于表格2的第1行单元格中，选择【插入】|【表格】命令，插入1行2列的表格，【表格宽度】设置为100%，此表格记为表格3，如图6.42所示。

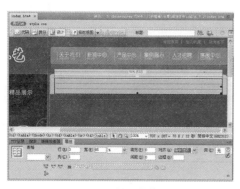
图6.41 插入表格2

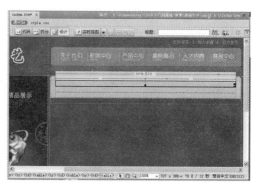
图6.42 插入表格3

(9) 在表格3的第1列单元格中输入文字，【大小】设置为14像素。【颜色】设置为#703E01，并加粗，如图6.43所示。

(10) 在表格3的第2列单元格中输入文字，【大小】设置为12像素，如图6.44所示。

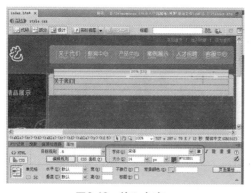
图6.43 输入文字

图6.44 输入文字

(11) 将光标置于表格2的第2行单元格中，在代码视图中输入背景图像，如图6.45所示。

(12) 将光标置于表格2的第3行单元格中，输入文字，如图6.46所示。

图6.45 输入背景图像

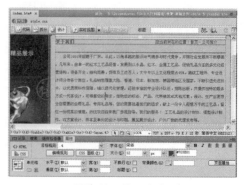
图6.46 输入文字

(13) 将光标置于文字中，选择【插入】|【图像】命令，插入图像，将【对齐】设置为"居中对齐"，【垂直边距】和【水平边距】分别设置为5，如图6.47所示。

(14) 将光标置于表格1的第3行单元格中，选择【插入】|【图像】命令，插入圆角图像，如图6.48所示。

图6.47　插入图像

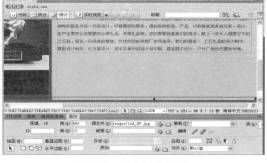

图6.48　插入圆角图像

(15) 保存文档，按F12键在浏览器中浏览，效果如图6.34所示。

6.5.3　实例3——利用表格布局网页

表格在内容组织、页面中和图形的位置控制方面都有很强的功能。灵活、熟练地使用表格，在网页制作中会有如虎添翼的感觉。创建如图6.49所示的表格布局网页效果，具体操作步骤如下。

图6.49　表格布局网页效果

(1) 选择【文件】|【新建】命令，弹出【新建文档】对话框，在对话框中选择【空白页】选项列表中的HTML选项，如图6.50所示。

(2) 单击【创建】按钮，创建一空白网页，如图6.51所示。

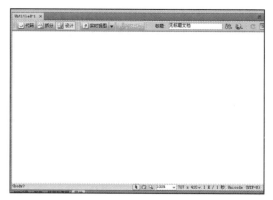

图6.50　【新建文档】对话框　　　　　　　　　图6.51　创建网页

（3）选择【文件】|【保存】命令，弹出【另存为】对话框，在对话框中的【文件名】中输入"index.html"，如图6.52所示。

（4）单击【确定】按钮，保存文档，将光标置于页面中，选择【修改】|【页面属性】命令，弹出【页面属性】对话框，在对话框中将【左边距】和【上边距】分别设置为"0"，如图6.53所示。

图6.52　【页面属性】对话框　　　　　　　　　图6.53　【表格】对话框

（5）单击【确定】按钮，修改页面属性，将光标置于页面中，选择【插入】|【表格】命令，弹出【表格】对话框，在对话框中将【行数】设置为3，【列数】设置为1，【表格宽度】设置为780像素，如图6.54所示。

（6）单击【确定】按钮，插入表格，此表格记为表格1，如图6.55所示。

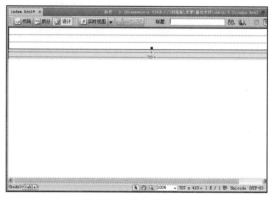

图6.54　【表格】对话框　　　　　　　　　　图6.55　插入表格1

(7) 将光标置于表格的第1行中，选择【插入】|【图像】命令，弹出【选择图像源文件】对话框，在对话框中选择相应的图像文件，如图6.56所示。

(8) 单击【确定】按钮，插入图像，如图6.57所示。

图6.56　【选择图像源文件】对话框

图6.57　插入图像

(9) 将光标置于表格的第2行单元格中，选择【插入】|【表格】命令，插入1行2列的表格，此表格记为表格2，如图6.58所示。

(10) 将光标置于表格2的第1列单元格中，将【背景颜色】设置为#EFEFEF，如图6.59所示。

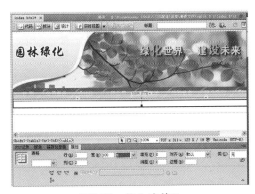

图6.58　插入表格2

图6.59　设置背景颜色

(11) 将光标置于表格2的第1列单元格中，选择【插入】|【表格】命令，插入2行1列的表格，此表格记为表格3，如图6.60所示。

(12) 将光标置于表格3的第1行单元格中，选择【插入】|【图像】命令，插入图像，如图6.61所示。

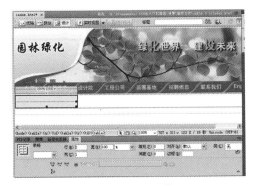

图6.60　插入表格3

图6.61　插入图像

(13) 将光标置于表格3的第2行单元格中，选择【插入】|【表格】命令，插入4行1列的表格，【表格宽度】设置为80%，【对齐】设置为居中对齐，此表格记为表格4，如图6.62所示。

(14) 将光标置于表格4的第1行单元格中，选择【插入】|【图像】命令，插入图像，如图6.63示。

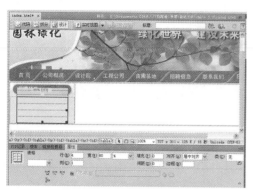

图6.62　插入表格4

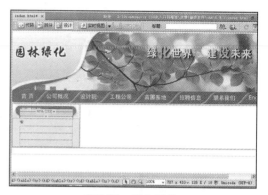

图6.63　插入图像

(15) 在表格4的第1列单元格中的图像的右边输入相应的文字，【大小】设置为12像素，【颜色】设置为#00000，并加粗字体，如图6.64所示。

(16) 将光标置于表格4的2行单元格中，在代码视图中输入背景图像文件，如图6.65所示。

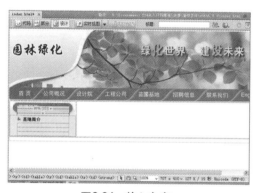

图6.64　输入文字

图6.65　插入背景图像

(17) 同步骤(14)~(16)，在表格4的其他的单元格中输入相应的内容，如图6.66所示。

(18) 将光标置于表格2的第2列单元格中，插入一个2行1列的表格，【表格宽度】设置为100%，此表格记为表格5，如图6.67所示。

图6.66　输入相应的内容

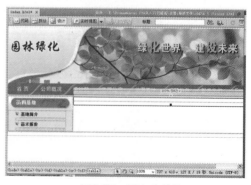

图6.67　插入表格5

(19) 将光标置于表格5的第1行单元格中，选择【插入】|【图像】命令，插入图像，插入图像，如图6.68所示。

(20) 将光标置于表格5的第2行单元格中，选择【插入】|【表格】命令，插入8行1列的表格，此表格记为表格6，如图6.69所示。

图6.68　插入图像

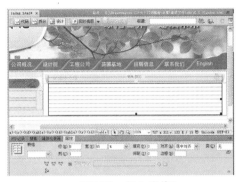

图6.69　插入表格6

(21) 将光标置于表格6的第1行单元格中，选择【插入】|【表格】命令，插入1行3列的表格，此表格记为表格7，如图6.70所示。

(22) 在表格的单元格中分别输入相应的文字，如图6.71所示。

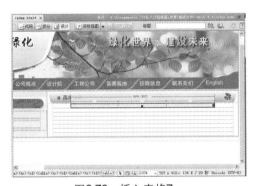

图6.70　插入表格7

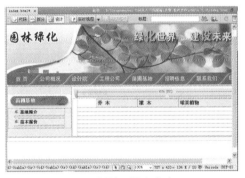

图6.71　输入文字

(23) 在表格6的第2行单元格中插入2行3列的表格，此表格记为表格8，如图6.72所示。

(24) 将光标置于表格8的第1行第1列单元格中，插入图像，在第2行第1列单元格中输入相应的文字，如图6.73所示。

图6.72　插入表格8

图6.73　输入内容

(25) 在表格8的其他的单元格中也分别输入相应的内容，如图6.74所示。

(26) 将光标置于表格6的第3行单元格中，在代码视图中插入背景图像，如图6.75所示。

图6.74　输入内容

图6.75　插入背景图像

(27) 同步骤(24)～(26)，在表格6的其它单元格中插入相应的图像，并输入文字，如图6.76所示。

(28) 在表格6的第8行单元格中插入1行3列的表格，此表格记为表格9，如图6.77所示。

图6.76　输入内容

图6.77　插入表格9

(29) 将光标置于表格9的第1列单元格中，选择【插入】|【图像】命令，插入图像，如图6.78所示。

(30) 将光标置于表格9的第2列单元格中，将单元格的【背景颜色】设置为"#EFEFEF"，并输入相应的文字，如图6.79所示。

图6.78　插入图像

图6.79　输入文字

(31) 将光标置于表格9的第3列单元格中，选择【插入】|【图像】命令，插入图像，如图6.80所示。

(32) 将光标置于表格1的第3行单元格中，在代码视图中插入背景图像，如图6.81所示。

图6.80　插入图像

图6.81　插入背景图像

(33) 将光标置于背景图像上，输入相应的文字，如图6.82所示

(34) 保存文档，按F12键在浏览器中浏览效果，如图6.49所示。

图6.82　输入文字

第 7 章

AP元素和布局对象

本章导读

AP Div是Dreamweaver中另外一种可以布局排版网页的工具，它可以定位在页面上的任意位置，并且其中可以包含文本、图像等所有可以直接插入到网页的对象。利用Div可以灵活地定位网页元素。

学习要点

- 熟悉掌握插入AP Div
- 掌握设置AP Div的属性
- 掌握使用Spry布局对象
- 掌握绘制布局表格和布局单元格
- 调整布局表格及布局单元格
- 利用AP 元素制作网页下拉菜单

AP Div就像一个容器一样，可以将页面中的各种元素包含其中，从而控制页面元素的位置。在Dreamweaver CS4中，AP Div用来控制浏览器窗口中对象的位置。AP Div可以放置在页面的任意位置，在AP Div中可以包括图片和文本等元素。

7.1.1 创建普通AP Div

在Dreamweaver CS4中有两种插入AP Div的方法，一种是通过菜单创建，一种是通过插入栏创建。在网页中插入AP Div的具体操作步骤如下。

(1) 打开原始网页文档，如图7.1所示。

(2) 选择【插入】|【布局对象】|【AP Div】命令，即可插入AP Div，如图7.2所示。

图7.1 打开原始网页文档

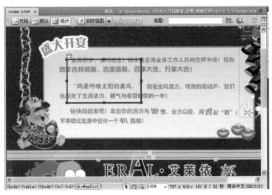

图7.2 插入AP Div

 技巧 提示 ●●●

在【布局】插入栏中单击【绘制AP Div】按钮 ，在文档窗口中按住鼠标左键进行拖动，可以绘制一个AP Div。按住Ctrl键不放，可以连续绘制多个AP Div。

7.1.2 创建嵌套AP Div

在DreamweaverCS4中，一个AP Div里还可以包含另外一个AP Div，也就是嵌入AP Div，嵌套的AP Div称为子AP Div，子AP Div外面的AP Div称为父AP Div。

将光标置于文档窗口中的现有AP Div中，选择【插入】|【布局对象】|【AP Div】命令，即可创建嵌套AP Div，如图7.3所示。

图7.3 创建嵌套AP Div

技巧 提示 ●●●

　　一个AP Div完全处于另一个AP Div的区域内不一定是一个嵌入AP Div，这是因为AP Div具有一个【Z轴】属性，【Z轴】用来设置AP Div的Z轴，可输入数值，这个数值可以是负值。当AP Div重叠时，Z值大的AP Div将在最表面显示，覆盖或部分覆盖Z值小的AP Div。也就是说，有可能在两个AP Div的位置出现100%的重叠，因此，在这种情况下，重叠的两个AP Div并不是嵌套的关系。

7.2 设置AP Div的属性

中国风——中文版Dreamweaver CS4学习总动员

　　插入AP Div后可以在属性面板中修改AP Div的相关属性，如控制AP Div在页面中的显示方式、大小、背景和可见性等。

7.2.1 设置AP Div的显示/隐藏属性

　　当处理文档时，可以使用【AP Div】面板手动显示和隐藏AP Div。当前选定AP Div始终会变为可见，它在选定时将出现在其他AP Div的前面。设置AP Div的显示/隐藏属性具体操作步骤如下。

　　(1) 选择【窗口】|【AP元素】命令，打开【AP 元素】面板，如图7.4所示。

　　(2) 单击【AP 元素】面板中的眼睛按钮，可以显示或隐藏AP Div，当【AP 元素】面板中的眼睛按钮为时，显示AP Div，如图7.5所示。

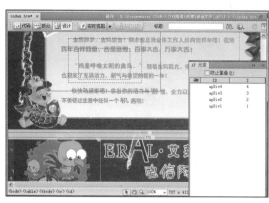 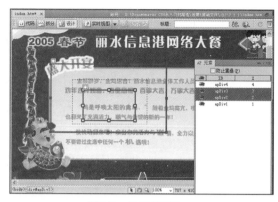

图7.4　【AP元素】面板　　　　　　　　　　　图7.5　显示AP Div

(3) 单击【AP元素】面板中的眼睛按钮，当【AP元素】面板中的眼睛按钮为　　时，为隐藏AP Div，如图7.6所示。

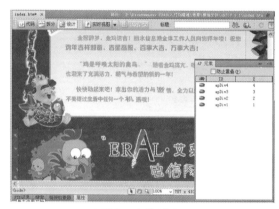

图7.6　隐藏AP Div

7.2.2 更改在AP元素面板中AP元素的堆叠顺序

在AP元素面板中更改AP元素的堆叠顺序。

在【AP元素】面板中选中要改变堆叠顺序的AP Div，然后按住鼠标拖动AP Div至想要的重叠位置，在移动AP Div时可以看到一条线，当该线显示在想要的堆叠顺序时释放鼠标，即可改变AP Div的顺序，如图7.7所示。

图7.7　更改AP元素的堆叠顺序

技巧 提示 ●●●

　　如果在AP Div面板的顶部选择【防止重叠】复选框，则AP Div之间将不能重叠，而只能并行排列，在移动时，也无法将AP Div移动到已经被其他AP Div覆盖的地方。

　　在【AP元素】属性面板更改AP元素的堆叠顺序，在【AP元素】面板或【文档】窗口中选择AP元素。选择【窗口】|【属性】命令，在面板中的【Z轴】文本框中键入一个数字，如图7.8所示

图7.8　【AP元素】属性面板

　　在【AP元素】面板中选定某个AP Div，然后单击【Z轴】对应的属性列，此时会出现Z轴值设置框，在设置框中更改数值即可调整AP Div的堆叠顺序。数值越大，显示越在上面。

技巧 提示 ●●●

　　在【文档】窗口中，选择【修改】|【排列顺序】|【防止AP元素重叠】命令，可以AP元素的堆叠。

7.2.3 为AP Div的可见性

　　在【AP元素】属性面板中的【溢出】中用于控制当AP元素的内容超过AP元素的指定大小时如何在浏览器中显示AP元素。如图7.9所示。

图7.9　【AP元素】属性面板中的【溢出】选项

【溢出】各选项中的设置如下。

* visible(可见)：指示在AP元素中显示额外的内容；实际上，AP元素会通过延伸来容纳额外的内容。
* hidden(隐藏)：指定不在浏览器中显示额外的内容。
* scroll(滚动条)：指定浏览器应在AP元素上添加滚动条，而不管是否需要滚动条。
* auto(自动)：当AP Div中的内容超出AP Div范围时才显示AP元素的滚动条。

技巧 提示 ●●●

　　【溢出】选项在不同的浏览器中会获得不同程度的支持。

7.2.4 改变AP Div的可见性

在【AP Div】属性面板中的【可见性】中有4种方式来设置AP Div的显示或隐藏状态，其下拉列表如图7.10所示。

图7.10　设置AP Div的可见性

在【可见性】各选项中的设置如下。

- default(默认)：选择该选项时，则使用浏览器的默认设置。
- inherit(继承)：选择该选项时，在有嵌套的AP Div的情况下，当前AP Div使用父AP Div的可见性属性。
- visible(可见)：选择该选项时，则无论父AP Div是否可见，当前AP Div都可见。
- hidden(隐藏)：选择该选项时，则无论父AP Div是否可见，该AP Div都为隐藏。

7.3 使用Spry布局对象

Spry框架支持一组用标准HTML、CSS和JavaScript编写的可重用构件。可以方便地插入这些构件(采用最简单的HTML和CSS代码)，然后设置构件的样式。框架行为包括允许用户执行下列操作的功能：显示或隐藏页面上的内容、更改页面的外观(如颜色)、与菜单项交互等。

7.3.1 使用Spry菜单栏

菜单栏构件是一组可导航的菜单按钮，当站点访问者将鼠标悬停在其中的某个按钮上时，将显示相应的子菜单。使用菜单栏构件可在紧凑的空间中显示大量可导航信息，并使站点访问者无需深入浏览站点即可了解站点上提供的内容。

Spry菜单栏构件使用DHTML层来将HTML部分显示在其他部分的上方。如果页面中包含Flash内容，可能出现问题，因为Flash影片总是显示在所有其他DHTML层的上方，因此，Flash内容可能会显示在子菜单的上方。此问题的解决方法是，更改Flash影片的参数，让其使用wmode="transparent"。使用Spry菜单栏的具体操作步骤如下。

(1) 打开新建的文档，将光标置于页面中，选择【插入】|【布局对象】|【Spry菜单栏】命令。

(2) 选择命令后，弹出【Spry菜单栏】对话框，在对话框有两种菜单栏构件：垂直构件和水平构件，勾选【水平】单选按钮，如图7.11所示。

(3) 单击【确定】按钮，插入Spry菜单栏，如图7.12所示。

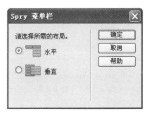

图7.11 【Spry菜单栏】对话框　　　　　　　　　图7.12 插入Spry菜单栏

技巧 提示 ●●●

插入Spry菜单栏还有以下两种方法。

在【布局】插入栏中直接用鼠标拖曳【Spry菜单栏】按钮，也可以插入Spry菜单栏。

在【布局】插入栏中单击【Spry菜单栏】按钮，也可以插入Spry菜单栏。

7.3.2 使用Spry选项卡式面板

选项卡式面板构件是一组面板，用来将内容存储到紧凑空间中。站点访问者可通过单击他们要访问的面板上的选项卡来隐藏或显示存储在选项卡式面板中的内容。当访问者单击不同的选项卡时，构件的面板会相应地打开。在给定时间内，选项卡式面板构件中只有一个内容面板处于打开状态。具体操作步骤如下。

将光标置于页面中，选择【插入】|【布局对象】|【Spry选项卡式面板】命令，插入Spry选项卡式面板，如图7.13所示。

技巧 提示 ●●●

当将光标置于Tab2选项卡中时，就会出现 按钮，单击此按钮，即可进入Tab2选项卡对其进行编辑。

图7.13 插入Spry选项卡式面板

选项卡式面板构件的HTML代码中包含一个含有所有面板的外部div标签、一个标签列表、一个用来包含内容面板的div和以及各面板对应的div。在选项卡式面板构件的HTML中，在文档头中和选项卡式面板构件的HTML标记之后还包括脚本标签。

7.3.3 使用Spry折叠式

折叠构件是一组可折叠的面板，可以将大量内容存储在一个紧凑的空间中。站点访问者可通过单击该面板上的选项卡来隐藏或显示存储在折叠构件中的内容。当访问者单击不同的选项卡时，折叠构件的面板会相应地展开或收缩。在折叠构件中，每次只能有一个内容面板处于打开且可见的状态。

将光标置于页面中，选择【插入】|【布局对象】|【Spry折叠式】命令，插入Spry折叠式，如图7.14所示。

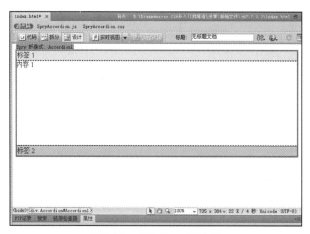

图7.14 插入Spry折叠式

技巧 提示●●●

折叠构件的默认HTML中包含一个含有所有面板的外部Div标签以及各面板对应的Div标签，各面板的标签中还有一个标题Div和内容 Div。折叠构件可以包含任意数量的单独面板。在折叠构件的HTML中，在文档头中和折叠构件的HTML标记之后还包括script标签。

7.3.4 使用Spry折叠面板

可折叠面板构件是一个面板，可将内容存储到紧凑的空间中。用户单击构件的选项卡即可隐藏或显示存储在可折叠面板中的内容。

将光标置于页面中，选择【插入】|【布局对象】|【Spry可折叠面板】命令，即可插入Spry可折叠面板，如图7.15所示。

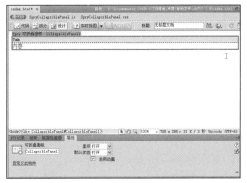

图7.15　插入Spry可折叠面板

技巧 提示 ●●●

　　可折叠面板构件的HTML中包含一个外部Div标签，其中包含内容Div标签和选项卡容器Div标签。在可折叠面板构件的HTML中，在文档头中和可折叠面板的HTML标记之后还包括脚本标签。

7.4　本章实例——利用AP元素制作网页下拉菜单

中国风　　中文版Dreamweaver CS4学习总动员

　　下拉菜单是网上最常见的效果之一，下拉菜单不仅节省了网页排版上的空间，使网页布局简洁有序，而且一个新颖美观的下拉菜单为网页增色不少。Div拥有很多表格所不具备的特点，如可以重叠、便于移动、可设为隐藏等。这些特点有助于我们的思维不受局限，从而发挥更多的想象力。利用AP Div制作网页下拉菜单效果如图7.16所示，具体操作步骤如下。

图7.16　网页下拉菜单效果

(1) 打开原始网页文档，7.17所示。

(2) 将标置于页面中，选择【插入】|【布局对象】|【AP Div】命令，插入AP Div，在属性面板中将【左】、【上】、【宽】、【高】分别设置为285px、56px、91px、114px，【背景颜色】设置为#FF0000，如图7-18所示。

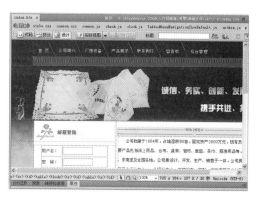

图7-17　打开原始网页文档

图7-18　插入AP Div

(3) 将光标置于AP Div中，选择【插入】|【表格】命令，插入4行1列的表格，【表格宽度】设置为100%，【间距】设置为1，单元格的背景颜色设置为#370020，如图7-19所示。

(4) 在单元格中输入文字，【大小】设置为12像素，【颜色】设置为#FFF，如图7-20所示。

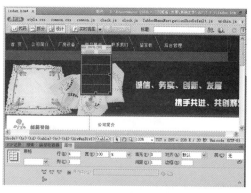

图7-19　插入表格

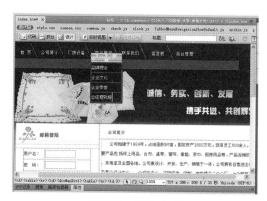

图7-20　输入文字

(5) 选中图像【公司简介】，选择【窗口】|【行为】命令，打开【行为】面板，在面板中单击 ✚ 按钮，在弹出的菜单中选择【显示-隐藏元素】选项，如图7-21所示。

(6) 弹出【显示-隐藏元素】对话框，在对话框中单击【显示】按钮，如图7-22所示。

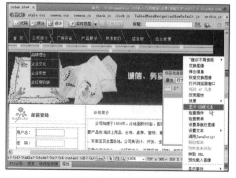

图7-21　选择【显示-隐藏元素】选项

图7-22　【显示-隐藏元素】对话框

(7) 单击【确定】按钮，将行为添加到【行为】面板中，将事件设置为onMouseOver，如图7-23所示。

(8) 在【行为】面板中单击  按钮，在弹出的菜单中选择【显示-隐藏元素】选项，弹出【显示-隐藏元素】对话框，在对话框中单击【隐藏】按钮，如图7-24所示。

图7-23　设置事件　　　　　　　　　　图7-24　【显示-隐藏元素】对话框

(9) 单击【确定】按钮，将行为添加到【行为】面板中，将事件设置为onMouseOut，如图7-25所示。

(10) 选择【窗口】|【AP元素】命令，打开【AP元素】面板，在面板中的apDiv1前面单击出现  按钮，如图7-26所示。

图7-25　添加到【行为】面板　　　　　　图7-26　【AP元素】面板

(11) 保存文档，按F12键在浏览器中预览，效果如图7-16所示。

第 8 章

制作框架网页

本章导读

　　由于互联网的发展和Internet上信息量的增加，单一的页面形式已经很难满足需要，基于这种情况，框架技术应运而生。框架的作用就是把浏览器窗口划分为若干个区域，每个区域可以分别显示不同的网页。通过本章的学习，可以掌握创建框架和编辑框架网页的基本技巧，从而轻松地创建各种框架网页。

学习要点

- 熟悉了解框架网页概述
- 掌握创建框架和框架集
- 掌握选择框架和框架集
- 掌握框架和框架集属性
- 掌握完整的框架网页的创建

8.1 框架网页概述

使用框架可以将浏览器显示窗口分割成多个子窗口，每个窗口都是一个独立的网页文档。当一个页面被划分为若干个框架时，Dreamweaver就建立起一个未命名的框架集文件，同时为每个框架建立一个文档文件。框架由两个主要部分——框架集和单个框架组成。

单个框架(Frame)：单个框架是框架集中显示的文档，每个框架实质上都是一个独立存在的HTML文档。

框架集(Frameset)：框架集就是框架的集合，它是在一个文档内一组框架结构的HTML网页，定义了网页显示的框架数、框架的大小、载入框架的网页源和其他可定义的属性等。

8.2 创建框架和框架集

在Dreamweaver中有两种创建框架集的方法，既可以从预定义的框架集中选择，也可以自己设计框架集。

8.2.1 创建框架集

为了方便操作和观察，在开始插入框架集之前，建议用户先设置显示框架边框，选择【查看】|【可视化助理】|【框架边框】选项，确保该项勾选。

创建框架集的方法如下。

选择【修改】|【框架页】命令，在该子菜单中列出了4项命令，如图8.1所示。选择其中需要的一项即可拆分窗口，创建一个框架集，然后用鼠标调整框架窗口大小即可。

图8.1　【框架页】的子菜单

8.2.2 插入预定义框架集

创建预定义的框架集有两种方法：一种是通过【插入】栏，可以创建框架集并在某一个新的框架中显示当前文档；另一种是在【新建文档】对话框创建新的空框架集。

选择预定义的框架集是迅速创建基于框架布局的最简单方法，创建预定义的框架集的具体操作步骤如下。

(1) 选择【文件】|【新建】命令，弹出【新建文档】对话框，在对话框中选择【示例中的页】选项卡中的【框架集】类别，从【框架集】列表框中选择【上方固定，左侧嵌套】的框架集，如图8.2所示。

(2) 单击【创建】按钮，弹出【框架标签辅助功能属性】对话框，如图8.3所示。

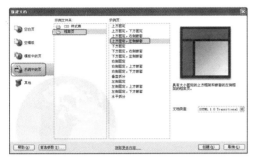

图8.2　【新建文档】对话框　　　　　　　　　　　图8.3　【框架标签辅助功能属性】对话框

技巧 提示 ●●●

如果单击【取消】按钮，该框架集将出现在文档中，但Dreamweaver不会将它与辅助功能标签或属性相关联。

(3) 创建了一个【上方固定，左侧嵌套】的框架集，如图8.4所示。

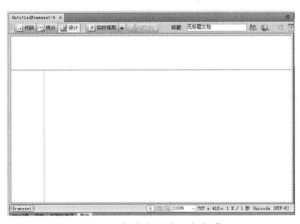

图8.4　创建空预定义框架集

技巧 提示 ●●●

还可以通过以下方法插入预定义框架。

1. 在【布局】插入中选择【框架】按钮上的下拉箭头，列表中列出了多种预定义的框架集，然后选择预定义的框架集。

2. 选择【插入】|【HTML】|【框架】命令，在【框架】子菜单中选择预定义的框架集。

8.2.3 保存框架和框架集文件

在浏览器中预览框架集前，必须保存框架集文件以及要在框架中显示的所有文档。可以单独保存每个框架集文件和带框架的文档，也可以同时保存框架集文件和框架中出现的所有文档。保存框架和框架集文件的具体操作步骤如下。

(1) 在文档窗口中选择框架集，选择【文件】|【框架集另存为】命令，弹出【另存为】对话框，将框架集命名为【index.html】，如图8.5所示，单击【保存】按钮，保存框架集。

(2) 光标置于框架的顶部，选择【文件】|【保存框架】命令，弹出【另存为】对话框，将顶部框架命名为【top.html】，如图8.6所示，单击【保存】按钮，保存顶部框架。

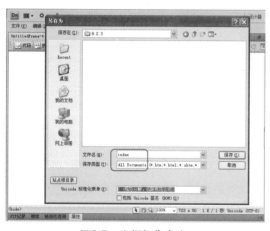
图8.5　为框架集命名

图8.6　为顶部的框架命名

(3) 将光标置于左边的框架中，选择【文件】|【保存框架】命令，弹出【另存为】对话框，将左边框架命名为【left.html】，如图8.7所示，单击【保存】按钮，保左边的框架。

(4) 将光标置于右边的框架中，选择【文件】|【保存框架】命令，弹出【另存为】对话框，将右边框架命名为【right.html】，如图8.8所示，单击【保存】按钮，保右边的框架。

图8.7　为左边的框架命名

图8.8　为右边的框架命名

创建框架集和框架之后，还需要对其进行框架的基本操作，框架和框架集的选择可在文档窗口中进行，也可以在【框架】面板中选中框架和框架集。

8.3.1 在框架面板中选择框架或框架集

在【框架】面板中选择框架和框架集的具体方法如下。

选择【窗口】|【框架】命令，打开【框架】面板，在【框架】面板中单击需要选择的框架，框架的边界就会被虚线包围，如图8.9所示。

在【框架】面板中单击【框架集】的边框，框架集的内侧出现虚线，即表示框架集已被选中，如图8.10所示。

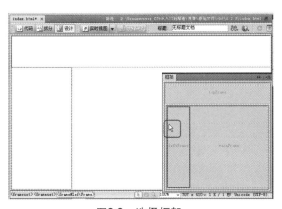

图8.9　选择框架

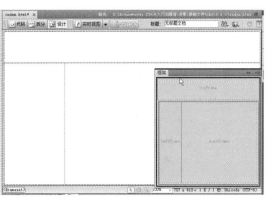

图8.10　选择框架集

技巧 提示 ● ● ●

也可以按住Alt键，再单击文档窗口中需要选择的框架。

默认情况下，建立框架组时会自动选择整个框架作为操作对象，此时框架组中所有框架的边界都会被虚线包围。

8.3.2 在文档窗口中选择框架或框架集

在文档窗口选择一个框架后，它的边界会出现虚线，同样，选中框架集后，它的所有边界都会出现虚线，在文档窗口中选择框架和框架集的具体方法如下。

将光标置于要选择的框架中，按住Shift+Alt键单击鼠标左键，框架边框内出现虚线，即可选择该框架，如图8.11所示。

当鼠标指针靠近框架边框时，鼠标指针变为水平方向箭头或是垂直双向箭头时，单击鼠标左键，框架集内出现虚线，即可选中整个框架集，如图8.12所示。

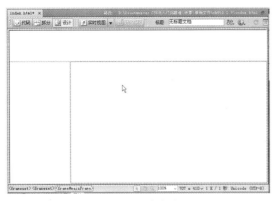 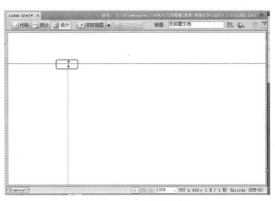

图8.11　选择框架　　　　　　　　　　　图8.12　选择框架集

8.4　设置框架和框架集属性

在页面中创建框架后，还需要对框架的属性进行相关的设置，如框架的名称和框架边框等。这些基本的设置对于框架的外观和使用都有重要的意义。

8.4.1　设置框架属性

在对框架或框架集进行设置的时候，首先要选取框架或框架集，当选中框架后，在文档窗口下端将出现框架的属性面板，如图8.13所示。

图8.13　框架的属性面板

在框架的属性面板中的各项参数设置如下。

- 框架名称：用来作为链接指向的目标。

技巧　提示 ●●●

框架名称是指用于超链接和脚本索引的当前框架的名称。框架名称必须是一个单独的词，可以包含下划线"_"，不能包含连字符"-"、句点"."和空格。框架的名称开头必须是字母，不可以是数字。

- 源文件：确定框架的源文档，可以直接输入名字，或单击文本框右侧的🗀图标查找并选取文件。也可以通过将光标置于框架内，选择【文件】|【在框架中打开】命令打开文件。
- 滚动：用来设置当框架内的内容显示不下的时候是否出现滚动条。
- 不能调整大小：使访问者无法通过拖动框架边框在浏览器中调整框架大小。
- 边框：用来控制当前框架边框。其下拉列表框中有【是】、【否】和【默认】3个选项。
- 边框颜色：设置与当前框架相邻的所有框架的边框颜色。
- 边界宽度：设置以像素为单位的框架边框和内容之间的左右边距，以像素为单位。
- 边界高度：设置以像素为单位的框架边框和内容之间的上下边距，以像素为单位。

8.4.2 设置框架集属性

要显示框架集的属性面板，首先单击框架的边框，选中框架集，此时属性面板中将显示框架集的属性，如图8.14所示。

图8.14　框架集的属性面板

在框架集的属性面板中的各项参数设置如下。

- 边框：设置是否有边框，其下拉列表框中包含【是】、【否】和【默认】3个选项，选择【默认】，将由浏览器端的设置来决定。
- 边框宽度：设置整个框架集的边框宽度，以像素为单位。
- 边框颜色：用来设置整个框架集的边框颜色。
- 行或列：【属性】面板中显示的是行或列，是由框架集的结构而定。
- 单位：行、列尺寸的单位，其下拉列表框中包含【像素】、【百分比】和【相对】3个选项。

8.5 本章实例

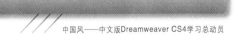
中国风——中文版Dreamweaver CS4学习总动员

通过以上对框架和框架集知识的学习和了解，下面将具体实例讲述框架在网页中的应用。

8.5.1 实例1——创建浮动框架网页实例

目前在很多网站中流行一种内置框架的效果，即在网页内部有一个完全独立的框架用于显示一个独立的页面，这是浮动框架效果。使用标签选择器创建插入浮动框架的效果如图8.15所示，具体操作步骤如下。

图8.15 浮动框架效果

(1) 打开要创建浮动框架的网页文档，如图8.16所示。

(2) 将光标置于页面中，选择【插入】|【标签】命令，弹出【标签选择器】对话框，如图8.17所示。

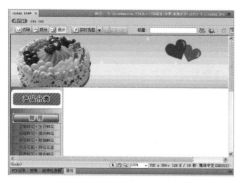

图8.16 打开原始网页文档

图8.17 【标签选择器】对话框

(3) 在对话框中单击【HTML标签】，在弹出的选项中选择【浏览器特定】选项，在右边的列表框中选择iframe，如图8.18所示。

(4) 单击【插入】按钮，弹出【标签编辑器-iframe】对话框，在该对话框中单击【源】文本框右边的【浏览】按钮，在弹出的【选择文件】对话框中选择相应的文件，如图8.19所示。

图8.18 选择iframe

图8.19 【选择文件】对话框

(5) 单击【确定】按钮，将文件添加到【源】文本框中，在【名称】文本框中输入名称，【宽度】设置为636，【高度】设置为500，如图8.20所示。

(6) 单击【确定】按钮，在【拆分】视图下可以看到插入的标签，如图8.21所示。

图8.20 【标签编辑器-iframe】对话框

图8.21 插入标签

(7) 保存网页文档，按F12键在浏览器中浏览，浮动框架网页效果如图8.15所示。

8.5.2 实例2——创建完整的框架网页实例

创建一个完整的框架网页效果如图8.22所示，具体操作步骤如下。

图8.22 完整的框架网页效果

(1) 选择【文件】|【新建】命令，弹出【新建文档】对话框，在对话框中的【示例中的页】选项卡中选择【框架集】选项，在右边的框架集中选择【上方固定】框架集，如图8.23所示。

(2) 单击【确定】按钮，弹出【框架标签辅助功能属性】对话框，如图8.24所示。

图8.23 【新建文档】对话框

图8.24 【框架标签辅助功能属性】对话框

(3) 单击【确定】按钮，创建一个【上方固定】的框架集，如图8.25所示。

(4) 选择【文件】|【框架集另存为】命令，弹出【另存为】对话框，将框架集命名为index.html，如图8.26所示。

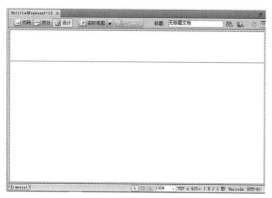

图8.25 创建框架集

图8.26 【另存为】对话框

(5) 单击【保存】按钮，保存整个框架集，将光标置于顶部的框架中，选择【文件】|【保存框架】命令，弹出【另存为】对话框，将顶部框架文件命名为top.html，如图8.27所示。

(6) 单击【保存】按钮，保存顶部框架，将光标置于底部的框架中，选择【文件】|【保存框架】命令，弹出【另存为】对话框，将底部框架文件命名为dibu.html，如图8.28所示。

图8.27 保存顶部框架

图8.28 保存底部框架

(7) 单击【保存】按钮，将整个框架保存完毕。

(8) 将光标置于顶部框架中，选择【修改】|【页面属性】命令，弹出【页面属性】对话框，在对话框中将【左边距】、【上边距】、【右边距】和【下边距】分别设置为0，如图8.29所示。

(9) 单击【确定】按钮，修改框架文档，将光标置于顶部框架中，选择【插入】|【表格】命令，弹出【表格】对话框，将【行数】设置为2，【列数】设置为1，【表格宽度】设置为760像素，如图8.30所示。

图8.29　【页面属性】对话框

图8.30　【表格】对话框

(10) 单击【确定】按钮，插入表格，此表格记为表格1，如图8.31所示。

(11) 将光标置于表格1的第1行单元格中，选择【插入】|【图像】命令，弹出【选择图像源文件】对话框，在对话框中选择相应的图像文件，如图8.32所示。

图8.31　插入表格1

图8.32　【选择图像源文件】对话框

(12) 单击【确定】按钮，插入图像，如图8.33所示。

(13) 在表格1的第2行单元格中，选择【插入】|【图像】命令，在弹出【选择图像源文件】对话框中选择相应的图像，单击【确定】按钮，插入图像，如图8.34所示。

图8.33　插入图像

图8.34　插入图像

(14) 将光标置于底部框架中，选择【修改】|【页面属性】命令，修改页面属性，选中底部的框架，在属性面板中的【滚动】下拉表中设置为"是"，如图8.35所示。

(15) 选择【插入】|【表格】命令，插入一个2行1列的表格，【表格宽度】设置为760像素，此表格记为表格2，如图8.36所示。

图8.35 设置框架的属性

图8.36 插入表格2

(16) 将光标置于表格2的第1行单元格中，插入1行2列的表格，此表格记为表格3，如图8.37所示。

(17) 将表格3的第1列单元格的【背景颜色】设置为#8bcef8，并插入6行1列的表格，【表格宽度】设置为95%，此表格记为表格4，【对齐】设置为居中对齐，如图8.38所示。

图8.37 插入表格3

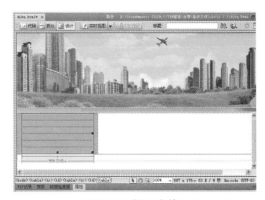

图8.38 插入表格4

(18) 将光标置于表格4的第1行单元格中，选择【插入】|【图像】命令，插入图像，如图8.39所示。

(19) 将光标置于表格4的第2行单元格中，在代码视图中插入背景图像，如图8.40所示。

图8.39 插入图像

图8.40 插入背景图像

(20) 将光标置于背景图像上插入1行1列的表格，【表格宽度】设置为95%，【对齐】设置为居中对齐，此表格记为表格5，如图8.41所示。

(21) 将光标置于表格5中，选择【插入】|【图像】命令，插入图像，如图8.42所示。

图8.41　插入表格5

图8.42　插入图像

(22) 同步骤(18)～(21)，在表格4的其他的单元格中插入图像，并输入相应的文字，如图8.43所示。

(23) 将光标置于表格3的第2列单元格中，插入3行1列的表格，【表格宽度】设置为98%，此表格记为表格6，如图8.44所示。

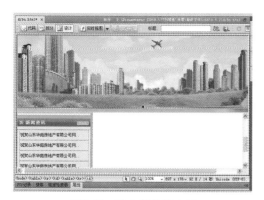

图8.43　输入其他的内容

图8.44　插入表格6

(24) 将光标置于表格6的第1行单元格中，选择【插入】|【图像】命令，插入图像，如图8.45所示。

(25) 将光标置于表格6的第2行单元格中，将【背景颜色】设置为#DAFBFF，并插入1行1列的表格，此表格记为表格7，如图8.46所示。

图8.45　插入图像

图8.46　插入表格7

(26) 在表格7的单元格中输入相应的文字，如图8.47所示。

(27) 将光标置于表格6的第3行单元格中，选择【插入】|【图像】命令，插入图像，如图8.48所示。

图8.47　输入文字

图8.48　插入图像

(28) 将光标置于表格2的第2行单元格中，在代码视图中插入背景图像，如图8.49所示。

(29) 将光标置于背景图像上，插入1行1列的表格，【表格宽度】设置为50%，【对齐】设置为居中对齐，此表格记为表格8，如图8.50所示。

图8.49　插入背景图像

图8.50　插入表格8

(30) 在表格8的单元格中输入文字，如图8.51所示。

图8.51　输入文字

(31) 选择【文件】|【保存全部】命令，保存整个框架文档文件，效果如图8.22所示。

第 9 章

插入多媒体内容

本章导读

利用Dreamweaver还可以迅速、方便地为网页添加声音和影片。可以插入和编辑多媒体对象，如Java Applet小程序、Flash影片、音乐文件或视频对象等。

学习要点

- 熟悉多媒体概述
- 掌握插入Flash对象
- 掌握在页面中插入其他多媒体内容
- 掌握多媒体页面制作
- 掌握制作游戏页面
- 掌握利用Java Applet制作网页特效

9.1 多媒体概述

　　多媒体技术的发展使网页设计者能轻松的在页面中加入声音、动画、影片等内容，给访问者增添了几分欣喜，媒体对象在网页上一直是一道亮丽的风景线，正因为有了多媒体，网页才丰富起来，使用Dreamweaver可以在网页中插入多媒体对象，如Flash影片、ActiveX控件、Flash视频Java Applet小程序或声音文件等。

9.1.1 插入Flash动画

　　在网页中插入Flash影片可以增加网页的动感性，使网页更具吸引力，因此多媒体元素在网页中应用越来越广泛。

　　Flash影片是在专门的Flash软件中完成的，在Dreamweaver CS4中能将现有的Flash动画插入到文档中。选择插入的Flash影片，打开【属性】面板，如图9.1所示。

图9.1　Flash的属性面板

Flash属性面板的各项设置。

- Flash文本框：输入Flash动画的名称。
- 宽、高：设置文档中Flash动画的尺寸，可以输入数值改变其大小，也可以在文档中拖动缩放手柄来改变其大小。
- 文件：指定Flash文件的路径。
- 源文件：指定Flash源文档.fla的路径。
- 背景颜色：指定影片区域的背景颜色。在不播放影片时(在加载时和在播放后)也显示此颜色。
- 编辑 ▣ 编辑(E)：启动Flash以更新FLA文件(使用Flash创作工具创建的文件)。如果计算机上没有安装Flash，则会禁用此选项。
- 类：可用于对影片应用CSS类。
- 循环：勾选此复选框可以重复播放Flash动画。
- 自动播放：勾选此复选框，当在浏览器中载入网页文档时，自动播放Flash动画。
- 垂直边距和水平边距：指定动画边框与网页上边界和左边界的距离。
- 品质：设置Flash动画在浏览器中播放质量，包括【低品质】、【自动低品质】、【自动高品质】和【高品质】4个选项。
- 比例：设置显示比例，包括【全部显示】、【无边框】和【严格匹配】3个选项。
- 对齐：设置Flash在页面中的对齐方式。
- Wmode：默认值是不透明，这样在浏览器中，DHTML元素就可以显示在SWF文件的上面。如果SWF文件包括透明度，并且希望DHTML元素显示在它们的后面，选择【透明】选项。
- 播放：在【文档】窗口中播放影片。

● 参数：打开一个对话框，可在其中输入传递给影片的附加参数。影片必须已设计好，可以接收这些附加参数。

下面通过如图9.2所示的效果讲述在网页中插入Flash影片，具体操作步骤如下。

图9.2　插入Flash影片效果

(1) 打开原始网页文档，如图9.3所示。

(2) 将光标置于要插入Flash影片的位置，选择【插入】|【媒体】| Flash命令，弹出【选择文件】对话框，在对话框中选择相应的Flash文件，如图9.4所示。

图9.3　打开原始网页文档

图9.4　【选择文件】对话框

(3) 在对话框中选择top.swf，单击【确定】按钮，插入Flash影片，如图9.5所示。

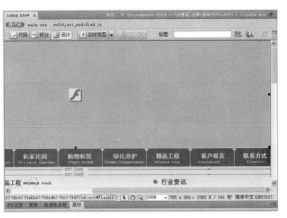

图9.5　插入Flash影片

(4) 保存文档，按F12键在浏览器中预览，效果如图9.2所示。

9.1.2　插入Flash视频

随着宽带技术的发展和推广，出现了许多视频网站。越来越多的人选择观看在线视频，同时也有很多的网站提供在线视频服务。

下面通过如图9.6所示的效果讲述在网页中插入Flash视频，具体操作步骤如下。

图9.6　插入Flash视频效果

使用Dreamweaver能够轻松地在网页中插入Flash视频内容，而无需使用Flash创作工具。在浏览器中查看Dreamweaver插入的Flash视频组件时，将显示选择的Flash视频内容以及一组播放控件。

(1) 打开原始网页文档，将光标置于要插入视频的位置，如图9.7所示。

(2) 选择【插入】|【媒体】|【Flash视频】命令，弹出【插入FLV】对话框，如图9.8所示。

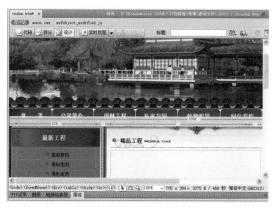

图9.7　打开原始网页文档

图9.8　【插入FLV】对话框

(3) 在对话框中单击URL后面的【浏览】按钮，在弹出的【选择文件】对话框中选择视频文件，如图9.9所示。

(4) 单击【确定】按钮，返回到【插入FLV】对话框，在对话框中进行相应的设置，如图9.10所示。

图9.9　【选择文件】对话框

图9.10　【插入FLV】对话框

(5) 单击【确定】按钮，插入视频，如图9.11所示。

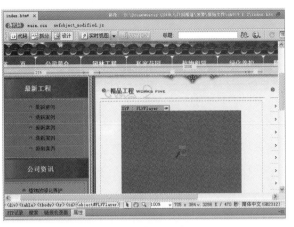

图9.11　插入视频

(6) 保存文档，按F12键在浏览器中预览效果如图9.6所示。

9.2 在页面中插入其他多媒体内容

如今的网页效果看起来五花八门，各种媒体对象所起到的作用不言而喻，正是借助影、音、动画三者的应用，令网页的内容即丰富多彩，又能呈现无限动感，本节集中介绍在网页中插入不同功用的Shockwave、声音、Java Applet等效果的技巧。

9.2.1 插入Shockwave

下面将通过实例讲述在网页中插入Flash动画，效果如图9.12所示，具体操作步骤如下。

图9.12　插入Flash动画

(1) 打开原始网页文档，如图9.13所示。

(2) 将光标置于要插入Flash影片的位置，选择【插入】|【媒体】| Flash命令，弹出【选择文件】对话框，在对话框中选择相应的Flash文件，如图9.14所示。

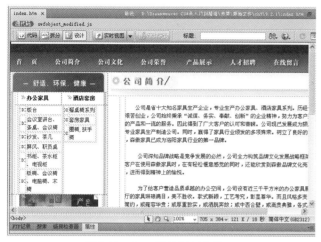

图9.13　打开原始网页文档

图9.14　【选择文件】对话框

(3) 在对话框中选择top.swf，单击【确定】按钮，插入Flash影片，如图9.15所示。

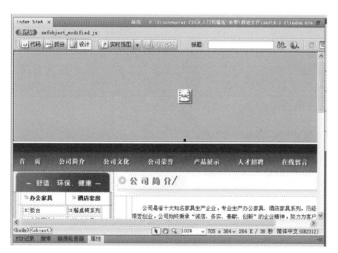

图9.15　插入Flash影片

(4) 保存文档，按F12键在浏览器中预览，效果如图9.12所示。

9.2.2 插入声音

通过代码提示，可以在【代码】视图中插入代码，在输入某些字符时，将显示一个列表，列出完成条目所需要的选项，下面通过代码提示讲述插入背景音乐的效果如图9.16所示，具体操作步骤如下。

图9.16 插入背景音乐的效果

(1) 打开原始网页文档，如图9.17所示。

(2) 切换到【代码】视图，在【代码】视图中找到标签<BODY>，并在其后面输入"<"以显示标签列表，在列表中选择bgsound标签，如图9.18所示。

图9.17 打开原始网页文档

图9.18 在<BODY>后面输入"<"

(3) 在列表中双击bgsound标签，则插入该标签，如果该标签支持属性，则按空格键以显示该标签允许的属性列表，从中选择属性src，这个属性用来设置背景音乐文件的路径，如图9.19所示。

(4) 按Enter键后，出现【浏览】字样，打开【选择文件】对话框，从对话框中选择音乐文件，如图9.20所示。

图9.19 插入标签【bgsound】

图9.20 【选择文件】对话框

(5) 选择音乐文件后，单击【确定】按钮，插入音乐文件，如图9.21所示。

(6) 在插入的音乐文件后按空格键，在属性列表中选择属性loop，然后选中loop，出现-1，并将其选中，即在属性值后面输入"-1"，如图9.22所示。

图9.21 插入音乐文件

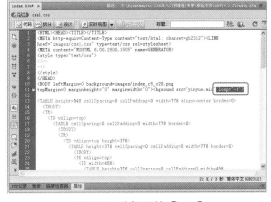

图9.22 选择属性【loop】

(7) 保存网页文档，按F12键在浏览器中浏览，当打开如图9.16所示的网页时就能听到音乐。

技巧 提示 ●●●

浏览器可能需要某种附加的音频支持来播放声音，因此，具有不同插件的不同浏览器所播放声音的效果通常会有所不同。

9.2.3 插入Java Applet

Java是一款允许开发、可以嵌入Web页面的轻量级应用程序(小程序)的编程语言。在创建Java小程序后，可以使用Dreamweaver将该程序插入到HTML文档中，Dreamweaver使用<applet>标签来标识对小程序文件的引用。插入Java Applet影片的效果如图9.23所示，具体操作步骤如下。

图9.23 插入Java Applet影片的效果

(1) 打开原始网页文档，如图9.24所示。

(2) 将光标置于要插入Applet影片的位置，选择【插入】|【媒体】| Applet命令，弹出【选择文件】对话框，在对话框中选择合适的文件，如图9.25所示。

图9.24　打开原始网页文档

图9.25　【选择文件】对话框

技巧 提示 ●●●

要插入的Java小程序的扩展名为.class，该文件需放在引用文件相同的文件夹下，引用文件时区分大小写。

(3) 单击【确定】按钮，插入Applet影片，在属性面板中设置大小，如图9.26所示。

(4) 打开【代码】视图，在【代码】视图中修改代码为以下代码，如图9.27所示。

```
<appletcode="Lake.class"width="246"height="219">
<PARAMNAME="image"VALUE="item-5.jpg">
</applet>
```

图9.26　插入Applet影片

图9.27　修改代码

Java Applet属性面板中可以进行如下设置。

- 宽和高：设置Java Applet的宽度和高度，可以输入数值，单位是像素。
- 代码：设置程序的Java Applet路径。

- 基址：指定包含这个程序的文件夹。
- 对齐：设置程序的对齐方式。
- 替代：设置当程序无法显示时，将显示的替换图像。
- 垂直边距：设置程序上方以及其上方其他页面元素，程序下方以及下方其他页面元素的距离。
- 水平边距：设置程序左侧以及左侧其他页面元素，程序右侧以及右侧其他页面元素的距离。

(5) 保存文档，按F12键在浏览器中浏览效果，如图9.23所示。

9.2.4 插入ActiveX

ActiveX控件是对浏览器能力的扩展，ActiveX控件仅在Windows系统上的Internet Explorer中运行。ActiveX控件的作用和插件是相同的，它可以在不发布浏览器新版本的情况下扩展浏览器的能力，插入ActiveX控件的操作步骤如下。

(1) 将光标放置在要插入ActiveX的位置。

(2) 选择【插入】|【媒体】| ActiveX命令，在网页中插入ActiveX占位符。

(3) 选中该占位符，打开【属性】面板，如图9.28所示。

图9.28　【属性】面板

【ActiveX属性】面板中的各项说明：

- 宽、高：用来设置ActiveX控件的宽度、高度，可输入数值，单位是像素。
- ClassID：其下拉列表中包含了3个选项分别是RealPlayer、Shockwave for Director、Shockwave for Flash。
- 对齐：用来设置ActiveX控件的对齐方式，有10个选项。
- 嵌入：选中该复选框，把ActiveX控件设置为插件，可以被Netscape Communicator浏览器所支持。DreamweaverCS4把用户给ActiveX控件属性输入的值同时分配给等效的Netscape Communicator插件。
- 源文件：用来设置用于插件的数据文件。
- 垂直边距：用来设置ActiveX控件上以及上方其他页面元素，ActiveX控件下以及下方其他页面元素的距离。
- 水平边距：用来设置ActiveX控件左侧以及左侧其他页面元素，ActiveX控件右侧以及右侧其他页面元素的距离。
- 基址：用来设置包含该ActiveX控件的路径。如果在访问者的系统中尚未安装ActiveX控件，则浏览器从这个路径下载。如果没有设置【基址】文本框，且该访问者未安装相应的ActiveX控件，则浏览器将无法显示ActiveX对象。
- 编号：用来设置ActiveX控件的编号。
- 数据：用来为ActiveX控件指定数据文件，许多种类ActiveX控件不需要设置数据文件。
- 替代图像：用来设置ActiveX控件的替代图像，当ActiveX控件无法显示时，将显示这个替代图像。
- 播放：在文档的窗口中预览效果时，单击该按钮转换成停止按钮。

- 参数：单击此按钮，打开【参数】对话框。参数设置可以对ActiveX控件进行初始化，参数由命名和值两部分组成，一般成对出现。

(4) 设置完相关的参数后就可以完成了。

9.2.5 插入FlashPaper

插入Flash Paper的具体操作步骤如下。

(1) 打开文档，将光标置于要插入Flash Paper的位置。

(2) 选择【插入】|【媒体】| FlashPaper命令，然后打开【插入FlashPaper】对话框，如图9.29所示。

图9.29 【插入Flash Paper】对话框

(3) 单击【插入FlashPaper】对话框中【浏览】按钮，打开【选择文件】对话框，在对话框中选择相应的Flash Paper文档。

(4) 在【插入FlashPaper】对话框中设置Flash Paper的【高度】和【宽度】，单击【确定】按钮，在页面中插入文档。

9.3 本章实例

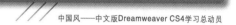

中国风——中文版Dreamweaver CS4学习总动员

如今的网页效果看起来丰富多彩，各种多媒体对象起到的作用不言而喻，正是借助视频、声音、动画三者的应用，令网页的内容既丰富多彩，又能呈现无限动感。下面通过一些综合实例讲述多媒体网页的创建。

9.3.1 制作游戏网页

现在有很多游戏网站，每个游戏就是一个单独的页面来显示。如图9.30所示制作的游戏页面，具体制作步骤如下。

图9.30 游戏页面

(1) 新建网页文档并命名保存，如图9.31所示。

(2) 将光标置于要插入Flash影片的位置，选择【插入】|【媒体】| Flash命令，弹出【选择文件】对话框，在对话框中选择相应的Flash文件，如图9.32所示。

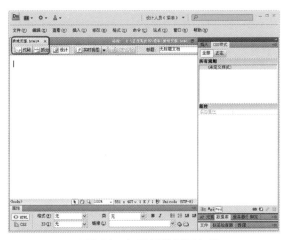

图9.31　打开原始网页文档

图9.32　【选择文件】对话框

(3) 在对话框中选择top.swf，单击【确定】按钮，插入Flash影片，如图9.33所示。

图9.33　插入Flash影片

(4) 保存文档，按F12键在浏览器中预览，效果如图9.30所示。

9.3.2 利用Java Applet制作网页特效

每个人都希望自己制作出来的网页绚丽多彩，能吸引别人的注意。Java Applet小程序就能达到这一目的。网上有很多做好的Java小程序，把它们插到页面中，几乎和插入一个图像文件是一样容易的。如图9.34是利用Java Applet制作水中倒影效果。

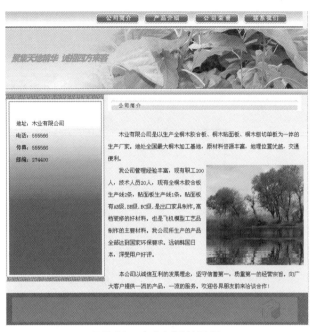

图9.34　水中倒影效果图

(1) 打开网页，将光标置于网页中想插入Applet的位置，如图9.35所示。

(2) 选择【插入记录】|【媒体】| Applet命令，弹出【选择文件】对话框，在对话框中选择Applet文件 Lake.class，如图9.36所示。

图9.35　打开网页

图9.36　【选择文件】对话框

(3) 单击【确定】按钮插入Applet，在属性面板中【宽】设置为250，【高】设置为250，如图9.37所示。切换到拆分视图状态下，代码如下。

```
<applet id="Lake" width="250" height="250" align=right code=lake.class>
<param name="image" value="hua.jpg">
// hua.jpg 换为你的图像名
</applet>
```

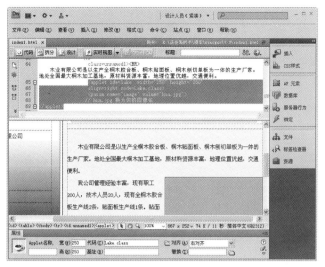

图9.37 设置Applet参数

技巧 提示 ● ● ●

Lake.class文件、图像以及网页，必须放在同一个文件夹下。

第 10 章

CSS样式表的使用

本章导读

精美的网页离不开CSS技术，采用CSS技术，可以有效地对页面的布局、字体、颜色、背景和其他效果实现更加精确地控制。使用CSS样式可以制作出更加复杂和精巧的网页，网页维护和更新起来也更加容易和方便。本章主要介绍CSS样式的基本概念和语法、CSS样式表的创建、CSS样式的设置和CSS样式的应用实例。

学习要点

- 熟悉CSS的基本概念
- 掌握CSS的类型与基本语法
- 掌握CSS样式的设置
- 掌握应用CSS固定字体大小
- 掌握应用CSS改变文本间行距
- 掌握应用CSS创建动感光晕文字
- 掌握应用CSS给文字添加边框

10.1 CSS概述

CSS是Cascading Style Sheet的缩写，有些书上称为【层叠样式表】或【级联样式表】，是一种网页制作新技术，现在已经为大多数的浏览器所支持，成为网页设计必不可少的工具之一。

10.1.1 CSS样式表的基本概念

所谓CSS，是用来控制一个文档中的某一文本区域外观的一组格式属性。使用CSS能够简化网页代码，加快下载显示速度，也减少了需要上传的代码数量，大大减少了重复劳动的工作量。样式表是对HTML语法的一次重大革新。如今网页的排版格式越来越复杂，很多效果需要通过CSS来实现，DreamweaverCS4在CSS功能设计上做了很大的改进。同HTML相比，使用CSS样式表的好处不但在于它可以同时链接多个文档，而且在CSS样式更新或修改后，所有应用了该样式表的文档都会被自动更新。

CSS样式表的功能一般可以归纳为以下几点。

- 可以更加灵活地控制网页中文字的字体、颜色、大小、间距、风格及位置。
- 可以灵活地设置一段文本的行高和缩进，并可以为其加入三维效果的边框。
- 可以方便地为网页中的任何元素设置不同的背景颜色和背景图像。
- 可以精确地控制网页中各元素的位置。
- 可以为网页中的元素设置阴影、模糊和透明等效果。
- 可以与脚本语言结合，从而产生各种动态效果。
- 使用CSS格式的网页，打开速度非常快。

10.1.2 CSS样式表的基本语法

样式表基本语法如下：

HTML标志{标志属性：属性值；标志属性：属性值；标志属性：属性值；……}

首先讨论在HTML页面内直接引用样式表的方法。这个方法必须把样式表信息包括在\<style\>和\</style\>标记中，为了使样式表在整个页面中产生作用，应把该组标记及其内容放到\<head\>和\</head\>中去。

如果要设置HTML页面中所有H1标题字显示为蓝色，其代码如下：

```
<html>
<head>
<title>This is a CSS samples</title>
<style type="text/css">
<!--
H1 {color: blue}
-->
</style>
</head>
<body>
...页面内容...
</body>
```

在使用样式表过程中，经常会有几个标志用到同一个属性，如规定HTML页面中凡是粗体字、斜体字、1号标题字显示为红色，按照上面介绍的方法应书写为：

```
B{  color: red}
I{  color: red}
H1{ color: red}
```

显然这样书写十分麻烦，引进分组的概念会使其变得简洁明了，可以写成：

```
B,I,H1{ color: red}
```

用逗号分隔各个HTML标志，把3行代码合并成一行。

此外，同一个HTML标志，可能定义到多种属性，如规定把从H1到H6各级标题定义为红色黑体字，带下划线，则应写为：

```
H1,H2,H3,H4,H5,H6 {
color: red;
text-decoration: underline;
font-family: "黑体"
}
```

10.1.3 CSS样式表的类型

在DreamweaverCS4中可以定义以下样式类型：

- 自定义CSS规则(也称为类样式)可以将样式属性应用于任何文本范围或文本块，(请参见应用类样式)。
- HTML标签样式重定义特定标签(如h1)的格式，创建或更改h1标签的CSS样式时，所有用h1标签设置了格式的文本都会立即更新。
- CSS选择器样式(高级样式)重新定义特定元素组合的格式设置，或重新定义CSS允许的其他选择器表单的格式设置(如每当h2标题出现在表格单元格内时都应用选择器td h2)。高级样式还可以重新定义包含特定id属性的标签的格式设置(如#myStyle定义的样式可应用于包含属性值对id="myStyle"的所有标签)。

10.1.4 创建网页基本CSS样式

在Dreamweaver中，可以创建自己的CSS样式来自动格式化HTML标签和文本范围，创建CSS样式的具体操作步骤如下。

(1) 选择【窗口】|【CSS样式】命令，打开【CSS样式】面板，如图10.1所示。

(2) 在【CSS样式】面板中单击鼠标右键，在弹出的菜单中选择【新建】选项，如图10.2所示。

图10.1 【CSS样式】面板

图10.2 选择【新建】选项

(3) 弹出【新建CSS规则】对话框,在对话框中【选择器类型】设置为【类】,【选择器名称】文本框中输入.wb,【规则定义】设置为【仅限该文档】,如图10.3所示。

(4) 单击【确定】按钮,弹出【.wb的CSS规则定义】对话框,如图10.4所示,根据自己的需要进行相应的设置即可。

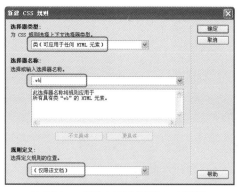

图10.3 【新建CSS规则】对话框

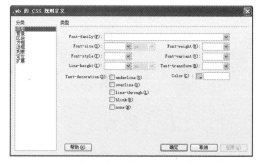

图10.4 【.wb的CSS规则定义】对话框

(5) 单击【确定】按钮,创建CSS样式,如图10.5所示。

图10.5 创建CSS样式

10.2 使用CSS

Dreamweaver是最早使用CSS的网页工具之一。CSS是一种制作网页的新技术。利用CSS样式可以对字体、颜色、表格和布局等实现更加精确的控制，从而制作出精美的网页。

10.2.1 建立标签样式

定义新的CSS的时候，会看到Dreamweaver提供的3种选择方式：类样式、标签样式和高级样式。

在【CSS样式】面板中单击【新建CSS规则】按钮，弹出如图10.6所示的【新建CSS规则】对话框。选择器是标识已设置格式元素的术语(如 p、h1、类名称或 ID)，在【选择器类型】选项中选择【标签】，可以对某一具体标签进行重新定义，这种方式是针对HTML中的代码设置的，其作用是当创建或修改某个标签的CSS后，所有用到该标签进行格式化的文本都将被立即更新。

若要重定义特定HTML标签的默认格式，在【选择器类型】选项组中选择【标签】选项，然后在【标签】文本框中输入一个HTML标签，或从下拉列表中选择一个标签，如图10.7所示。

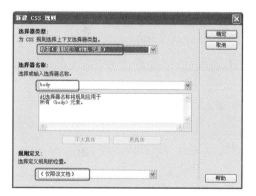

图10.6 【新建CSS规则】对话框

图10.7 【标签】下拉列表

10.2.2 建立类样式

类定义了一种通用的方式，所有应用了该方式的元素在浏览器中都遵循该类定义的规则。类名称必须以句点开头，可以包含任何字母和数字组合(如.mycss)。如果没有输入开头的句点，Dreamweaver将自动输入。在【新建CSS规则】对话框的【选择器类型】选项组中选择【类】选项，在【选择器名称】中输入名称，如图10.8所示。

在【新建CSS规则】对话框中可以设置以下参数。

- 名称：用来设置新建的样式表的名称。
- 选择器名称：用来定义样式类型，并将其运用到特定的部分。如果选择【类】选项，要在【名称】下拉列表中输入自定义样式的名称，其名称可以是字母和数字的组合，如果没有输入符号【.】，Dreamweaver会自动输入；如果选择【标签】选项，需要在【标签】下拉列表中选择一个HTML标签，也可以直接在【标签】下拉列表框中输入这个标签；如果选择【高级】选项，需要在【选择器】下拉列表中选择一个选择器的类型，也可以在【选择器】下拉列表框中输入一个选择器类型。
- 规则定义：用来设置新建的CSS语句的位置。CSS样式按照使用方法可以分为内部样式和外部样式。如果想把CSS语句新建在网页内部，可以选择【仅限该文档】单选按钮。

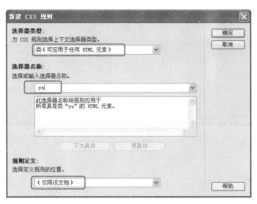

图10.8　【新建CSS规则】对话框

10.2.3 建立自定义高级样式

高级样式重新定义特定元素组合的格式，或其它CSS允许的选择器表单的格式(例如，每当h2标题出现在表格单元格内时，就会应用选择器tdh2)。高级样式还可以重定义包含特定id属性的标签的格式(例如，由#myStyle定义的样式可以应用于所有包含属性/值对有id="myStyle"的标签)，如图10.9所示。

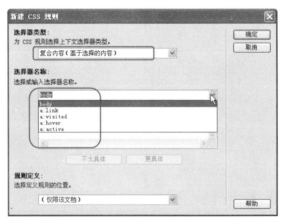

图10.9　【复合内容】选项

- a:active：定义了链接被激活时的样式，即鼠标已经单击了链接，但页面还没有跳转时的样式。
- a:hover：定义了鼠标停留在链接的文字上时的样式。常见设置有文字颜色改变、下划线出现等。
- a:link：定义了设置有链接的文字的样式。
- a:visited：浏览者已经访问过的链接的样式，一般设置其颜色不同于a:link的颜色，以便给浏览者明显的提示。

10.3　设置CSS样式

中国风——中文版Dreamweaver CS4学习总动员

控制网页元素外观的CSS样式用来定义字体、颜色、边距和字间距等属性，可以使用Dreamweaver来对所有的CSS属性进行设置。CSS属性被分为8大类，分别为【类型】、【背景】、【区块】、【方框】、【边框】、【列表】、【定位】和【扩展】，下面分别进行介绍。

10.3.1 设置文本样式

在CSS样式定义对话框左侧的【分类】列表框中选择【类型】选项，在右侧可以设置CSS样式的类型参数，如图10.10所示。

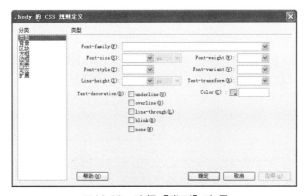

图10.10 选择【类型】选项

在CSS的【类型】各选项参数如下。

- Font-family：用于设置当前样式所使用的字体。
- Font-size：定义文本大小。可以通过选择数字和度量单位来选择特定的大小，也可以选择相对大小。
- Font-style：将【正常】、【斜体】或【偏斜体】指定为字体样式。默认设置是【正常】。
- Line-height：设置文本所在行的高度。该设置传统上称为【前导】。选择【正常】自动计算字体大小的行高，或输入一个确切的值并选择一种度量单位。
- Text-decoration：向文本中添加下划线、上划线或删除线，或使文本闪烁。正常文本的默认设置是【无】。【链接】的默认设置是【下划线】。将【链接】设置为无时，可以通过定义一个特殊的类删除链接中的下划线。
- Font-weight：对字体应用特定或相对的粗体量。【正常】等于400，【粗体】等于700。
- Font-variant：设置文本的小型大写字母变量。Dreamweaver不在文档窗口中显示该属性。
- internet Explorer：将选定内容中的每个单词的首字母大写或将文本设置为全部大写或小写。
- color：设置文本颜色。

10.3.2 设置背景样式

使用【CSS规则定义】对话框的【背景】类别可以定义CSS样式的背景设置。可以对网页中的任何元素应用背景属性。如图10.11所示。

图10.11 选择【背景】选项

在CSS的【背景】选项中可以设置以下参数。

- Background-color：设置元素的背景颜色。
- Background-image：设置元素的背景图像。可以直接输入图像的路径和文件，也可以单击【浏览】按钮选择图像文件。
- Background Repeat：确定是否以及如何重复背景图像。包含4个选项：【不重复】指在元素开始处显示一次图像；【重复】指在元素的后面水平和垂直平铺图像；【横向重复】和【纵向重复】分别显示图像的水平带区和垂直带区。图像被剪辑以适合元素的边界。
- Background Attachment：确定背景图像是固定在它的原始位置还是随内容一起滚动。
- Background Position (X)和Background Position (Y)：指定背景图像相对于元素的初始位置。这可以用于将背景图像与页面中心垂直和水平对齐，如果附件属性为【固定】，则位置相对于文档窗口而不是元素。

10.3.3 设置区块样式

使用【CSS规则定义】对话框的【区块】类别可以定义标签和属性的间距和对齐设置，对话框中左侧的【分类】列表中选择【区块】选项，在右侧可以设置相应的CSS样式，如图10.12所示。

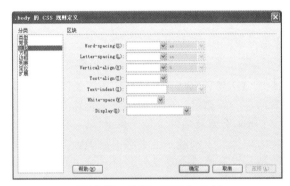

图10.12　选择【区块】选项

在CSS的【区块】各选项中参数如下。

- word-spacing：设置单词的间距，若要设置特定的值，在下拉列表框中选择【值】，然后输入一个数值，在第二个下拉列表框中选择度量单位。
- letter-spacing：增加或减小字母或字符的间距。若要减少字符间距，指定一个负值，字母间距设置覆盖对齐的文本设置。
- Vertical-align：指定应用它的元素的垂直对齐方式。仅当应用于<img>标签时，Dreamweaver才在文档窗口中显示该属性。
- Text-align：设置元素中的文本对齐方式。
- Text-align：指定第一行文本缩进的程度。可以使用负值创建凸出，但显示取决于浏览器。仅当标签应用于块级元素时，Dreamweaver才在文档窗口中显示该属性。
- white-space：确定如何处理元素中的空白。从下面3个选项中选择：【正常】指收缩空白；【保留】的处理方式与文本被括在<pre>标签中一样(即保留所有空白，包括空格、制表符和回车)；【不换行】指定仅当遇到
标签时文本才换行。Dreamweaver不在文档窗口中显示该属性。
- Display：指定是否以及如何显示元素。

10.3.4 设置方框样式

使用【CSS规则定义】对话框的【方框】类别可以为用于控制元素在页面上的放置方式的标签和属性

定义设置。可以在应用填充和边距设置时将设置应用于元素的各个边，也可以使用【全部相同】设置将相同的设置应用于元素的所有边。

CSS的【方框】类别可以为控制元素在页面上的放置方式的标签和属性定义设置，如图10.13所示。

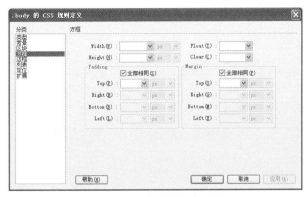

图10.13　选择【方框】选项

在CSS的【方框】各选项中参数如下。

- width和height：设置元素的宽度和高度。
- float：设置其他元素在哪个边围绕元素浮动。其他元素按通常的方式环绕在浮动元素的周围。
- clear：定义不允许AP Div的边。如果清除边上出现AP Div，则带清除设置的元素将移到该AP Div的下方。
- padding：指定元素内容与元素边框(如果没有边框，则为边距)之间的间距。取消选择【全部相同】选项可设置元素各个边的填充；【全部相同】将相同的填充属性设置为它应用于元素的top、right、bottom和left侧。
- margin：指定一个元素的边框(如果没有边框，则为填充)与另一个元素之间的间距。仅当应用于块级元素(段落、标题和列表等)时，Dreamweaver才在文档窗口中显示该属性。取消选择【全部相同】可设置元素各个边的边距；【全部相同】将相同的边距属性设置为它应用于元素的top、right、bottom和left侧。

10.3.5　设置边框样式

CSS的【边框】类别可以定义元素周围边框的设置，如图10.14所示。

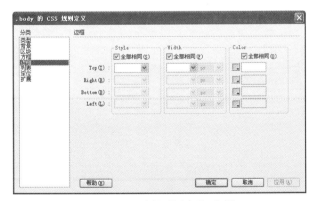

图10.14　选择【边框】选项

在CSS的【边框】各选项中参数如下。

- style：设置边框的样式外观。样式的显示方式取决于浏览器。Dreamweaver在文档窗口中将所有样式呈现为实线。取消选择【全部相同】可设置元素各个边的边框样式；【全部相同】将相同的边框样式属性设置为它应用于元素的top、right、bottom和left侧。

- width：设置元素边框的粗细。取消选择【全部相同】可设置元素各个边的边框宽度；【全部相同】将相同的边框宽度设置为它应用于元素的top、right、bottom和left侧。
- color：设置边框的颜色。可以分别设置每个边的颜色。取消选择【全部相同】可设置元素各个边的边框颜色；【全部相同】将相同的边框颜色设置为它应用于元素的top、right、bottom和left侧。

10.3.6 设置列表样式

CSS的【列表】类别为列表标签定义列表设置，如图10.15所示。

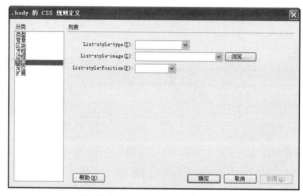

图10.15　选择【列表】选项

在CSS的【列表】各选项中参数如下。

- List style type：设置项目符号或编号的外观。
- List style image：可以为项目符号指定自定义图像。单击【浏览】按钮选择图像，或输入图像的路径。
- List style position：设置列表项文本是否换行和缩进(外部)以及文本是否换行到左边距(内部)。

10.3.7 设置定位样式

CSS的【定位】样式属性使用【层】首选参数中定义层的默认标签，将标签或所选文本块更改为新层，如图10.16所示。

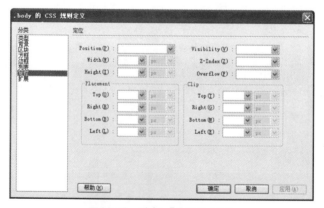

图10.16　选择【定位】选项

在CSS的【定位】选项中各参数如下。

- position：在CSS布局中，Position发挥着非常重要的作用，很多容器的定位是用Position来完成。Position属性有四个可选值，它们分别是static、absolute、fixed、relative。

absolute：能够很准确的将元素移动到你想要的位置，绝对定位元素的位置。

fixed：相对于窗口的固定定位。

relative：相对定位是相对于元素默认的位置的定位。

static：该属性值是所有元素定位的默认情况，在一般情况下，我们不需要特别的去声明它，但有时候遇到继承的情况，我们不愿意见到元素所继承的属性影响本身，从而可以用position:static取消继承，即还原元素定位的默认值。

- visibility：如果不指定可见性属性，则默认情况下大多数浏览器都继承父级的值。
- placement：指定AP Div的位置和大小。
- clip：定义AP Div的可见部分。如果指定了剪辑区域，可以通过脚本语言访问它，并操作属性以创建像擦除这样的特殊效果。通过使用【改变属性】行为可以设置这些擦除效果。

10.3.8 设置扩展样式

【扩展】样式属性包含两部分，如图10.17所示。

- page-break-before：其中两个属性的作用是为打印的页面设置分页符。

page-break-after：检索或设置对象后出现的页分割符。

- 视觉效果：cursor，指针位于样式所控制的对象上时改变指针图像。Filter，对样式所控制的对象应用特殊效果。

图10.17　选择【扩展】选项

10.4　CSS+Div布局网页

中国风——中文版Dreamweaver CS4学习总动员

业界越来越关注DIV+CSS的标准化设计，大到各大门户网站，小到不计其数的个人网站，在Div+CSS标准化的影响下，网页设计人员已经把这一要求作为行业标准。

10.4.1 CSS+Div布局的优势

Div全称division意为"区分"，使用DIV的方法跟使用其他tag的方法一样。如果单独使用DIV而不加任何CSS，那么它在网页中的效果和使用<P></P>是一样的。DIV本身就是容器性质的，不但可以内嵌table还可以内嵌文本和其它的HTML代码，CSS是Cascading style Sheets的简称，中文译作【层叠样式表单】，在主页制作时采用CSS技术，可以有效地对页面的布局、字体、颜色、背景和其它效果实现更加精确的控制。只要对相应的代码做一些简单的修改，就可以改变同一页面的不同部分，或者页数不同的网页的外观和格式。网上冲浪无论用Internet Explorer还是Netscape Navigator，几乎随时都在与CSS打交道，在网上没有使用过CSS的网页可能不好找。不管用什么工具软件制作网页，都有在有意无意地使用CSS。用好CSS能使网页更加简炼，同样内容的网页，有的人做出来有几十KB，而高手做出来只有十几KB。

Div+CSS标准的优点：

- 大大缩减页面代码，提高页面浏览速度,缩减带宽成本。
- 结构清晰，容易被搜索引擎搜索到，天生优化了SEO。
- 缩短改版时间。只要简单的修改几个CSS文件就可以重新设计一个有成百上千页面的站点。
- 强大的字体控制和排版能力。CSS控制字体的能力比糟糕的FONT标签好多了，有了CSS，不再需要用FONT标签或者透明的1pxGIF图片来控制标题，改变字体颜色，字体样式等等。
- CSS非常容易编写。可以象写html代码一样轻松地编写CSS。
- 提高易用性。使用CSS可以结构化HTML，例如：<p>标签只用来控制段落，heading标签只用来控制标题，table标签只用来表现格式化的数据等等。可以增加更多的用户而不需要建立独立的版本。
- 可以一次设计，随处发布。设计不仅仅用于web浏览器，也可以发布在其他设备上，比如PowerPoint。
- 表现和内容相分离。将设计部分剥离出来放在一个独立样式文件中，可以减少未来网页无效的可能。
- 更方便搜索引擎的搜索。用只包含结构化内容的HTML代替嵌套的标签，搜索引擎将更有效地搜索到内容，并给一个较高的评价(ranking)。
- Table布局灵活性不大，只能遵循table、tr、td的格式。而div可以div、ul、li也可以ol、li还可以ul、li……但标准语法最好有序的写。
- Table中布局中，垃圾代码会很多，一些修饰的样式及布局的代码混合一起，很不利于直观。而Div更能体现样式和结构相分离，结构的重构性强。
- 在几乎所有的浏览器上都可以使用。
- 以前一些非得通过图片转换实现的功能，现在只要用CSS就可以轻松实现，从而更快地下载页面。
- 使页面的字体变得更漂亮，更容易编排，使页面真正赏心悦目。
- 可以轻松地控制页面的布局。
- 可以将许多网页的风格格式同时更新，不用再一页一页地更新了。可以将站点上所有的网页风格都使用一个CSS文件进行控制，只要修改这个CSS文件中相应的行，那么整个站点的所有页面都会随之发生变动。

10.4.2 CSS+Div布局网页实例

创建CSS+Div布局网页实例的效果如图10.18所示，具体操作步骤如下。

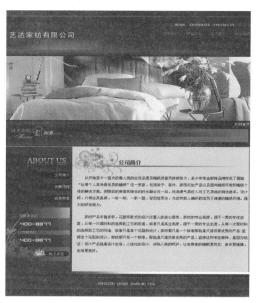

图10.18 CSS+Div布局网页实例的效

(1) 打开原始网页文档，如图10.19所示。

(2) 选择【插入】|【布局对象】| AP Div命令，插入AP Div，如图10.20所示。

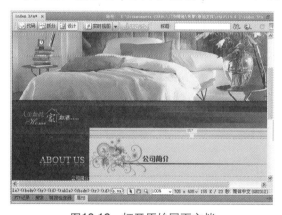

图10.19 打开原始网页文档

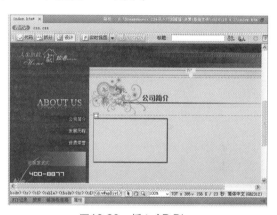

图10.20 插入AP Div

(3) 选中插入的AP Div元素，在属性面板中调整APDiv的大小，如图10.21所示。

(4) 将光标置于AP Div元素内，输入文字，如图10.22所示。

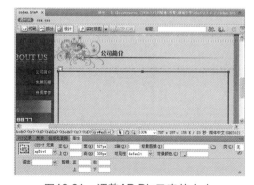

图10.21 调整AP Div元素的大小

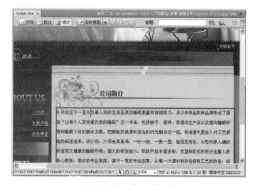

图10.22 输入文字

(5) 选中插入的文字，选择【窗口】|【CSS样式】命令，打开【CSS样式】面板，在面板中单击鼠标的右键，在弹出的下拉菜单中选择【新建】选项，如图10.23所示。

(6) 弹出【新建CSS规则】对话框，在对话框中的【选择器类型】中选择【类】，在【选择器名称】中输入名称，在【规则定义】中选择【仅限该文档】，如图10.24所示。

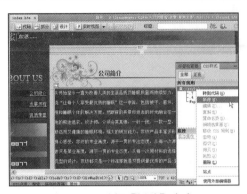

图10.23　选择【新建】命令

图10.24　【新建CSS规则】对话框

(7) 单击【确定】按钮，弹出【.ys的CSS规则定义】对话框，在对话框中的font-family文本框中选择宋体，font-size设置为12像素，line-height设置为200%，color设置为#000000，如图10.25所示。

(8) 单击【确定】按钮，新建CSS样式，选中文本，在单击新建的样式，在弹出的下拉菜单中选择【套用】选项，如图10.26所示。

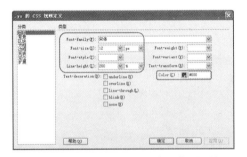

图10.25　【.ys的CSS规则定义】对话框

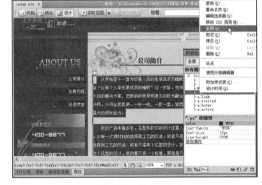

图10.26　套用样式

(9) 选择后，应用样式，如图10.27所示。

(10) 保存文档，按F12键在浏览器中预览，效果如图10.18所示。

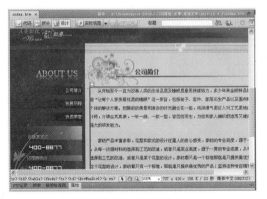

图10.27　应用样式

10.5 本章实例

通过以上CSS的了解和基本知识的学习，下面将通过具体实例进一步掌握CSS的内容。

10.5.1 实例1——应用CSS固定字体大小

利用CSS可以固定字体大小，使网页中的文本始终不随浏览器的改变而发生变化，总是保持着原有的大小，应用CSS固定字体大小的效果如图10.28所示，具体操作步骤如下。

图10.28 应用CSS样式固定字体大小

(1) 打开原始网页文档，如图10.29所示。

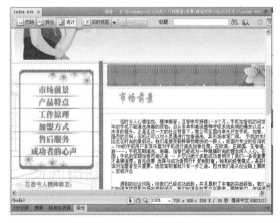

图10.29 打开原始网页文档

(2) 选择【窗口】|【CSS样式】命令，打开【CSS样式】面板，在【CSS样式】面板中单击鼠标右键，在弹出的菜单中选择【新建】命令，如图10.30所示。

(3) 弹出【新建CSS规则】对话框，在【在选择器名称】下拉列表框中输入【.js】，在【选择器类型】选项组中选择【类】，在【规则定义】选项组中选择【仅限该文档】选项，如图10.31所示。

图10.30　选择【新建】命令

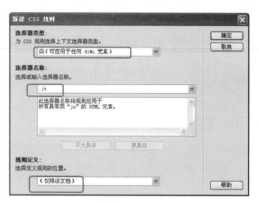

图10.31　【新建CSS规则】对话框

 技巧 提示 ●●●

类样式的名称前面必须要有一个句点。如果没有输入句点，Dreamweaver就会自动添加。

(4) 单击【确定】按钮，弹出【.js的CSS规则定义】对话框，选择【分类】列表框中的【类型】选项，font-family选择宋体，font-size设置为14像素，color设置为#E04390，如图10.32所示。

(5) 单击【确定】按钮，在文档中选中要套用样式的文字，然后在【CSS样式】面板中选中新建的样式，单击鼠标右键，在弹出的菜单中选择【套用】命令，如图10.33所示。

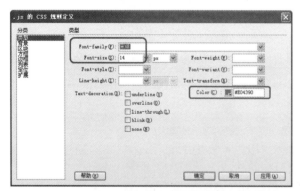

图10.32　【.js的CSS规则定义】对话框

图10.33　选择【套用】命令

(6) 选择【套用】后，文本自动套用新建的样式，如图10.34所示。

(7) 保存文档，按F12键在浏览器中浏览，效果如图10.28所示。

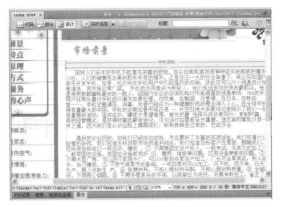

图10.34　套用新建样式

10.5.2 实例2——应用CSS改变文本间行距

有时因为网页编辑的需要，要将行距加大，此时要设置CSS中的行高，应用CSS改变文本间行距的效果如图10.35所示，具体操作步骤如下。

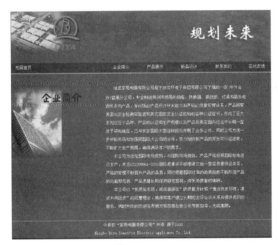

图10.35　应用CSS改变文本间行距的效果

(1) 打开原始网页文档，如图10.36所示。

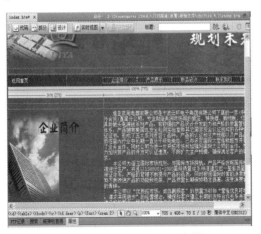

图10.36　打开原始网页文档

(2) 选择【窗口】|【CSS样式】命令，打开【CSS样式】面板，在【CSS样式】面板中单击鼠标右键，在弹出的菜单中选择【新建】命令，如图10.37所示。

(3) 弹出【新建CSS规则】对话框，在【选择器名称】文本框中输入【.hg】，在【选择器类型】选项组中选择"类"，在【规则定义】中选择【仅限该文档】选项，如图10.38所示。

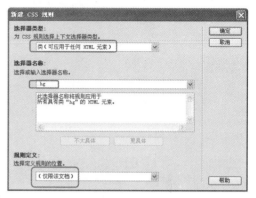

图10.37　选择【新建】命令　　　　　　　　图10.38　【新建CSS规则】对话框

(4) 单击【确定】按钮，弹出【.hg的CSS规则定义】对话框，选择【分类】列表框中的【类型】选项，font-family选择宋体，font-size选择12像素，line-height设置为200%，color设置为#FFFFFF，图10.39所示。

(5) 单击【确定】按钮，在文档中选中要创建样式的内容，然后在【CSS样式】面板中选中新建的样式，单击鼠标右键，在弹出的菜单中选择【套用】命令，如图10.40所示。

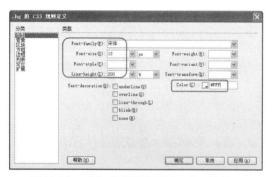

图10.39　【.hg的CSS规则定义】对话框　　　　图10.40　选择【套用】命令

(6) 选择套用后，文本应用新建的样式，如图10.41所示。

(7) 保存网页，按F12键在浏览器中浏览，效果如图10.35所示。

图10.41　套用样式

使用CSS的滤镜可以创建动感文字的效果如图10.42所示，具体操作步骤如下。

图10.42　动感文字的效果

(1) 打开原始网页文档，如图10.43所示。

(2) 将光标置于页面中，选择【插入】|【表格】命令，插入一个1行1列的表格，【表格宽度】设置为50%，【对齐】设置为居中对齐，单击【确定】按钮，插入表格，如图10.44所示。

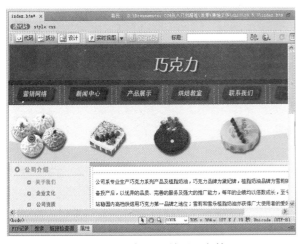

图10.43　打开原始网页文档

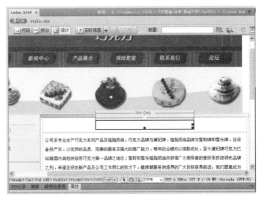

图10.44　插入表格

(3) 将光标置于表格内，输入文字，如图10.45所示。

(4) 选择【窗口】|【CSS样式】命令，打开【CSS样式】面板，在【CSS样式】面板中单击鼠标右键，在弹出的菜单中选择【新建】命令，如图10.46所示。

图10.45 输入文字

图10.46 选择【新建】命令

(5) 弹出【新建CSS规则】对话框，在【选择器名称】文本框中输入【.gy】，在【选择器类型】选项组中选择"类"，在【规则定义】中选择"仅限该文档"选项，如图10.47所示。

(6) 单击【确定】按钮，弹出【.gy的CSS规则定义】对话框，选择【分类】列表框中的【类型】选项，font-family设置为"宋体"，font-size设置为36，color设置为#000000，如图10.48所示。

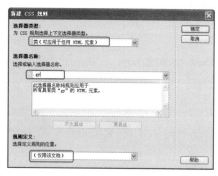
图10.47 【新建CSS规则】对话框

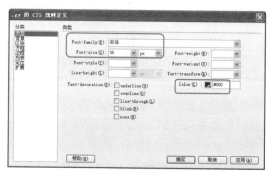
图10.48 【.gy的CSS规则定义】对话框

(7) 单击【应用】按钮，选择【分类】列表框中的【扩展】选项，在Filter下拉列表框中选择"Glow(Color=?, Strength=?)"，将Filter设置为"Glow(Color=FFE7BD Strength=8)"，如图10.49所示。

(8) 单击【确定】按钮，在文档中选中表格，然后在【CSS样式】面板中单击新建的样式，在弹出的菜单中选择【套用】命令，如图10.50所示。

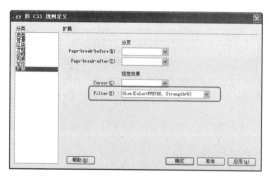
图10.49 【.gy的CSS规则定义】对话框

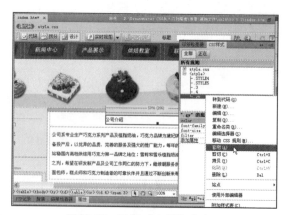
图10.50 选择【套用】命令

技巧 提示 ● ● ●

Glow可以使文字产生边缘发光的效果，Glow过滤器的语法格式为Glow(Color=?, Strength=?)，有两个参数：Glow决定光晕的颜色，可以用ffffff的十六进制代码，或者用blue、green等表示；Strength表示发光强度，范围为0~225。

(9) 套用样式后，保存网页，按F12键在浏览器中浏览动感文字，效果如图10.42所示。

10.5.4 实例4——应用CSS给文字添加边框

利用CSS样式可以给文字添加边框的效果如图10.51所示，具体操作步骤如下。

图10.51　应用CSS给文字添加边框效果

(1) 打开原始网页文档，如图10.52所示。

(2) 选择【窗口】|【CSS样式】命令，打开【CSS样式】面板，在【CSS样式】面板中单击鼠标右键，在弹出的菜单中选择【新建】命令，如图10.53所示。

图10.52　打开原始网页文档

图10.53　选择【新建】命令

(3) 弹出【新建CSS规则】对话框，在【选择器名称】文本框中输入【.bk】，在【选择器类型】选项组中选择【类】，在【规则定义】中选择【仅限该文档】选项，如图10.54所示。

(4) 单击【确定】按钮，弹出【.bk的CSS规则定义】对话框，选择【分类】列表框中的【边框】选项，style全部设置为"实线"，width全部设置为"细"，color全部设置为#9FAF56，如图10.55所示。

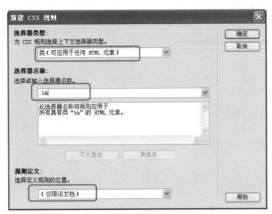

图10.54 【新建CSS规则】对话框

图10.55 【.bk的CSS规则定义】对话框

(5) 单击【确定】按钮，在文档中选中文字，然后在【CSS样式】面板中套用新建的样式，如图10.56所示。

(6) 保存文档，按F12键在浏览器中浏览，效果如图10.51所示。

图10.56 应用CSS样式

第 11 章

给网页添加行为制作特效网页

本章导读

行为是Dreamweaver中制作绚丽网页的利器，它功能强大，颇受网页设计者的喜爱。行为是一系列使用JavaScript程序预定义的页面特效工具，是JavaScript在Dreamweaver中内置的程序库。在Dreamweaver中，利用行为可以为页面制作出各种各样的特殊效果，如打开浏览器窗口、播放声音和弹出式菜单等网页特殊效果。

学习要点

- 了解行为的概念
- 掌握行为中常见的动作和事件
- 掌握Dreamweaver内置行为的使用

行为是为响应某一具体事件而采取的一个或多个动作，当指定的事件被触发时，将运行相应的JavaScript程序，执行相应的动作。所以在创建行为时，必须先指定一个动作，然后再指定触发动作的事件。

- 添加行为 ：是一个弹出菜单，其中包含可以附加到当前所选元素的动作。当从该列表中选择一个动作时，将弹出一个对话框，可以在该对话框中指定该动作的参数。
- 删除行为 ：从行为列表中删除所选的事件。

Dreamweaver CS4提供了丰富的内置行为，这些行为利用简单直观的语句设置手段，不需要编写任何代码就可以实现一些强大的交互性和控制功能，还可以从互联网上下载一些第三方提供的动作来使用。

【行为】面板的作用是为网页元素添加动作和事件，使网页具有互动的效果。在介绍【行为】面板前先了解一下3个词语：事件、动作和行为。

- 事件：是浏览器对每一个网页元素的响应途径，与具体的网页对象相关。
- 动作：是一段事先编辑好的脚本，可用来选择某些特殊的任务，如播放声音、打开浏览器窗口、弹出菜单等。
- 行为：实质上是事件和动作的合成体。

选择【窗口】|【行为】命令，打开【行为】面板，如图11.1所示。

技巧 提示 ●●●

还可以按Shift+F4组合键打开【行为】面板。

图11.1 【行为】面板

在该面板中包含以下4种按钮。

- 按钮：弹出一个菜单，在此菜单中选择其中的命令，会弹出一个对话框，在对话框中设置选定动作或事件的各个参数。如果弹出的菜单中所有选项都为灰色，则表示不能对所选择的对象添加动作或事件。
- 按钮：单击此按钮可以删除列表中所选的事件和动作。

- ● ▲ 按钮：单击此按钮可以向上移动所选的事件和动作。
- ● ▼ 按钮：单击此按钮可以向下移动所选的事件和动作。

11.2 行为的动作和事件

在Dreamweaver中，行为是事件和动作的组合。事件是特定的时间或是用户在某时所发出的指令后紧接着发生的，而动作是事件发生后网页所要做出的反应。

11.2.1 常见动作类型

动作是最终产生的动态效果，动态效果可以是播放声音、交换图像、弹出提示信息、自动关闭网页等。表9-1所示是Dreamweaver提供的常见动作。

表9-1　Dreamweaver提供的常见动作

动　作	内　容
调用JavaScript	调用JavaScript函数
改变属性	改变选择对象的属性
检查浏览器	根据访问者的浏览器版本，显示适当的页面
检查插件	确认是否设有运行网页的插件
控制Shockwave或Flash	控制影片的播放
拖动AP元素	允许在浏览器中自由拖动AP Div
转到URL	可以转到特定的站点或网页文档上
隐藏弹出式菜单	隐藏制作的弹出式菜单
跳转菜单	可以创建若干个链接的跳转菜单
跳转菜单开始	在跳转菜单中选定要移动的站点之后，只有单击"GO"按钮才可以移动到链接的站点上
打开浏览器窗口	在新窗口中打开URL
播放声音	设置的事件发生之后，播放链接的音乐
弹出消息	设置的事件发生之后，弹出警告信息
预先载入图像	为了在浏览器中快速显示图片，事先下载图片之后显示出来
设置导航栏图像	制作由图片组成菜单的导航条
设置框架文本	在选定的帧上显示指定的内容
设置状态栏文本	在状态栏中显示指定的内容
设置文本域文字	在文本字段区域显示指定的内容
显示弹出式菜单	显示弹出式菜单
显示-隐藏元素	显示或隐藏特定的AP Div
交换图像	发生设置的事件后，用其他图片来取代选定的图片
恢复交换图像	在运用交换图像动作之后，显示原来的图片
时间轴	用来控制时间轴，可以播放、停止动画
检查表单	在检查表单文档有效性的时候使用

11.2.2 常见事件

事件用于指定选定的行为动作在何种情况下发生。例如想应用单击图像时跳转到制定网站的行为，则需要把事件指定为单击事件onClick。下面根据使用用途分类介绍Dreamweaver中提供的事件种类。表9-2所示是Dreamweaver中常见的事件。

表9-2　Dreamweaver中常见的事件

内　容	事　件
onAbort	在浏览器窗口中停止加载网页文档的操作时发生的事件
onMove	移动窗口或框架时发生的事件
onLoad	选定的对象出现在浏览器上时发生的事件
onResize	访问者改变窗口或帧的大小时发生的事件
onUnLoad	访问者退出网页文档时发生的事件
onClick	用鼠标单击选定元素的一瞬间发生的事件
onBlur	鼠标指针移动到窗口或帧外部，即在这种非激活状态下发生的事件
onDragDrop	拖动并放置选定元素的那一瞬间发生的事件
onDragStart	拖动选定元素的那一瞬间发生的事件
onFocus	鼠标指针移动到窗口或帧上，激活之后发生的事件
onMouseDown	单击鼠标右键一瞬间发生的事件
onMouseMove	鼠标指针指向字段并在字段内移动时发生的事件
onMouseOut	鼠标指针经过选定元素之外时发生的事件
onMouseOver	鼠标指针经过选定元素上方时发生的事件
onMouseUp	单击鼠标右键，然后释放时发生的事件
onScroll	访问者在浏览器上移动滚动条时发生的事件
onKeyDown	当访问者按下任意键时发生的事件
onKeyPress	当访问者按下和释放任意键时发生事件
onKeyUp	在键盘上按下特定键并释放时发生的事件
onAfterUpdate	更新表单文档内容时发生的事件
onBeforeUpdate	改变表单文档项目时发生的事件
onChange	访问者修改表单文档的初始值时发生的事件
onReset	将表单文档重设置为初始值时发生的事件
onSubmit	访问者传送表单文档时发生的事件
onSelect	访问者选定文本字段中的内容时发生的事件
onError	在加载文档的过程中，发生错误时发生的事件
onFilterChange	运用于选定元素的字段发生变化时发生的事件
Onfinish Marquee	用功能来显示的内容结束时发生的事件
Onstart Marquee	开始应用功能时发生的事件

11.3　使用Dreamweaver内置行为

使用行为能提高网站的交互性。在Dreamweaver中插入行为，实际上是给网页添加了一些JavaScript

代码，这些代码能实现动感网页效果。

11.3.1 交换图像

【交换图像】就是当鼠标指针经过图像时，原图像会变成另外一幅图像。一个交换图像其实是由两幅图像组成的，即原始图像(当页面显示时的图像)和交换图像(当鼠标经过原始图像时显示的图像)。组成图像交换的两幅图像必须有相同的尺寸，如果两幅图像的尺寸不同，Dreamweaver会自动将第二幅图像尺寸调整成第一幅同样大小。

在【行为】面板中单击【添加行为】按钮 +，在弹出的菜单中选择【交换图像】选项，弹出【交换图像】对话框，如图11.2所示，

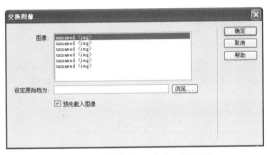

图11.2 【交换图像】对话框

【交换图像】对话框中可以进行如下设置。

- 图像：在列表中选择要更改其来源的图像。
- 设定原始档为：单击【浏览】按钮选择新图像文件，文本框中显示新图像的路径和文件名。
- 预先载入图像：勾选该复选框，这样在载入网页时，新图像将载入到浏览器的缓冲中，防止当图像该出现时由于下载而导致的延迟。

交换图像前的效果如图11.3所示，交换图像后的效果如图11.4所示，具体操作步骤如下。

图11.3 交换图像前的效果

图11.4 交换图像后的效果

(1) 打开原始网页文档，如图11.5所示。

(2) 选中要添加行为的图像，选择【窗口】|【行为】命令，打开【行为】面板，在面板中单击【添加行为】 + 按钮，在弹出的菜单中选择【交换图像】选项，如图11.6所示。

图11.5　打开原始网页文档　　　　　　　图11.6　选择【交换图像】选项

(3) 弹出【交换图像】对话框，在对话框中单击【设定原始档为】文本框右边的【浏览】按钮，弹出【选择图像源文件】对话框，在对话框中选择相应的图像文件，如图11.7所示。

(4) 单击【确定】按钮，输入新图像的路径和文件名，如图11.8所示。

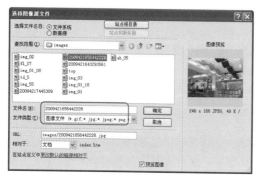

图11.7　【选择图像源文件】对话框　　　　图11.8　【交换图像】对话框

(5) 单击【确定】按钮，在【行为】面板中可以看到添加的行为，如图11.9所示。

(6) 保存文档，在浏览器中浏览，交换图像前的效果如图11.3所示，交换图像后的效果如图11.4所示。

图11.9　添加行为

11.3.2 弹出提示信息

　　【弹出消息】显示一个带有指定消息的警告窗口，因为该警告窗口只有一个【确定】按钮，所以使用此动作可以提供信息，而不能为用户提供选择。创建弹出信息网页的效果如图11.10所示，具体操作步骤如下。

图11.10 弹出提示信息效果

(1) 打开原始网页文档，如图11.11所示。

(2) 选择【窗口】|【行为】命令，打开【行为】面板，单击【行为】面板中的【添加行为】按钮 **+.**，在弹出的菜单中选择【弹出信息】命令，如图11.12所示。

图11.11 打开原始网页文档

图11.12 选择【弹出信息】命令

(3) 弹出【弹出信息】对话框，在【消息】文本框中输入文本【欢迎光临我们的网站】，如图11.13所示。

技巧 提示

消息一定要简短，如果超出状态栏的大小，浏览器将自动截断该消息。

(4) 单击【确定】按钮，将行为添加到【行为】面板，如图11.14所示。

(5) 保存文档，按F12键在浏览器中可以看到弹出提示信息，网页效果如图11.10所示。

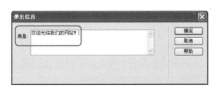

图11.13 【弹出信息】对话框

图11.14 添加行为

11.3.3 打开浏览器窗口

使用【打开浏览器窗口】动作在打开当前网页的同时，还可以再打开一个新的窗口。同时还可以编辑浏览器窗口的大小、名称、状态栏和菜单栏等属性，如图11.15所示。

图11.15　【打开浏览器窗口】对话框

在【打开浏览器窗口】对话框中可以设置以下参数。

- 要显示的URL：要打开的新窗口的名称。
- 窗口宽度：指定以像素为单位的窗口宽度。
- 窗口高度：指定以像素为单位的窗口高度。
- 导航工具栏：浏览器按钮包括前进、后退、主页和刷新4个按钮。
- 地址工具栏：浏览器地址。
- 状态栏：浏览器窗口底部的区域，用于显示信息。
- 菜单条：浏览器窗口菜单。
- 需要时使用滚动条：指定如果内容超过可见区域时滚动条自动出现。
- 调整大小手柄：指定用户是否可以调整窗口大小。
- 窗口名称：新窗口的名称。

创建打开浏览器窗口网页的效果如图11.16所示，具体操作步骤如下。

图11.16　打开浏览器窗口网页的效果

技巧 提示●●●

如果不指定该窗口的任何属性，在打开时它的大小和属性与打开它的窗口相同。

(1) 打开原始网页文档，如图11.17所示。

(2) 选择【窗口】|【行为】命令，打开【行为】面板，单击【行为】面板中的【添加行为】按钮 **+**，在弹出的菜单中选择【打开浏览器窗口】命令，如图11.18所示。

图11.17　打开原始网页文档

图11.18　【打开浏览器窗口】对话框

(3) 弹出【打开浏览器窗口】对话框，在对话框中单击【要显示的URL】文本框右边的【浏览】按钮，弹出【选择文件】对话框，如图11.19所示。

(4) 单击【确定】按钮，添加文件，在对话框中进行相应的设置，如图11.20所示。

图11.19　【选择文件】对话框

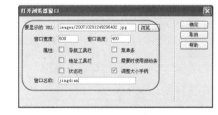
图11.20　【打开浏览器窗口】对话框

(5) 单击【确定】按钮，添加行为，如图11.21所示。

图11.21　添加行为

(6) 保存文档，按F12键在浏览器中预览，效果如图11.16所示。

11.3.4 转到URL

【转到URL】动作的跳转前效果如图11.22所示，跳转后效果如图11.23所示，具体操作步骤如下。

图11.22 跳转前的效果

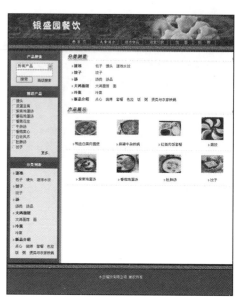

图11.23 跳转后效果

(1) 打开原始网页文档，如图11.24所示。

(2) 选择【窗口】|【行为】命令，打开【行为】面板，单击【行为】面板中的【添加行为】按钮 **+.**，在弹出的菜单中选择【转到URL】命令，如图11.25所示。

图11.24 打开原始网页文档

图11.25 选择【转到URL】命令

(3) 弹出【转到URL】对话框，单击URL文本框右边的【浏览】按钮，在弹出的【选择文件】对话框中选择文件，如图11.26所示。

(4) 单击【确定】按钮，添加文件，如图11.27所示。

图11.26 【选择文件】对话框 图11.27 【转到 URL】对话框

(5) 单击【确定】按钮，添加行为，如图11.28所示。

图11.28 添加行为

(6) 保存网页，在浏览器中浏览网页，跳转前的效果如图11.22所示，跳转后的效果如图11.23所示。

11.3.5 控制Flash影片

使用【控制Shockwave或Flash】动作来播放、停止、倒带或转到Shockwave或Flash影片中的帧。控制Flash影片的效果如图11.29所示，具体操作步骤如下。

图11.29 控制Flash影片的效果

(1) 打开原始网页文档，如图11.30所示。

(2) 选择【插入】|【媒体】|Flash命令，插入Flash影片，如图11.31所示。

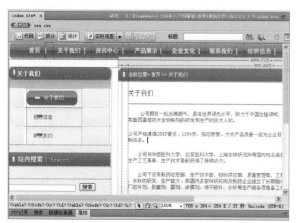 

图11.30　打开原始网页文档　　　　　　　　　　　图11.31　插入Flash

(3) 选择【窗口】|【属性】命令，打开【属性】面板，在最左边的文本框(在Flash图标旁边)中输入影片的名称，若要用【控制Flash】动作对影片进行控制，必须对该影片进行命名，如图11.32所示。

(4) 按Shift+F4组合键打开【行为】面板，单击【行为】面板中的【添加行为】按钮 ，在弹出的菜单中选择【建议不再使用】|【控制Shockwave或Flash】命令，如图11.33所示。

图11.32　Flash的属性面板　　　　　　　　図11.33　选择【控制Shockwave或Flash】命令

(5) 弹出【控制Shockwave或Flash】对话框，如图11.34所示。单击【确定】按钮，添加行为，保存网页浏览效果如图11.35所示。

图11.34　【控制Shockwave或Flash】对话框　　　　図11.35　控制Shockwave或Flash效果

在【控制Shockwave或Flash】对话框中可以设置以下参数。

- 影片：设置要播放的Shockwave或Flash动画的名称。
- 操作：设置控制动画的命令，包括【播放】、【停止】和【后退】(就是返回到动画开始帧)和(前往帧)，如果选择了【前往帧】选项，需要输入帧的数值。

(6) 保存文档，按F12键在浏览器中浏览网页，效果如图11.29所示。

11.3.6 添加声音

使用【播放声音】动作可以给网页添加声音。在每次鼠标指针滑过某个链接时播放一段声音效果，或在载入时播放音乐剪辑。添加声音的效果如图11.36所示，具体操作步骤如下。

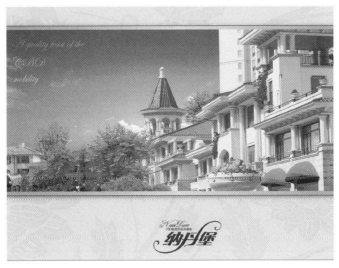

图11.36　添加声音的效果

(1) 打开原始网页文档，如图11.37所示。

(2) 选择页面左下角标签选择器中的<body>标签，按Shift+F4组合键打开【行为】面板。单击面板中的【添加行为】按钮 +，从弹出的菜单中选择【播放声音】命令，如图11.38所示。

图11.37　打开原始网页文档

图11.38　选择【播放声音】命令

(3) 弹出【播放声音】对话框，单击【浏览】按钮，弹出【选择文件】对话框，选取声音文件，如图11.39所示。

(4) 单击【确定】按钮，添加声音文件，或者在【播放声音】文本框中输入路径和文件名称。如图11.40所示。

图11.39　【播放声音】对话框

图11.40　【播放声音】对话框

(5) 单击【确定】按钮，添加行为，如图11.41所示。

(6) 保存文档，按F12键在浏览器中浏览，效果如图11.36所示。

图11.41　添加行为

11.3.7　预先载入图像

如果一个网页包含很多图像，但有些图像在下载时不能被同时下载，当需要显示这些图像时，浏览器再次向服务器请求指令继续下载图像，这样会给网页的浏览造成一定程度的延迟。而使用【预先载入图像】动作就可以把那些不显示出来的图像预先载入浏览器的缓冲区内，这样就避免了在下载时出现的延迟。预先载入图像的效果如图11.42所示，具体操作步骤如下。

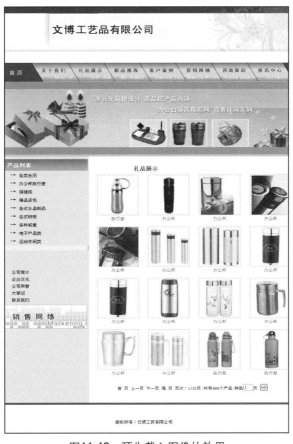

图11.42 预先载入图像的效果

(1) 打开原始网页文档，在网页文档中选择图像，如图11.43所示。

(2) 按Shift+F4组合键打开【行为】面板，单击【行为】面板上的【添加行为】按钮 ＋，，从弹出的菜单中选择【预先载入图像】命令，如图11.44所示。

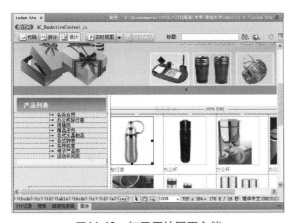

图11.43 打开原始网页文档

图11.44 选择【预先载入图像】命令

(3) 弹出【预先载入图像】对话框，单击【图像源文件】文本框右边的【浏览】按钮，弹出【选择图像源文件】对话框，如图11.45所示。

(4) 单击【确定】按钮，添加图像文件，如图11.46所示。

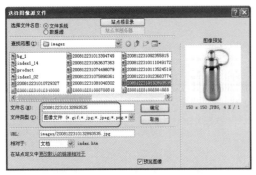

图11.45　【选择图像源文件】对话框

图11.46　【预先载入图像】对话框

(5) 单击【确定】按钮，添加行为，如图11.47所示。

(6) 保存文档，按F12键在浏览器中浏览网页，如图11.42所示。

图11.47　添加行为

技巧 提示 ●●●

　　浏览器可能需要通过附加的音频支持(例如音频插件)来播放声音。因为不同的浏览器使用不同的插件，所以很难准确预先估计这些声音的播放效果。

11.3.8 设置容器中的文本

　　使用【设置容器中的文本】动作可以将指定的内容替换网页上现有AP元素中的内容和格式设置，下面通过实例讲述【设置容器中的文本】动作，效果如图11.48所示，具体操作步骤如下。

图11.48 【设置容器中的文本】动作的效果

(1) 打开原始网页文档，选择【插入】|【布局对象】| AP Div命令，在网页中插入AP元素，如图11.49所示。

(2) 在属性面板中输入AP元素的名字，并将【溢出】选项设置为"scroll"，如图11.50所示。

图11.49 插入AP元素

图11.50 属性面板

(3) 在【行为】面板中单击【添加行为】按钮 ◆，，在弹出的菜单中选择【设置文本】|【设置容器的文本】命令，弹出【设置容器的文本】对话框，在【容器】下拉列表框中选择目标AP元素，在【新建HTML】文本框中输入文本，如图11.51所示。

(4) 单击【确定】按钮，添加行为，如图11.52所示。

图11.51 【设置容器的文本】对话框

图11.52 添加行为

技巧 提示 ● ● ●

该动作在这里仅仅是临时替换了AP元素中的内容，实际的AP元素内容并没有变化。

11.3.9 显示-隐藏元素

【显示-隐藏元素】动作显示、隐藏或恢复一个或多个AP元素的默认可见性。此动作用于在用户与页面进行交互时显示信息。【显示-隐藏元素】的效果如图11.53所示，具体操作步骤如下。

图11.53 【显示-隐藏元素】的效果

(1) 打开原始网页文档，选择【插入】|【布局对象】| AP Div命令，插入AP元素，如图11.54所示。

(2) 选择插入的AP元素，在【属性】面板中调整AP元素的位置，将【背景颜色】设置为#AAD7FE，如图11.55所示。

图11.54 插入AP元素

图11.55 设置AP元素的属性

(3) 将光标置于AP元素中，选择【插入】|【表格】命令，插入5行1列的表格，并在单元格中输入相应的文本，如图11.56所示。

(4) 选中图像【关于我们】，然后单击【行为】面板中的【添加行为】按钮 **+.**，在弹出的菜单中选择【显示-隐藏元素】命令，如图11.57所示。

图11.56　输入文本

图11.57　选择【显示-隐藏元素】命令

(5) 弹出【显示-隐藏元素】对话框，在【显示-隐藏元素】对话框中选择AP元素，并单击【显示】按钮，如图11.58所示。

(6) 单击【确定】按钮，返回到【行为】面板，将【显示-隐藏元素】行为的事件更改为onMouseOver，如图11.59所示。

图11.58　【显示-隐藏元素】对话框

图11.59　添加行为

(7) 单击【行为】面板中的【添加行为】按钮 ，在弹出的菜单中选择【显示-隐藏元素】，弹出【显示-隐藏元素】对话框，在该对话框中单击【隐藏】按钮，如图11.60所示。

(8) 单击【确定】按钮，返回到【行为】面板，将【显示-隐藏元素】行为的事件更改为onMouseOut，如图11.61所示。

图11.60　【显示-隐藏元素】对话框

图11.61　添加行为

(9) 保存文档，按F12键在浏览器中浏览效果，如图11.53所示。

11.3.10 检查插件

【检查插件】动作用来检查访问者的计算机中是否安装了特定的插件，从而决定将访问者带到不同的页面，【检查插件】动作的具体使用方法如下。

技巧 提示 ●●●

不能使用JavaScript在Internet Explorer中检测特定的插件。但是，选择Flash或Director会将相应的JavaScript代码添加到页面上，以便在Windows上的Internet Explorer中检测这些插件。

(1) 选择【窗口】|【行为】命令，打开【行为】面板，在面板中的单击【添加行为】按钮 **+,**，在弹出的菜单中选择【检查插件】命令，弹出【检查插件】对话框，如图11.62所示。

图11.62 【检查插件】对话框

在【检查插件】对话框中有以下参数。

- 插件：选中【选择】单选按钮并在右边的下拉列表框中选择一个插件，或选中【输入】单选按钮并在右边的文本框中输入插件的名称。
- 如果有，转到URL：为具有该插件的访问者指定一个URL。
- 否则，转到URL：为不具有该插件的访问者指定一个替代URL。

(2) 设置完成后，单击【确定】按钮。

技巧 提示 ●●●

如果指定一个远程的URL，则必须在地址中包括http://前缀；若要让具有该插件的访问者留在同一页上，此文本框不必填写任何内容。

11.3.11 检查浏览器

使用【检查浏览器】动作可根据访问者不同类型和版本的浏览器将它们转到不同的页面。例如，将使用Netscape Navigator 4.0或更高版本浏览器的访问者转到一页，而将使用Internet Explorer 4.0或更高版本的访问者转到另一页，并让使用任何其他类型浏览器的访问者留在当前网页上。使用【检查浏览器】的具体操作步骤如下。

(1) 选择【窗口】|【行为】命令，打开【行为】面板，在面板中单击【添加行为】按钮 **+**，在弹出的菜单中选择【建议不再使用】|【检查浏览器】命令，弹出【检查浏览器】对话框，如图11.63所示。

图11.63　【检查浏览器】对话框

在【检查浏览器】对话框中可以设置以下参数。

- Netscape Navigator：指定一个Netscape Navigator版本。在相邻的下拉列表框中，选择选项以指定如果浏览器是指定的Netscape Navigator版本或更高版本时应该进行何种操作，如果是其他情况时又应该进行何种操作。在相邻的两个下拉列表框中包括【转到URL】、【前往替代URL】和【留在此页】3个选项。

- Internet Explorer：指定一个Internet Explorer版本。在相邻的下拉列表框中，选择选项以指定如果浏览器是指定的Internet Explorer版本或更高版本时应该进行何种操作，如果是其他情况时又应该进行何种操作。在相邻的两个下拉列表框中包括【转到URL】、【前往替代URL【和【留在此页】3个选项。

- 其他浏览器：从下拉列表框中选择一个选项，以指定如果浏览器既不是Netscape Navigator也不是Internet Explorer时应该进行何种操作。

- URL和替代URL：在文本框中输入URL和替代URL的路径和文件名。如果输入一个远程URL，除了输入WWW地址之外还必须输入【http://】前缀。

(2) 在该对话框中完成设置之后，单击【确定】按钮，将行为添加到【行为】面板中。

11.3.12 检查表单

　　【检查表单】动作检查指定文本域的内容以确保用户输入了正确的数据类型。使用onBlur事件将此动作分别附加到各文本域，在用户填写表单时对文本域进行检查；或使用onSubmit事件将其附加到表单，在用户单击【提交】按钮时同时对多个文本域进行检查。将此动作附加到表单防止表单提交到服务器后任何指定的文本域包含无效的数据。【检查表单】动作的效果如图11.64所示，具体操作步骤如下。

图11.64　【检查表单】动作的效果

(1) 打开原始网页文档，选中表单，如图11.65所示。

(2) 选择【窗口】|【行为】命令，打开【行为】面板，单击【行为】面板中的【添加行为】按钮 **+**，从弹出的菜单中选择【检查表单】命令，如图11.66所示。

图11.65　打开原始网页文档

图11.66　选择【检查表单】命令

(3) 弹出【检查表单】对话框，在对话框中的【值】文本框中选择必需的，在【可接受】选项中选择电子邮件地址，如图11.67所示

(4) 单击【确定】按钮，添加行为，如图11.68所示。

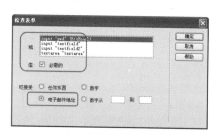

图11.67　【检查表单】对话框

图11.68　添加行为

在【检查表单】对话框中可以设置以下参数。

在对话框中将【值】右边的【必需的】复选框选中。

【可接受】选区中有以下参数设置。

- 任何东西：如果并不指定任何特定数据类型(前提是【必需的】复选框没有被选中)该单选按钮就没有意义了，也就是说等于表单没有应用【检查表单】动作。
- 电子邮件地址：检查文本域是否含有带【@】符号的电子邮件地址。
- 数字：检查文本域是否仅包含数字。
- 数字从：检查文本域是否仅包含特定数列的数字。

(5) 保存文档，按F12键在浏览器浏览，效果如图11.64所示。

使用【设置导航栏图像】动作可以将现有的图像变为导航栏中的图像，或更改导航栏中的图像。打开【行为】面板，单击【行为】面板中的【添加添加】按钮 **+.** ，从弹出的菜单中选择【设置导航栏图像】命令，弹出【设置导航栏图像】对话框，如图11.69所示。

图11.69　弹出【设置导航栏图像】对话框

在【设置导航栏图像】对话框的【基本】选项卡中可以设置以下参数。

- 项目名称：输入当前选择项的名称。
- 状态图像：输入图像起始状态相应的文件，或者单击【浏览】按钮然后选择相应的文件。
- 鼠标经过图像：输入鼠标经过时显示的图像文件名，或者单击【浏览】按钮选择相应的文件。
- 按下图像：输入与图像按下状态相应的文件，或者单击【浏览】按钮选择相应的文件。
- 按下时鼠标经过图像：输入与图像按下显示的相应的文件，或者单击【浏览】按钮选择相应的文件。
- 替换文本：设置如果图像没有下载浏览器，在图像位置显示文本的内容。
- 按下时，前往的URL：设置按钮的链接，在后面的【在】下拉列表框中选择打开链接的窗口。
- 选项：预先载入图像和页面载入时就显示鼠标按下图像。

【设置导航栏图像】鼠标经过前和经过后的效果分别如图11.70和图11.71所示。具体操作步骤如下。

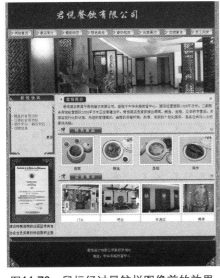

图11.70　鼠标经过导航栏图像前的效果

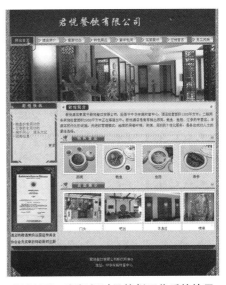

图11.71　鼠标经过导航栏图像后的效果

(1) 打开原始网页文档，在文档中选中导航栏中的图像【网站首页】，如图11.72所示。

(2) 选择【窗口】|【行为】命令，打开【行为】面板，单击【行为】面板中的【添加】按钮 **+**，从弹出的菜单中选择【设置导航栏图像】命令，如图11.73所示。

图11.72　打开原始网页文档

图11.73　选择【设置导航栏图像】命令

(3) 弹出【设置导航栏图像】对话框，在【设置导航栏图像】对话框的【基本】选项卡中，单击【鼠标经过图像】文本框右边的【浏览】按钮，弹出【选择图像源文件】对话框，如图11.74所示。

(4) 单击【确定】按钮，添加图像文件，如图11.75所示。

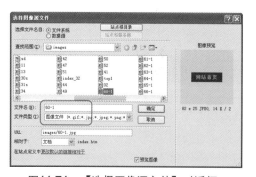

图11.74　【选择图像源文件】对话框

图11.75　添加图像文件

(5) 单击【确定】按钮，添加行为，如图11.76所示。

图11.76　添加行为

(6) 用同样的方法设置其他的导航栏图像。保存文档，在浏览器中浏览效果，鼠标经过前和经过后的效果分别如图11.70和图11.71所示。

【设置状态栏文本】动作在浏览器窗口的状态栏中显示文本消息，如图11.77所示，具体操作步骤如下。

图11.77 设置状态栏文本的效果

(1) 打开原始网页文档，如图11.78所示。

(2) 选择【窗口】|【行为】命令，打开【行为】面板，单击【行为】面板上的【添加行为】按钮 ＋，，从弹出的菜单中选择【设置文本】|【设置状态栏文本】命令，如图11.79所示。

图11.78 打开原始网页文档

图11.79 选择【设置状态栏文本】命令

(3) 弹出【设置状态栏文本】对话框，在【消息】文本框中输入"欢迎您光临我们的网站"，如图11.80所示。

(4) 单击【确定】按钮，添加行为，如图11.81所示。

图11.80　【设置状态栏文本】对话框

图11.81　添加行为

(5) 保存文档，在浏览器中浏览效果如图11.77所示。

第 12 章

使用模板和库

本章导读

如果想让站点保持统一的风格或站点中多个文档包含相同的内容，——对其进行编辑，未免过于麻烦。为了提高网站的制作效率，Dreamweaver提供了模板和库，使用模板和库可以使整个网站的页面设计风格一致，使网站维护更轻松。只要改变模板，就能自动更改所有基于这个模板创建的网页。

学习要点

- 掌握模板的创建
- 掌握模板的使用
- 掌握库项目的创建与应用
- 掌握完整模板网页的创建

12.1 使用模板

模板实际上就是具有固定格式和内容的文件，文件扩展名为.dwt。模板的功能很强大，通过定义和锁定可编辑区域可以保护模板的格式和内容不会被修改，只有在可编辑区域中才能输入新的内容。模板最大的作用就是可以创建统一风格的网页文件，在模板内容发生变化后，可以同时更新站点中所有使用到该模板的网页文件，不需要逐一修改。

12.1.1 创建模板

在Dreamweaver中，模板是一种特殊的文档，可以按照模板创建新的网页，从而得到与模板相似但又有所不同的新的网页。当修改模板时使用该模板创建的所有网页可以一次自动更新，这就大大提高了网页更新和维护的效率。

创建模板一般有以下3种方法。

- 修改现存的HTML文档，使之适合自己的需要。
- 使用【新建文档】对话框创建模板。
- 从资源管理中创建模板。

在Dreamweaver中可以直接创建模板网页，具体操作步骤如下。

(1) 选择【文件】|【新建】命令，弹出【新建文档】对话框，在对话框中选择【空模板】中的【HTML模板】选项，如图12.1所示。

(2) 单击【创建】按钮，创建模板文档，如图12.2所示。

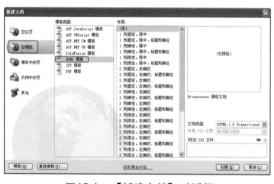

图12.1 【新建文档】对话框

图12.2 创建模板文档

(3) 选择【文件】|【保存】命令，弹出Dreamweaver提示对话框，如图12.3所示。如图12.3所示。

(4) 单击【确定】按钮，弹出【另存模板】对话框，在对话框中的【站点】下拉表中选择站点，在【另存为】文本框中输入名称，如图12.4所示。

图12.3 提示对话框

图12.4 【另存模板】对话框

(5) 单击【保存】按钮，保存模板。

技巧 提示 ● ● ●

　　选择【窗口】|【资源】命令，打开【资源】面板，在面板中选择【模板】按钮，在【模板】面板中单击左下角的新建模板按钮，可以新建一个空白模板文档。

12.1.2 创建可编辑区域

　　使用同一模板创建的网页具有相同的风格，包含有共同的内容，但各个网页之间也有不同的内容，否则创建的这些网页就是同一个网页了。所以创建新模板时，应该在模板中设置哪些区域可以编辑，哪些区域不可编辑，这样创建的基于该模板的文件中，只需编辑相应模板中的可编辑区域即可。定义可编辑区域的具体操作步骤如下。

　　(1) 将光标置于要定义的可编辑区域。

　　(2) 选择【插入】|【模板对象】|【可编辑区域】命令，或者单击【常用】插入栏【模板】按钮右边的小三角，在弹出的子菜单中单击【可编辑区域】按钮，弹出【新建可编辑区域】对话框，在【名称】文本框中输入名称，如图12.5所示。

　　(3) 单击【确定】按钮，插入可编辑区域。

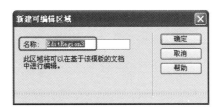

图12.5 【新建可编辑区域】对话框

技巧 提示 ● ● ●

　　可编辑区域是相对于基于模板生成的普通页面而言，打开的模板页面中，可以编辑任何部分。

12.1.3 创建可选区域

可选区域是设计者在模板中定义为可选的部分，用于保存有可能在基于模板的文档中出现的内容。定义新的可选区域的具体操作步骤如下。

(1) 选择【插入】|【模板对象】|【可选区域】命令，或者单击【常用】插入栏【模板】按钮 右边的小三角，在弹出的子菜单中单击【可选区域】按钮 ，弹出【新建可选区域】对话框，如图12.6所示。

(2) 在【新建可选区域】对话框的【名称】文本框中输入这个可选区域的名称，如果选中【默认显示】复选框，单击【确定】按钮，即可创建一个可选区域。

(3) 选择【高级】选项卡，在其中进行设置，如图12.7所示。

图12.6 【新建可选区域】对话框

图12.7 【高级】选项卡

技巧 提示 ●●●

可选区域并不是可编辑区域，它仍然是被锁定的。当然也可以将可选区域设置为可编辑区域，两者并不冲突。

12.1.4 创建重复区域

重复区域指的是在文档中可能会重复出现的区域，经常从事动态页面设置的用户会很熟悉这个概念。在静态页面中，重复区域的概念在模板中常被用到，如果不使用模板创建页面，很少在静态页面中用到这一概念。

定义重复区域的具体步骤如下。

(1) 选择【插入】|【模板对象】|【重复区域】命令，或者单击【常用】插入栏中的【模板】按钮 右边的小三角，在弹出的子菜单中单击【重复区域】按钮 ，打开【新建重复区域】对话框，如图12.8所示。

(2) 在对话框的【名称】文本框中输入名称，单击【确定】按钮，即可创建重复区域。

图12.8 【新建重复区域】对话框

实例：制作模板页面

制作模板页面的效果如图12.9所示，具体操作步骤如下。

图12.9　制作模板页面的效果

(1) 选择【文件】|【新建】命令，弹出【新建文档】对话框，在对话框中选择【空模板】|【HTML模板】，如图12.10所示。

(2) 单击【创建】按钮，创建网页文档，如图12.11所示。

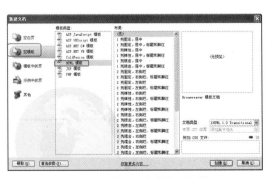

图12.10　【新建文档】对话框

图12.11　创建网页文档

(3) 选择【文件】|【保存】命令，弹出Dreamweaver提示对话框，如图12.12所示。

(4) 单击【确定】按钮，弹出【另存模板】对话框，在对话框中的【另存为】文本框中输入名称，如图12.13所示。

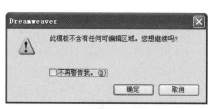

图12.12　Dreamweaver提示对话框

图12.13　【另存模板】对话框

（5）单击【保存】按钮，保存模板文档，将光标置于页面中，选择【插入】|【表格】命令，弹出【表格】对话框，在对话框中将【行数】设置为4，【列数】设置为1，【表格宽度】设置为770像素，如图12.14所示。

（6）单击【确定】按钮，插入表格，此表格记为表格1，如图12.15所示。

图12.14　【表格】对话框

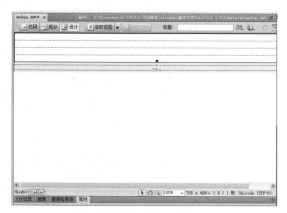

图12.15　插入表格1

（7）将光标置于表格1的第1行单元格中，选择【插入】|【图像】命令，弹出【选择图像源文件】对话框，在对话框中选择相应的图像文件，如图12.16所示。

（8）单击【确定】按钮，插入图像，如图12.17所示。

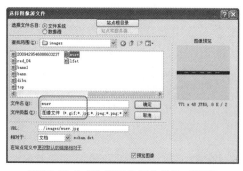

图12.16　【选择图像源文件】对话框

图12.17　插入图像

（9）将光标置于表格1的第2行单元格中，选择【插入】|【图像】命令，在弹出的【选择图像源文件】对话框中选择相应的图像文件，插入图像，如图12.18所示。

（10）将光标置于表格1的第3行单元格中，选择【插入】|【表格】命令，插入1行3列的表格，此表格记为表格2，如图12.19所示。

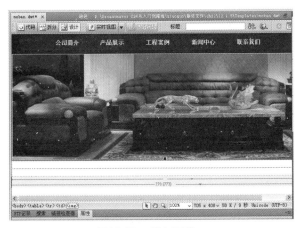

图12.18　插入图像　　　　　　　　　　　　图12.19　插入表格2

(11) 将光标置于表格2的第1列单元格中，设置第1列的背景图像，如图12.20所示。

(12) 将光标置于背景图像上，插入5行1列的表格，此表格记为表格3，如图12.21所示。

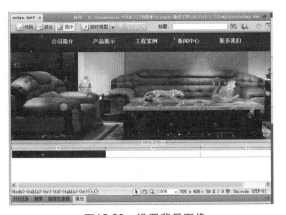

图12.20　设置背景图像　　　　　　　　　　图12.21　插入表格3

(13) 在表格3的单元格中输入相应的内容，如图12.22所示。

(14) 将光标置于表格2的第2列单元格中，选择【插入】|【图像】命令，在弹出的【选择图像源文件】对话框中选择相应的图像文件，插入图像，如图12.23所示。

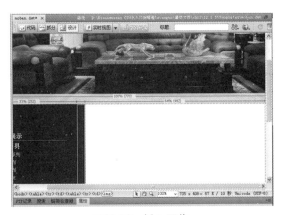

图12.22　输入相应的内容　　　　　　　　　图12.23　插入图像

(15) 将光标表格2的第3列单元格中，插入背景图像，如图12.24所示。

(16) 将光标置于背景图像上，选择【插入】|【模板对象】|【可编辑区域】命令，弹出【新建可编辑区域】对话框，如图12.25所示。

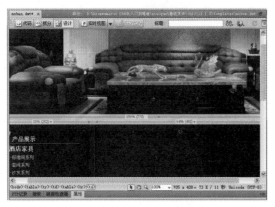

图12.24　插入背景图像　　　　　　　　　图12.25　【新建可编辑区域】对话框

(17) 单击【确定】按钮，插入可编辑区域，如图12.26所示。

(18) 将光标置于表格1的第4行单元格中，选择【插入】|【图像】命令，在弹出的【选择图像源文件】对话框中选择相应的图像文件，插入图像，如图12.27所示。

图12.26　插入可编辑区域　　　　　　　　图12.27　插入图像

(19) 选择【文件】|【保存】命令，保存模板，预览效果，如图12.9所示。

12.1.6　应用模板

可以通过现有模板选择、预览和创建新文档。可以使用【新建文档】对话框从Dreamweaver 定义的任何站点中选择模板，也可以使用【资源】面板从现有模板创建新的文档。应用模板创建网页的效果如图12.28所示，具体操作步骤如下。

图12.28 基于模板创建网页的效果

(1) 选择【文件】|【新建】命令，弹出【新建文档】对话框，在对话框中选择【模板中的页】选项，在【站点】列表框中选择【12.15】，再在【站点"12.15"的模板】列表框中选中站点中的模板，如图12.29所示。

(2) 单击【创建】按钮，基于模板创建文档，如图12.30所示。

图12.29 【新建文档】对话框

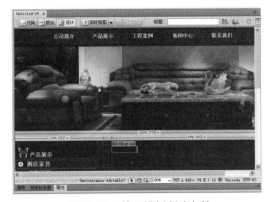

图12.30 基于模板创建文档

技巧 提示●●●

在【资源】面板中，单击左侧的【模板】图标以查看当前站点中的模板列表，选择模板，单击【插入】按钮，即可将模板插入到文档中。

(3) 将光标置于可编辑区中，选择【插入】|【表格】命令，弹出【表格】对话框，在对话框中将【行数】设置为1，【列】设置为1，【表格宽度】设置为100%，如图12.31所示。

(4) 单击【确定】按钮，插入表格，如图12.32所示。

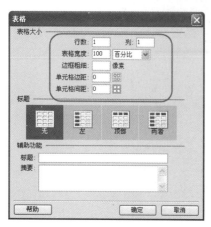

图12.31 【表格】对话框

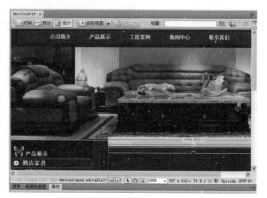

图12.32 插入表格

(5) 将光标置于表格的中，插入一个4行1列的表格，【表格宽度】设置为98%，【对齐】设置为【居中对齐】，如图12.33所示。

(6) 将光标置于表格的第1行单元格中，选择【插入】|【图像】命令，弹出【选择图像源文件】对话框，如图12.34所示。

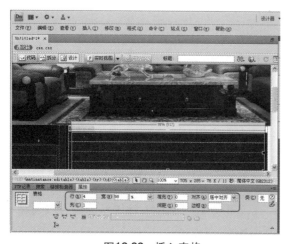

图12.33 插入表格

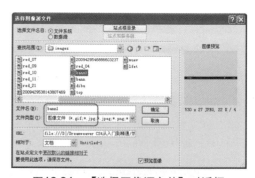

图12.34 【选择图像源文件】对话框

(7) 单击【确定】按钮，插入图像，如图12.35所示。

(8) 将光标置于表格的第2行单元格中，输入相应的文字，【大小】设置为12像素，【颜色】设置为#ffe8d0，如图12.36所示。

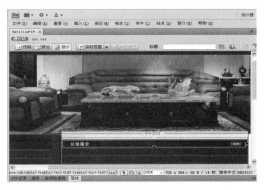

图12.35　插入图像

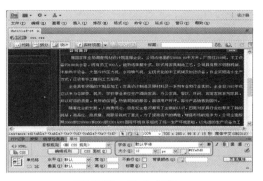

图12.36　输入文字

(9) 将光标置于表格的第3行单元格中，选择【插入】|【图像】命令，插入图像，如图12.37所示。

(10) 将光标置于表格4的单元格中，选择【插入】|【表格】命令，插入1行3列的表格，如图12.38所示。

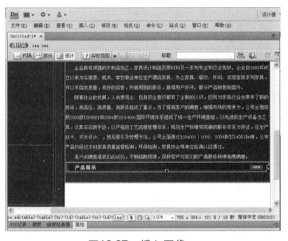

图12.37　插入图像

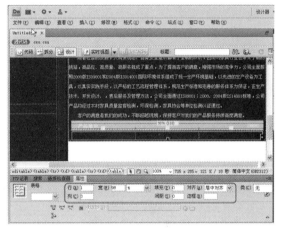

图12.38　插入表格

(11) 分别在刚插入表格的单元格中插入图像，如图12.39所示。

(12) 选择【文件】|【保存】命令，弹出【另存为】对话框，在【文件名】中输入保存的名称，如图12.40所示。

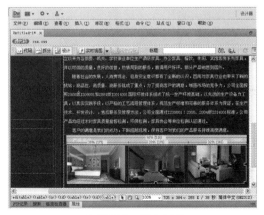

图12.39　插入图像

图12.40　【另存为】对话框

(13) 单击【保存】按钮，保存文档，按F12键在浏览器中预览，效果如图12.28所示。

12.1.7 调整模板

在通过模板创建文档后，文档就同模板密不可分了。每次修改模板后，可以利用Dreamweaver的站点管理特性，自动对这些文档进行更新，从而改变文档的风格。

(1) 打开模板文档，选中图像，在【属性】面板中选择矩形热点工具，如图12.41所示。

(2) 将光标置于图像【公司简介】上，绘制矩形热区并输入相应的链接，如图12.42所示。

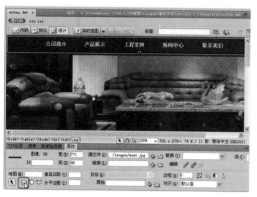

图12.41 选择矩形热点工具

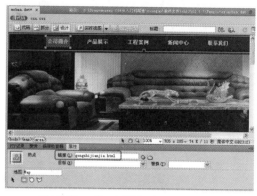

图12.42 【更新模板文件】对话框

(3) 选择【文件】|【保存】命令，弹出【更新模板文件】对话框，如图12.43所示。

(4) 在该对话框中显示要更新的网页文档单击【更新】按钮，弹出【更新页面】对话框，如图12.44所示。

图12.43 【更新模板文件】对话框

图12.44 【更新页面】对话框

12.2 使用库项目

中国风——中文版Dreamweaver CS4学习总动员

在Dreamweaver中，另一种维护文档风格的方法是使用库项目。如果说模板从整体上控制了文档风格，库项目则从局部上维护了文档的风格。

12.2.1 创建库项目

可以先创建新的库项目，然后再编辑其中的内容，也可以将文档中选中的内容作为库项目保存。创建库项目的效果如图12.45所示，具体操作步骤如下。

图12.45　创建库项目的效果

（1）选择【文件】|【新建】命令，弹出【新建文档】对话框，在对话框中选择【空白页】中的【库项目】选项，如图12.46所示。

（2）单击【创建】按钮，创建一个库文档，如图12.47所示。

图12.46　【新建文档】对话框

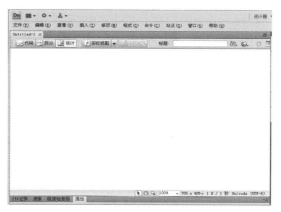

图12.47　创建库文档

（3）选择【文件】|【保存】命令，弹出【另存为】对话框，在【文件名】文本框中输入"top.lbi"，【保存类型】选择【Library Files *.lbi】，如图12.48所示。

（4）将光标置于文档中，选择【插入】|【表格】命令，插入一个2行1列的表格，【表格宽度】设置为780像素，如图12.49所示。

图12.48　【另存为】对话框

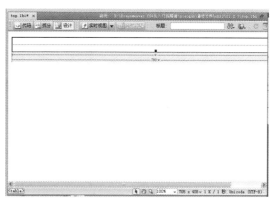

图12.49　插入表格

(5) 将光标置于表格的第1行单元格中，选择【插入】|【图像】命令，弹出【选择图像源文件】对话框，在对话框中选择相应的图像文件，如图12.50所示。

(6) 单击【确定】按钮，插入图像，如图12.51所示。

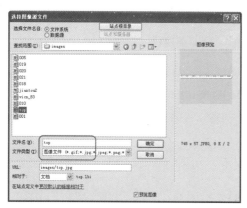

图12.50　【选择图像源文件】对话框

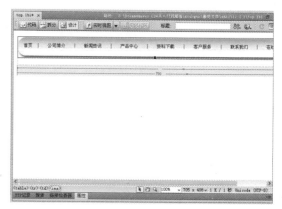

图12.51　插入图像

(7) 将光标置于第2行单元格中，选择【插入】|【图像】命令，在弹出的【选择图像源文件】对话框中选择图像文件，单击【确定】按钮，插入图像，如图12.52所示。

(8) 选择【文件】|【保存】命令，保存文档，按F12键在浏览器中预览，效果如图12.45所示。

图12.52　插入图像

12.2.2 插入库项目

将库项目应用到文档，实际内容以及对项目的引用就会被插入到文档中。在文档中应用库项目的效果如图12.53所示，具体操作步骤如下。

图12.53 应用库项目的效果

(1) 打开原始网页文档, 如图12.54所示。

(2) 将光标置于要插入库的位置, 选择【窗口】|【资源】命令, 打开【资源】面板, 在该面板中选择创建好的库文件, 如图12.55所示。

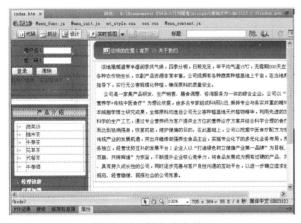

图12.54 插入库文件

图12.55 【资源】面板

(3) 单击 插入 按钮, 即可将库文件插入到文档中, 如图12.56所示。

(4) 保存文档, 按F12键在浏览器中浏览网页, 效果如图12.53所示。

图12.56 插入库文件

技巧 提示 ●●●

如果希望仅仅添加库项目内容对应的代码，而不希望它作为库项目出现，则可以按住Ctrl键，再将相应的库项目从【资源】面板中拖到文档窗口。这样插入的内容就以普通文档的形式出现。

12.2.3 修改库项目

和模板一样，通过修改某个库项目来修改整个站点中所有应用该库项目的文档，实现统一更新文档风格。修改库项目的具体操作步骤如下。

(1) 打开原始网页文档，选中图像，在【属性】面板中的【宽】文本框中改变图像的大小，如图12.57所示。

图12.57 改变图像的大小

(2) 选择【修改】|【库】|【更新页面】命令，弹出【更新页面】对话框，如图12.58所示。

(3) 单击【开始】按钮，即可按照指示更新文件，如图12.59所示。

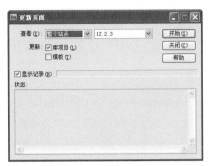 

图12.58　【更新页面】对话框　　　　　　　　图12.59　更新文件

12.3 本章实例

本章主要讲述了模板和库的创建、管理和应用，通过本章的学习，读者基本可以学会创建模板和库。下面通过两个实例来具体讲述创建完整的模板网页。

12.3.1 实例1——创建企业网站模板

下面是利用实例讲述创建企业网站模板的效果如图12.60所示，具体操作步骤如下。

图12.60　创建企业网站模板的效果

(1) 选择【文件】|【新建】命令，弹出【新建文档】对话框，选择【空白页】｜HTML｜【<无>】选项，如图12.61所示。

(2) 单击【创建】按钮，创建一个网页文档，如图12.62所示。

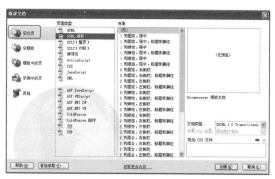

图12.61 【新建文档】对话框

图12.62 创建一个网页文档

(3) 选择【文件】|【保存】命令，弹出【另存为】对话框，在【文件名】文本框中输入"moban. dwt"，【保存类型】选择【Template File *. dwt】，如图12.63所示。

(4) 单击【保存】按钮，即可创建模板网页文档，将光标置于页面中，选择【修改】|【页面属性】命令，弹出【页面属性】对话框，如图12.64所示。

图12.63 【另存为】对话框

图12.64 【页面属性】对话框

(5) 单击【确定】按钮，修改页面属性，弹出【表格】对话框，【表格宽度】设置为760像素，【行数】设置为5，【列】设置为1，如图12.65所示。

(6) 单击【确定】按钮，插入表格，此表格记为1，如图12.66所示。

图12.65 【表格】对话框

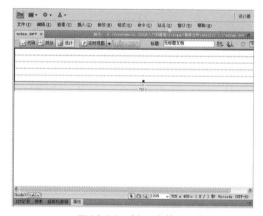

图12.66 插入表格1

(7) 将光标置于表格1的第1行单元格中，选择【插入】|【图像】命令，弹出【选择图像源文件】对话框，在对话框中选择图像文件，如图12.67所示。

(8) 单击【确定】按钮，插入图像，如图12.68所示。

图12.67　【选择图像源文件】对话框

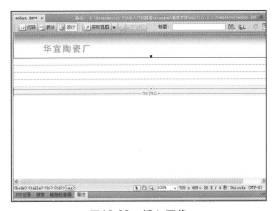

图12.68　插入图像

(9) 在表格1的其他的单元格中插入插入图像，如图12.69所示。

(10) 将光标置于表格1的第4行单元格中，选择【插入】|【表格】命令，插入1行2列的表格，此表格记为表格2，如图12.70所示。

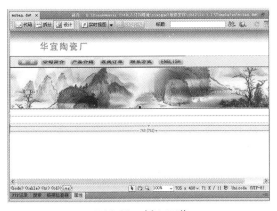

图12.69　插入图像

图12.70　插入表格2

(11) 将光标置于表格2的第1列单元格中，打开代码视图，在代码视图中输入背景图像，如图12.71所示。

(12) 返回设计视图，将光标置于背景图像上，插入4行1列的表格3，如图12.72所示。

图12.71　输入背景图像

图12.72　插入表格3

(13) 将光标置于表格3的第2行单元格中，插入图像，如图12.73所示。

(14) 将光标置于表格3的第2行单元格中，插入5行1列的表格，此表格记为表格4，如图12.74所示。

图12.73　插入图像

图12.74　插入表格4

(15) 分别在表格4的单元格中插入图像，如图12.75所示。

(16) 将光标置于表格3的第4行单元格中，插入图像，如图12.76所示。

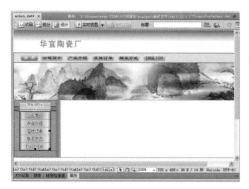

图12.75　插入图像

图12.76　插入图像

(17) 将光标置于表格2的第2列单元格中，选择【插入】|【模板对象】|【创建可编辑区域】命令，弹出【新建可编辑区域】对话框，如图12.77所示。

(18) 在【名称】文本框中输入可编辑区域的名称，单击【确定】按钮，即可创建可编辑区域，如图12.78所示。

图12.77　【新建可编辑区域】对话框

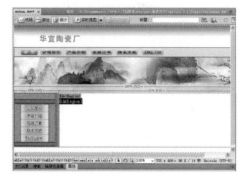

图12.78　创建可编辑区域

(19) 将光标置于表格1的第5行单元格中，选择【插入】|【图像】命令，插入图像，如图12.79所示。

(20) 选择【文件】|【保存】命令，保存模板文档，在浏览器中预览，如图12.60所示。

图12.79 插入图像

实例2——利用模板创建公司简介网页

　　模板创建好以后就可以将其应用到网页中，利用模板创建公司简介网页的效果如图12.80所示，具体操作步骤如下。

图12.80 利用模板创建公司简介网页的效果

　　(1) 选择【文件】|【新建】命令，弹出【新建文档】对话框，在对话框中选择【模板中的页】选项，在【站点】列表框中选择【12.3.2】，并在【站点"12.3.2"的模板】列表框中选择moban，如图12.81所示。

　　(2) 单击【创建】按钮，利用模板创建一个网页文档，如图12.82所示。

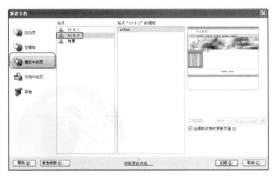

图12.81 【新建文档】对话框

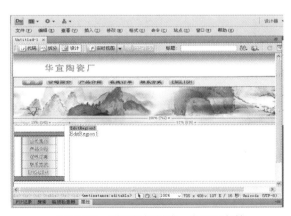

图12.82 利用模板创建一个网页文档

(3) 将光标置于可编辑区域中，选择【插入】|【表格】命令，插入一个2行1列的表格，此表格记为表格1，如图12.83所示。

(4) 将光标置于表格1的第1行单元格中，插入1行2列的表格，此表格记为表格2，【表格宽度】设置为90%，【对齐】设置为"居中对齐"，如图12.84所示。

图12.83　插入表格1

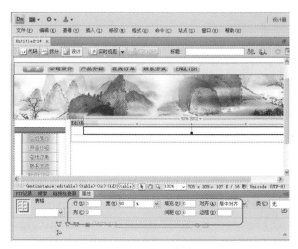

图12.84　插入表格2

(5) 将光标置于表格2的第1列单元格中，选择【插入】|【图像】命令，插入图像，如图12.85所示。

(6) 将光标置于表格2的第2列单元格中，将【背景颜色】设置为#F2F2F2，然后输入相应的文本，如图12.86所示。

图12.85　插入图像

图12.86　输入文本

(7) 将光标置于表格1的第2行单元格中，选择【插入】|【表格】命令，插入1行1列的表格，此表格记为表格3，如图12.87所示。

(8) 将光标置于表格3的单元格中，输入文字，如图12.88所示。

图12.87　插入表格3

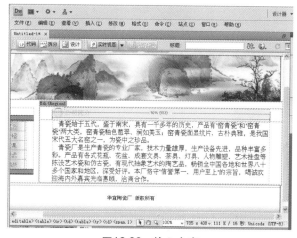

图12.88　输入文字

(9) 选择【文件】|【保存】命令，弹出【另存为】对话框，将文件保存为"index"，如图12.89所示。

(10) 单击【确定】按钮，保存文档，按F12键在浏览器中预览，效果如图12.80所示。

图12.89　【另存为】对话框

第 13 章

扩展功能

本章导读

Dreamweaver的开发者留给用户无限广阔的天地，来发挥个人才思，用户可以按照自己的需要来定制个性化的操作空间。插件可用于拓展Dreamweaver的功能。Dreamweaver的真正特殊之处在于它强大的无限扩展性。网上可供下载的插件从各个方面拓展Dreamweaver CS4的功能。

学习要点

- Dreamweaver CS4插件简介
- 插件的管理和安装
- 插件的综合应用

13.1 Dreamweaver CS4插件简介

插件是Netscape公司的Navigator浏览器应用程序接口部分的动态编程模块，Netscape公司通过插件允许第三方开发者将它们的产品完全并入网页页面。插件主要是针对Netscape Navigator浏览器制作的，虽然Internet Explorer也支持此功能，但仍有少数的插件在执行时会出现问题。要注意的一点是，在使用插件来显示某种文件之前，必须先安装好相关的插件才能看到效果。

插件是Dreamweaver中最迷人的地方。正如使用图像处理软件，可利用滤镜特效让图像的处理效果更神奇；又如玩耍游戏，可利用俗称的外挂软件，让游戏玩起来更简单。所以在Dreamweaver中使用插件，将使网页制作更轻松，网页功能更强大，网页效果更绚丽。

利用Dreamweaver附加功能的第三方插件，可以把网页制作得更加美观，而且还可以制作动态的页面。第三方插件可以根据功能和保存的位置进行分类，大体上分为行为、命令和对象3种类型。安装Dreamweaver之后，选择【开始】|【所有程序】|【Adobe Extension Manager CS4】，运行扩展管理器就可以在Type列中确认插件类型。

Dreamweaver CS4中的插件主要有3种：命令、对象和行为。

- 命令：可以用于在网页编辑的时候实现一定功能，如果设置表格的样式。
- 对象：用于在网页中插入元素，如在网页中插入音乐或者电影。
- 行为：主要用于在网页上实现动态的交互功能。

13.2 插件的管理和安装

使用Adobe Extension Manager功能扩展管理器，可以方便的安装和删除插件，下载安装了Extension Manager以后，可以启动扩展管理器，在扩展管理器中安装插件。在Dreamweaver中插件的拓展名为.mxp。安装和管理插件的具体操作步骤如下。

(1) 选择【开始】|【所有程序】| Adobe Web Premium CS4命令，弹出Adobe Extension Manager对话框，如图13.1所示。

技巧 提示 ●●●

启动Dreamweaver CS4软件，选择【命令】|【扩展管理】命令，弹出Adobe Extension Manager对话框，进行安装插件。

(2) 在对话框中单击【安装新扩展】 安装 按钮，弹出【选取要安装的扩展】对话框，在对话框中选择安装的扩展，如图13.2所示。

图13.1　【Adobe Extension Manager】对话框

图13.2　【选取要安装的扩展】对话框

(3) 在对话框中选取要安装的扩展包文件(.mxp)或者插件信息文件(.mxi)，单击【打开】按钮，也可以直接双击扩展包文件将自动启动扩展管理器进行安装。

(4) 单击【打开】按钮，弹出Adobe Extension Manager对话框。如图13.3所示。

(5) 单击【接受】按钮，弹出如图13.4所示的提示框，提示插件安装成功。

图13.3　【安装声明】对话框

图13.4　提示框

(6) 单击【确定】按钮，即可完成插件的安装，如图13.5所示。

图13.5　插件安装成功

技巧　提示 ● ● ●

通常，安装新的插件都将改变Dreamweaver的菜单系统，即会对menu.xml文件进行修改，在安装时，扩展管理器会为menus.xml文件创建一个meuns.xbk的备份。这样当meuns.xml文件在被一个插件意外地破坏，可以用meuns.xbk替换meuns.xml来恢复菜单系统为先前的状态。

安装完插件后，可以利用插件管理器对插件进行管理。

当插件长时间用，应及时删除，这样可减少空间站点改善Dreamweaver的系统功能。

(1) 在对话框中选择要删除的扩展，选择【文件】|【移除扩展】命令或者单击对话框中的【移除】 移除按钮。

(2) 弹出Adobe Extension Manager对话框，单击【是】按钮，即可删除该插件，如图13.6所示。

图13.6　删除插件

13.3　插件的综合应用

Dreamweaver的插件，打破了以往很多只有专业人员才能应用高级网页技巧的束缚，使得一般读者也可以独立、快速地创造出无限精彩的网页特效。

13.3.1　制作背景音乐网站

带背景音乐的网页可以增加吸引力，不但可以使用行为实现，利用插件也可以实现。下面利用插件制作背景音乐网页，效果如图13.7所示，具体操作步骤如下。

图13.7　背景音乐网页

(1) 选择【开始】|【所有程序】| Adobe Extension Manager CS4命令，打开Adobe Extension Manager对话框，如图13.8所示。

(2) 在对话框中单击【安装】 安装按钮，弹出【选取要安装的扩展】对话框，在对话框中选择安装的扩展，如图13.9所示。

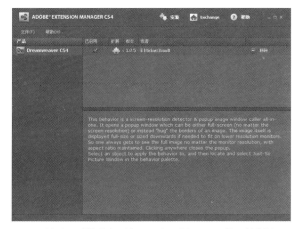

图13.8 【Adobe Extension Manager】对话框

图13.9 【选取要安装的扩展】对话框

(3) 单击【打开】按钮，根据一步一步的提示，完成安装，如图13.10所示。

(4) 打开网页文档，在【常用】插入栏中可以看到 ⑥ 按钮，如图13.11所示。

图13.10 完成安装

图13.11 打开文档

(5) 单击插入栏中的 ⑥ 按钮，弹出sound对话框，如图13.12所示。

(6) 在对话框中单击Browse按钮，弹出【选择文件】对话框，如图13.13所示。

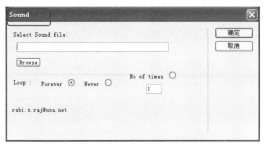

图13.12 【sound】对话框

图13.13 【选择文件】对话框

(7) 在该对话框中选择相应的音乐文件，单击【确定】按钮，选择文件，如图13.14所示。

(8) 单击【确定】按钮，插入声音文件，如图13.15所示。

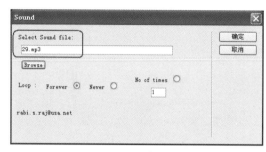

图13.14　选择文件

图13.15　插入声音文件

(9) 保存文档，按F12键在浏览器中浏览，就可以听到声音了，如图13.7所示。

13.3.2　创建漂浮网页

使用漂浮图像插件创建漂浮广告网页的效果如图13.16所示，具体操作步骤如下。

图13.16　飘浮广告

(1) 选择【开始】|【所有程序】| Adobe Extension Manager CS4，弹出Adobe Extension Manage对话框，在对话框中单击【安装】 安装 按钮，弹出【选取要安装的扩展】对话框，在对话框中选择安装的扩展，如图13.17所示。

(2) 单击【打开】按钮，根据一步一步的提示，完成安装，如图13.18所示。

图13.17 【选取要安装的扩展】对话框

图13.18 完成安装

(3) 打开网页文档，选择【命令】| Floating image命令，如图13.19所示。

(4) 选择以后弹出Untitled Document对话框，如图13.20所示。

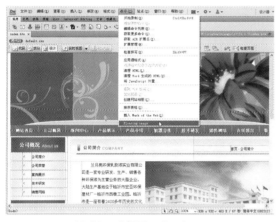

图13.19 选择Floating image

图13.20 Untitled Document对话框

(5) 在对话框中单击image文本框右边的【浏览】图标，弹出【选择文件】对话框，在对话框中选择漂浮的图像，效果如图13.21所示。

(6) 单击【确定】按钮，单击herf文本框右边的【浏览】按钮，弹出【选择文件】对话框，在对话框中选择相应的网页，单击【确定】按钮，如图13.22所示。

图13.21 【选择文件】对话框

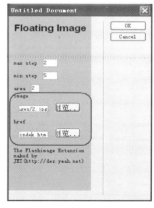

图13.22 选择图像和连接文件

(7) 单击OK按钮，插入飘浮图像，如图13.23所示。

(8) 保存文档，按F12键在浏览器中浏览，如图13.16所示。

图13.23　插入飘浮图像

13.3.3　创建E-mail链接

在网页中，为了方便与管理者取得联系，创建了E-mail链接。在创建E-mail链接时，可以在【属性】面板中进行创建，也可以利用插入super E-mail.mxp插件创建链接。首先要安装此插件，在插入栏中单击@按钮，将弹出如图13.24所示的Super Email对话框。在对话框中输入标记为E-mail链接的文本、E-mail链接地址、邮件标题和相关内容即可。

下面利用插件创建E-mail链接，效果如图13.25所示，具体操作步骤如下。

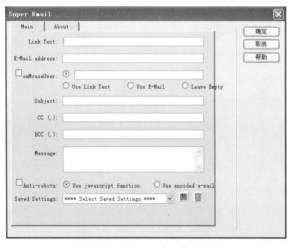

图13.24　Super Email对话框

图13.25　创建E-mail链接效果

(1) 选择【开始】|【所有程序】| Adobe Extension Manager CS4，弹出Adobe Extension Manage对话框，在对话框中单击【安装】 安装 按钮，弹出【选取要安装的扩展】对话框，在对话框中选择安装的扩展，如图13.26所示。

(2) 单击【打开】按钮，根据一步一步的提示，完成安装，如图13.27所示。

图13.26 【选取要安装的扩展】对话框

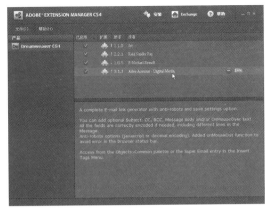

图13.27 完成安装

(3) 打开网页文档，在【常用】插入栏中可以看到安装的电子邮件插件的按钮@，如图13.28所示。

(4) 单击插入栏中的@按钮，弹出Super Email对话框，在该对话框中进行相应的参数设置，如图13.29所示。

图13.28 打开网页文档

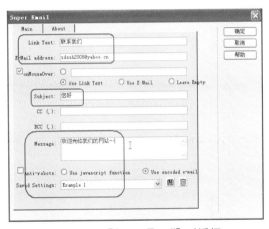

图13.29 【Super Email】对话框

(5) 单击【确定】按钮，创建电子邮件链接，如图13.30所示。

(6) 保存文档，按F12键在浏览器中预览，单击电子邮件链接，如图13.25所示。

图13.30 创建电子邮件链接

13.3.4 制作能在不同时段显示不同问候语的效果

利用插件制作不同时段显示不同问候语效果如图13.31所示，具体操作步骤如下。

图13.31　不同时段显示不同问候语

(1) 选择【开始】|【所有程序】| Adobe Extension Manager CS4，弹出Adobe Extension Manage对话框，在对话框中单击【安装】 ━ 安装 按钮，根据一步一步的提示，完成安装，如图13.32所示。

(2) 打开网页文档，单击插入栏中的 CN 按钮，如图13.33所示。

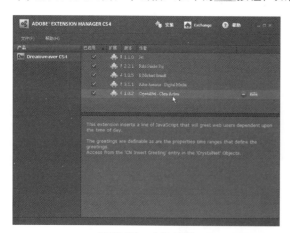

图13.32　安装插件

图13.33　打开网页文档

(3) 弹出insert_Greeting对话框，Greeting1设置为"上午好！"，Greeting2设置为"下午好！"，Greeting3设置为"晚上好！"，如图13.34所示。

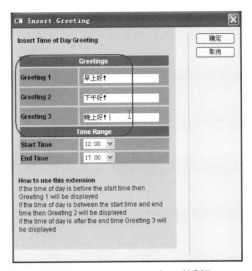

图13.36　insert_greeting对话框

(4) 保存文档，按F12键在浏览器中浏览，如图13.31所示。

第 14 章

交互式表单

本章导读

表单是网站管理员和用户之间进行沟通的桥梁。目前大多数的网站，尤其是大中型的网站，都需要与用户进行动态的交流。要实现与用户的交互，表单是必不可少的。如在线申请、在线购物、在线调查问卷等这些过程都需要填写一系列表单，用户填写好这些表单，将其发送到网站的后台服务器，交由服务器端的脚本或应用程序来处理。

学习要点

- 熟悉表单
- 掌握各种表单对象的使用
- 掌握创建注册表单

14.1 关于表单

表单是由窗体和控件组成的，一个表单一般应该包含用户填写信息的输入框和提交按钮等，这些输入框和按钮叫做控件，表单很像容器，它能够容纳各种各样的控件。如图14.1所示表单网页效果。

图14.1　创建的表单效果

表单用<form></form>标记来创建，在<form></form>标记之间的部分都属于表单的内容。<form>标记具有action、method和target属性。

- action的值是处理程序的程序名，如<form action="URL ">，如果这个属性是空值("")则当前文档的URL将被使用，当用户提交表单时，服务器将执行这个程序。
- method属性用来定义处理程序从表单中获得信息的方式，可取GET或POST中的一个。GET方式是处理程序从当前HTML文档中获取数据，这种方式传送的数据量是有所限制的，一般限制在1kB(255个字节)以下。POST方式是当前的HTML文档把数据传送给处理程序，传送的数据量要比使用GET方式大得多。
- target属性用来指定目标窗口或目标帧。可以选择当前窗口_self、父级窗口_parent、顶层窗口_top或空白窗口_blank。

14.2 添加表单域

使用表单必须具备的条件有两个：一个是含有表单元素的网页文档；另一个是具备服务器端的表单处理应用程序或客户端脚本程序，它能够处理用户输入到表单的信息。

14.2.1 插入表单域

插入表单域的具体操作步骤如下。

(1) 打开原始网页文档，如图14.2所示。

(2) 将光标置于文档中要插入表单的位置，选择【插入】|【表单】|【表单】命令，如图14.3所示。

图14.2 打开原始网页文档

图14.3 选择【表单】命令

技巧 提示 ●●●

在【表单】插入栏中单击【表单】按钮 ，也可以插入表单。

(3) 选择命令后，页面中就会出现红色的虚线，这虚线就是表单，如图14.4所示。

图14.4 插入表单

技巧 提示 ●●●

如果看不到红色虚线表单，选择【查看】|【可视化助理】|【不可见元素】命令，即可看到插入的表单。

14.2.2 修改表单域属性

选中插入的表单，在【属性】面板中将【表单名称】设置为form1，如图14.5所示。

图14.5 表单域的属性面板

在表单的属性面板中可以设置以下参数。

- 表单名称：输入标识该表单的唯一名称。
- 动作：指定处理该表单的动态页或脚本的路径。可以在【动作】文本框中输入完整的路径，也可以单击文件夹图标浏览应用程序。
- 方法：在【方法】下拉列表框中，选择将表单数据传输到服务器的传送方式，包括以下3个选项。
- ◆ POST：用标准输入方式将表单内的数据传送给服务器，服务器用读取标准输入的方式读取表单内的数据。
- ◆ GET：将表单内的数据附加到URL后面传送给服务器，服务器用读取环境变量的方式读取表单内的数据。
- ◆ 【默认】：用浏览器默认的方式，一般默认为【GET】。
- MIME类型：用来设置发送数据的MIME编码类型。
- 目标：使用【目标】下拉列表框指定一个窗口，这个窗口中显示应用程序或者脚本程序将表单处理完成后所显示的结果。
- ◆ _blank：反馈网页将在新开窗口里打开。
- ◆ _parent：反馈网页将在父窗口里打开。
- ◆ _self：反馈网页将在原窗口里打开。
- ◆ _top：反馈网页将在顶层窗口里打开。

14.3 确定页面布局

要创建表单对象，首先应该确定页面的布局。用表格控制文字、图片、表单等对象的位置，使网页的布局紧凑又整齐美观。

14.3.1 插入表格

(1) 将光标置于表单域中，选择【插入】|【表格】命令，弹出【表格】对话框，在对话框中将【行数】设置为10行，【列】设置为2，如图14.6所示。

(2) 单击【确定】按钮，插入表格，如图14.7所示。

图14.6 【表格】对话框

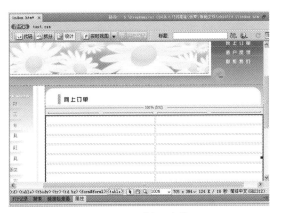

图14.7 插入表格

14.3.2 输入文本

输入文本的具体操作步骤如下。

(1) 将光标置于表格的第1行第1列单元格中输入文字"姓名："，如图14.8所示。

(2) 选中插入的文字，选择【窗口】|【属性】命令，打开属性面板，在面板中单击【编辑规则】按钮，弹出【新建CSS规则】对话框，在对话框中的【选择器名称】文本框中输入名称，如图14.9所示。

图14.8 输入文字

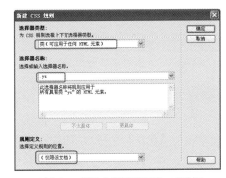

图14.9 【新建CSS规则】对话框

(3) 单击【确定】按钮，弹出【.ys的CSS规则定义】对话框，在对话框中将Font-family设置为宋体，Font-size设置为12像素，Line-height设置为150%，如图14.10所示。单击【确定】按钮，设置文本属性。

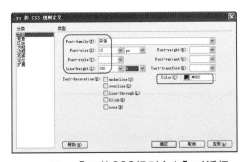

图14.10 【.ys的CSS规则定义】对话框

14.4 添加文本域

文本域接受任何类型的字母数字输入内容。文本域可以是单行或多行显示，也可以是密码域的方式显示，在这种情况下，输入义本将被替换为星号或项目符号，以避免旁观者看到。

14.4.1 添加单行文本框

常见的表单域就是单行文本域，插入单行文本域的具体操作步骤如下。

(1) 将光标放置在上一小节中创建表格的第1行第2列单元格中，选择【插入】|【表单】|【文本域】命令，插入文本域，如图14.11所示。

(2) 选择【窗口】|【属性】命令，打开【属性】面板，在【属性】面板中将【字符宽度】设置为20，【最多字符数】设置为15，【类型】选择单行，如图14.12所示。

图14.11　插入文本域

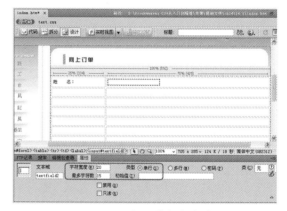

图14.12　设置单行文本域

在文本域的【属性】面板中可以设置以下参数。

- 文本域：在【文本域】文本框中，为该文本域指定一个名称。每个文本域都必须有一个唯一名称，文本域名称不能包含空格或特殊字符，可以使用字母、数字、字符和下划线(_)的任意组合，所选名称最好与用户输入的信息有联系。

- 字符宽度：设置文本域一次最多可显示的字符数，它可以小于【最多字符数】。

- 最多字符数：设置单行文本域中最多可输入的字符数，使用【最多字符数】将邮政编码限制为6位数，将密码限制为10个字符等。如果将【最多字符数】文本框保留为空白，则用户可以输入任意数量的文本，如果文本超过域的字符宽度，文本将滚动显示，如果用户输入超过最大字符数，则表单产生警告声。

- 类型：文本域的类型，包括【单行】、【多行】和【密码】3个选项。

选择【单行】将产生一个type属性设置为text的input标签。【字符宽度】设置映射为size属性，【最多字符数】设置映射为maxlength属性。

选择【密码】将产生一个type属性设置为password的input标签。【字符宽度】和【最多字符数】设置映射的属性与在单行文本域中的属性相同。当用户在密码文本域中输入时，输入内容显示为项目符号或星号，以保护它不被其他人看到。

选择【多行】将产生一个textarea标签。

- 初始值：指定在首次载入表单时文本域中显示的值，例如，通过包含说明或示例值，可以指示用户在域中输入信息。

技巧 提示●●●

在【表单】插入栏中单击【文本字段】[Ⅱ]按钮，也可以插入文本域。

14.4.2 添加密码文本框

插入密码域同插入文本域类似，只不过在【属性】面板中的【类型】需要选择【密码】。

将光标置于表格的第2行第1列单元格中输入文字，在第2列单元格中插入文本域，选中文本域，在【属性】面板中，将【字符宽度】设置为15，【类型】选择为"密码"，如图14.13所示。

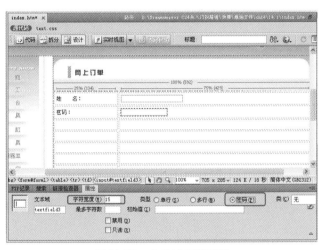

图14.13 密码域属性面板

技巧 提示●●●

当在密码域中输入内容时，所输入的内容被替换为星号或项目符号，以隐藏该文本。

14.4.3 添加文本区域

插入多行文本域同单行文本域类似，只不过多行文本域允许输入更多的文本，插入多行文本域的具体操作步骤如下。

(1) 将光标放置在表格的第9行第1列中，输入文字。将光标置于在表格的第9行第2列单元格中，选择【插入】|【表单】|【文本区域】命令，插入文本域，如图14.14所示。

(2) 选中文本域，在【属性】面板中将【类型】选择为"多行"，【字符宽度】设置为50，【行数】

设置为5，如图14.15所示。

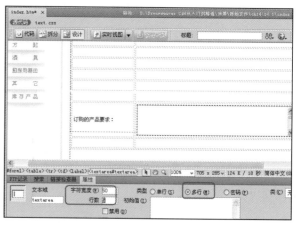

图14.14 插入文本区域　　　　　　　　　　图14.15 文本区域的属性面板

技巧 提示 ●●●

在【表单】插入栏中单击【文本区域】按钮，也可以插入文本区域。

14.5 添加复选框

中国风——中文版Dreamweaver CS4学习总动员

复选框可以是一个单独的选项，也可以是一组选项中的一个。可以一次选中一个或多个复选框，这就是复选框的最大特点。插入复选框的具体操作步骤如下。

(1) 在上一小节的基础上，将光标置于表格的第4行第1列中，输入文字。在表格的第4行第2列中选择【插入】|【表单】|【复选框】命令，插入复选框，如图14.16所示。

(2) 选中插入的复选框，在【属性】面板中将【初始状态】设置为【未选中】，如图14.17所示。

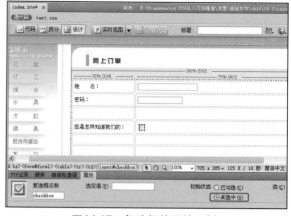

图14.16 插入复选框　　　　　　　　　　图14.17 复选框的属性面板

在复选框的【属性】面板中可以设置以下参数。

- 复选框名称：为该对象指定一个名称。名称必须在该表单内唯一标识该复选框，此名称不能包含空格或特殊字符。输入的名称最好能体现出复选框对应的选项，这样在表单脚本中便于处理。
- 选定值：设置在该复选框被选中时发送给服务器的值。
- 初始状态：设置复选框的初始状态，包括【已勾选】和【未选中】两个选项。

技巧 提示●●●

在【表单】插入栏中单击【复选框】按钮☑，也可以插入复选框。

(3) 将光标置于复选框的的右边，输入文字，并插入其他的复选框，如图14.18所示。

图14.18　插入其他的复选框

添加单选按钮和单选按钮组

单选按钮的作用在于只能选中一个列出的选项。单选按钮通常成组使用。一个组中的所有单选按钮必须具有相同的名称，而且必须包含不同的选定值。两者之间没有任何区别，只是插入方法不同。

14.6.1 添加单选按钮

插入单选按钮的具体操作步骤如下。

(1) 在上一小节的基础上，将光标置于表格的第3行第1列中，输入文字。在表格的第3行第2列中选择【插入】|【表单】|【单选按钮】命令，插入单选按钮，如图14.19所示。

(2) 选中插入的单选按钮，在【属性】面板中将【初始状态】设置为【未选中】，如图14.20所示。

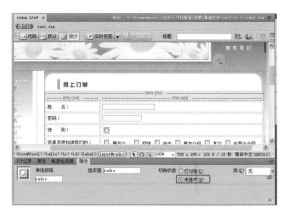

图14.19 插入单选按钮　　　　　　　　图14.20 单选按钮的属性面板

 技巧 提示 ●●●

在【表单】插入栏中单击【单选按钮】按钮 ⊙，插入单选按钮。

在单选按钮的属性面板中可以设置以下参数。

- 单选按钮：用来定义单选按钮的名字，所有同一组的单选按钮必须有相同的名字。
- 选定值：用来判断单选按钮是否被选定。它在提交表单时单选按钮传送给服务端表单处理程序的值，同一组单选按钮应设置不同的值。
- 初始状态：用来设置单选按钮的初始状态是【已勾选】还是【未选中】，同一组内的单选按钮只能有一个初始状态是【已勾选】的。

(3) 在单选按钮的右边输入文字，并插入其他的单选按钮，如图14.21所示。

图14.21 插入其他的单选按钮

14.6.2 添加单选按钮组

插入单选按钮组的具体操作步骤如下。

(1) 将光标置于表格的第5行第1列中，输入文字。在表格的第5行第2列中选择【插入】|【表单】|【单选按钮组】命令，插入单选按钮组，弹出【单选按钮组】对话框，如图14.22所示。

(2) 单击【确定】按钮，插入单选按钮组，如图14.23所示。

图14.22 【单选按钮组】对话框

图14.23 插入单选按钮组

 技巧 提示●●●

在【表单】插入栏中单击【单选按钮】按钮组，插入单选按钮组。

14.7 添加菜单和列表

表单中有两种类型的菜单：一种是单击时下拉的菜单，称为下拉菜单；另一种则显示为一个列有项目的可滚动列表，可从该列表中选择项目，称为列表。一个列表可以包括一个或多个项目。当页面空间有限但又需要显示许多菜单项时，该表单对象非常有用。

14.7.1 添加菜单

创建列表和菜单的具体操作步骤如下。

(1) 在上一小节的基础上，将光标置于表格的第6行第1列中，输入文字。将光标置于表格的第6行第2列单元格中，选择【插入】|【表单】|【列表/菜单】命令，插入列表/菜单，如图14.24所示。

(2) 选中插入的【列表/菜单】，打开属性面板，在【类型】选项中设置为【菜单】，如图14.25所示。

图14.24 插入列表/菜单

图14.25 【列表/菜单】的属性面板

 技巧 提示 ●●●

在【表单】插入栏中单击【列表/菜单】按钮，也可以插入列表/菜单。

在列表/菜单的属性面板中可以设置以下参数。

- 列表/菜单：设置列表/菜单的名称，这个名称是必需的，且必须是唯一的。
- 类型：指的是将当前对象设置为下拉菜单还是滚动列表。当选择【菜单】选项时，则浏览则单击时会产生展开的下拉式菜单效果；如果选择【列表】选项时，则显示为一列可滚动的列表效果。
- 初始化选定：可以选择列表在浏览器里显示的初始值。
- 列表值按钮：单击该按钮可以打开【列表值】对话框，在对话框中可以增减和修改列表/菜单。当列表或者菜单中的某项内容被选中，提交表单时它对应的值就会被传送到服务器端的表单处理程序；若没有对应的值，则传送标签本身。

(3) 在【属性】面板中单击【列表值】按钮 列表值... ，弹出【列表值】对话框，在对话框中单击添加按钮，添加内容，如图14.26所示

(4) 单击【确定】按钮，插入列表/菜单，【类型】设置为【菜单】，如图14.27所示。

图14.26 【列表值】对话框

图14.27 插入列表/菜单

14.7.2 添加列表

如果用户选择【列表】类型，则在属性面板中还可以设置下面两项。如图14.28所示。

图14.28 选择【列表】类型

- 【高度】文本框：设置列表的高度，如输入5，则列表框在浏览器中显示为5个选项的高度，如果实际的项目数目多于【高度】中的项目数，那么列表菜单中的右侧将显示滚动条，通过滚动显示。

- 【选定范围】复选框：如果选中【选定范围】后边的复选框，则这个列表允许被多选，选择时要结合Shift和Ctrl键进行操作，如果取消对【选定范围】后边复选框的选择，则这个列表只允许单选。

14.8 添加其他表单域

中国风——中文版Dreamweaver CS4学习总动员

在网络上上传图像、照片或相关的文件时，需要用文件域将文件上传到相应的服务器。隐藏域是一种在浏览器上看不见的表单对象，利用隐藏域可以实现浏览器同服务器在后台隐藏地交换信息。

14.8.1 添加文件域

使用文件域可以选择其计算机上的文件，并将该文件上传到服务器。可以手动输入要上传的文件的路径，也可以单击后面的【浏览】按钮进行选择。创建文件域的具体操作步骤如下。

(1) 将光标放置在表格的第7行第1列中，输入文字。接着将光标置于表格的第7行第2列单元格中，选择【插入】|【表单】|【文件域】命令，插入文件域，如图14.29所示。

(2) 选中文件域，打开【属性】面板，如图14.30所示。

| 图14.29 | 插入文件域 | 图14.30 | 文件域的【属性】面板 |

在文件域的属性面板中可以设置以下参数。

- 文件域名称：设置选定文件域的名称。
- 字符宽度：设置文件域里面文本框的宽度。
- 最多字符数：设置文件域里面文本框可输入的最多字符数量。

 技巧 提示 ● ● ●

在【表单】插入栏中单击【文件域】按钮，也可以插入文件域。文件域要求使用POST方法将文件从浏览器传输到服务器。在使用文件域之前，需要与服务器管理员联系，确认允许使用匿名文件上传。选中表单，在【方法】下拉列表框中选择POST选项，在MIME下拉列表框中选择multipart/form-data选项。

14.8.2 添加隐藏域

隐藏域在网页中不显示，只是将一些必要的信息提供给服务器。隐藏域存储用户输入的信息，如姓名和电子邮件地址，并在该用户下次访问此站点时使用这些数据。插入隐藏域的具体操作步骤如下。

将光标放置在要插入隐藏域的位置，选择【插入】|【表单】|【隐藏域】命令，插入隐藏域。选中插入的隐藏域，打开隐藏域的【属性】面板，如图14.31所示。

图14.31　隐藏域的属性面板

在【表单】插入栏中单击【隐藏域】按钮 🗓，也可以插入隐藏域。如果未看到标记，可以选择【查看】|
【可视化助理】|【不可见元素】命令，在文档中就会出现标记。

在隐藏域的属性面板中可以设置以下参数。

- 隐藏区域：设置隐藏区域的名称，默认为hiddenField。
- 值：设置隐藏区域的值，该值将在提交表单时传递给服务器。

14.9 插入按钮

表单中的按钮是用于触发服务器端脚本处理程序的工具，只有通过按钮的触发，才能把输入的信息传送到服务器端去，实现信息的交互。创建按钮的具体操作步骤如下。

(1) 将表格的第7行单元格合并，并将光标置于合并后的单元格中，选择【插入】|【表单】|【按钮】命令，插入按钮，如图14.32所示。

(2) 在【属性】面板中的【值】文本框中输入"发送"，【动作】设置为【提交表单】，如图14.33所示。

图14.32　插入按钮

图14.33　按钮的属性面板

如果选中了【提交表单】选项，当单击该按钮时将提交表单数据进行处理，该数据将被提交到表单的操作属性中指定的页面或脚本。

(3) 将光标放置在按钮的后面，再插入一个按钮，在【属性】面板中的【值】文本框中输入"清除"，【动作】设置为【重设表单】，如图14.34所示。

图14.34　插入按钮

在按钮的属性面板中可以设置以下参数。

- 按钮名称：在文本框中设置按钮的名称。
- 值：在【值】文本框中输入文本，为在按钮上显示的文本内容。
- 动作：有3个选项，分别是【提交表单】、【重设表单】和【无】。

14.10 添加图像域

中国风——中文版Dreamweaver CS4学习总动员

(1) 将光标置于按钮的右边，选择【插入】|【表单】|【图像域】命令，弹出【选择图像源文件】对话框，在对话框中选择相应的图像文件images/login.gif，如图14.35所示。

(2) 单击【确定】按钮，插入图像域，选中插入的图像域，打开属性面板，如图14.36所示。

图14.35　【选择图像源文件】对话框

图14.36　插入图像域

技巧 提示 ● ● ●

单击【表单】插入栏中的图像域按钮█，也可以插入图像域。

图像域的属性面板各项参数设置如下。

● 图像区域：输入图像域的名称。
● 源文件：显示或选择图像源文件所在的URL的地址。
● 宽和高：设置图像的宽度和高度。
● 替代：输入要替代图像显示的文本，当浏览器不支持图形显示将显示该文本。
● 对齐：设置图像的对齐方式。
● 类：选择CSS样式定义图像域。

14.11 插入跳转菜单

跳转菜单可建立URL与弹出菜单列表中选项之间的关联。通过在列表中选择一项，浏览器将跳转到指定的URL。创建跳转菜单的具体操作步骤如下。

(1) 将光标放置在表格的第8行第1列单元格中输入文字，在第2行单元格中选择【插入】|【表单】|【跳转菜单】命令，弹出【插入跳转菜单】对话框，在对话框中单击按钮█，添加内容，如图14.37所示。

图14.37　【插入跳转菜单】对话框

在【插入跳转菜单】对话框中可以设置以下参数。

● 菜单项：列出所设置的跳转菜单的各项，单击【添加项】按钮█增加一个项目，单击【移除项】按钮█，删除列表中一个项目。使用█和█按钮可以重新排列列表中的选项。
● 文本：设置跳转菜单所显示的文本。
● 选择时，转到URL：设置跳转菜单各项链接的URL。
● 打开URL于：选择文件的打开位置。
● 菜单名称：设置跳转菜单的名称。

勾选【选项】后的【菜单之后插入前往按钮】复选框，可以添加一个【前往】按钮，单击【前往】按钮可以跳转菜单中当前项的URL。

如果选择了跳转菜单中某个选项后，仍选中跳转菜单中的第一项，则勾选【选项】后的【更改URL后选择第一个项目】复选框。

(2) 单击【确定】按钮，插入跳转菜单，如图14.38所示。

图14.38　插入跳转菜单

技巧　提示 ●○○

单击【表单】插入栏中【跳转菜单】按钮 ，也可以插入跳转菜单。

14.12　添加JavaScript脚本

【检查表单】动作指定文本域的内容以确保输入了正确的数据类型，并且在单击【提交】按钮时可以对多个文本域进行检查。创建检查表单的具体操作步骤如下。

(1) 选中表单，如图14.39所示。

图14.39　选中表单

(2) 选择【窗口】|【行为】命令，打开【行为】面板，在【行为】面板中单击【添加行为】按钮，在弹出的菜单中选择【检查表单】命令，弹出【检查表单】对话框，如图14.40所示。

(3) 单击【确定】按钮，将行为添加到【行为】面板中，如图14.41所示。

图14.40　【检查表单】对话框

图14.41　添加行为

14.13　本章实例——创建注册表单

当用户在表单中插入相应的资料后，单击注册按钮，该会员的注册资料将以电子邮件的形式发到指定的信箱中供网站管理员在线收集。

创建注册表单的效果如图14.42所示，具体操作步骤如下。

图14.42　创建注册表单的效果

(1) 打开原始网页文档，如图14.43所示。

(2) 将光标置于要插入表单的位置，选择【插入】|【表单】|【表单】命令，插入表单，如图14.44所示。

图14.43　打开原始网页文档

图14.44　插入表单

(3) 选择【插入】|【表格】命令，插入6行2列的表格，如图14.45所示。

(4) 在第1列下面的6个单元格中分别输入相应的文本，字体颜色设置为#1c67ab，如图14.46所示。

图14.45　插入表格

图14.46　输入相应的文本

(5) 选择【插入】|【表单】|【文本域】命令，插入文本域，在属性面板中将【字符宽度】设置为20，【最多字符数】设置为10，【类型】设置为【单行】，如图14.47所示。

(6) 同样在表格的第2列其他单元格中插入文本域，如图14.48所示。

图14.47　插入文本域

图14.48　插入其他的文本域

(7) 将光标置于第4行第2列单元格中文本域的后面，选择【插入】|【表单】|【图像域】命令，弹出【选择图像源文件】对话框，在对话框中选择图像文件，如图14.49所示。

(8) 单击【确定】按钮，插入图像域，如图14.50所示。

图14.49 【选择图像源文件】对话框

图14.50 插入图像域

(9) 将光标置于表格的第5行第2列单元格中，选择【插入】|【表单】|【文本区域】命令，插入文本区域，如图14.51所示。

(10) 选中插入的文本区域，打开属性面板，在面板中的【初始值】文本框中输入文字，如图14.52所示。

图14.51 插入文本区域

图14.52 文本区域的属性

(11) 将光标置于表格的第6行单元格中，选择【插入】|【表单】|【按钮】命令，插入按钮，在属性面板的【动作】中设置为提交表单，如图14.53所示。

(12) 将光标置于按钮的右边，再插入一个按钮，在属性面板中的【动作】中设置为【重设表单】，如图14.54所示。

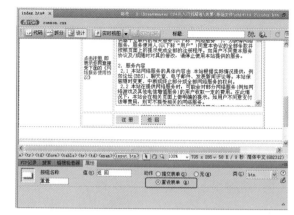

图14.53　插入按钮　　　　　　　　　　　　图14.54　插入一个按钮

(13) 选择【文件】|【保存】命令，保存文档，按F12键预览效果如图14.42所示。

第 15 章

编写HTML代码

本章导读

对于一个网页设计者来说，如果不涉及HTML语言几乎是不可能的，无论是一个初学者，还是一个高级网页制作人员，都或多或少地接触到HTML语言。另外Dreamweaver CS4提供了可视化的方法来创建和编辑HTML文件。

学习要点

- 熟悉HTML语言基础
- 掌握HTML常用标记
- 掌握在Dreamweaver中编辑代码
- 掌握使用代码片断面板
- 掌握优化代码
- 制作简单的HTML页面

15.1 HTML语言基础

HTML是网页描述语言，严格地讲，HTML不能算作一门编程语言，因为它没有自己的数据类型，也没有分支和循环等控制结构。

15.1.1 HTML概述

HTML是英文Hyper Text Markup Language的缩写，中文意思是超文本标记语言，用它编写的文件的扩展名是.html或.htm，它们是可供浏览器解释浏览的文件格式。

HTML作为一种标记语言，它本身不能显示在浏览器中。标记语言经过浏览器的解释和编译，才能正确地反映HTML标记语言的内容。

HTML不是一种编程语言，而是一种描述性的标记语言，用于描述超文本中内容的显示方式。如文字颜色和大小等。这些都是利用HTML标记完成的。其最基本的语法就是<标记符>内容</标记符>。标记符通常都是成对使用，有一个开头标记和一个结束标记。结束标记只是在开头标记的前面加一个斜杠"/"。

如在HTML中用<I></I>标记符来定义文字为斜体字，用<B></B>标记符来定义文字为粗体字。当浏览器遇到<I></I>标记时，就会把<I></I>标记中的所有文字以斜体样式显示出来，遇到<B></B>标记时，就会把<B></B>标记中的所有文字以粗体样式显示出来。

15.1.2 HTML基本结构

超文本文档分为头和主体两部分，在文档头里，对这个文档进行了一些必要的定义，文档主体中才是显示的各种文档信息。一个完整的HTML文件由标题、段落、列表、表格及其他各种对象所组成。一个HTML文件的基本结构如下。

```
<HTML>
<HEAD>
网页头部信息
</HEAD>
<BODY>
网页主体正文部分
</BODY>
</HTML>
```

其中<HTML>在最外层，表示这对标记间的内容是HTML文档。还可以省略<HTML>标记，因为.html或.htm文件被浏览器默认为是HTML文档。<HEAD>之间包括文档的头部信息，如文档标题等，若不需头部信息则可省略此标记。<BODY>标记一般不能省略，表示正文内容的开始。

创建HTML文件有两种方法，一种是利用记事本创建文件，另一种是使用HTML编辑器，如Dreamweaver。

15.2 HTML常用标记

无论什么样的网页制作软件，都提供直接以HTML的方式来制作网页的功能。在HTML中，所有的标记都是成对出现的，此外标记是不区分大小写的。下面介绍HTML的常用标记。

15.2.1 文本与段落

<font>与</font>标记可以控制输出文本的字号和颜色等。size属性用来改变字号，color属性则用来改变文本的颜色。文字标记font如下。

Face：字体名称

Color：字体颜色

Size：字体大小

<b></b>、<strong></strong >：粗体

<i></i>、<em ></em>：斜体

<u>和</u>：下划线

^和：上标体

_和：下标体

<s>和</s>：删除划线

code等宽文字

段落的开始由<P>来标记，段落的结束由</P>来标记，</P>是可以省略的，因为下一个<P>的开始就意味着上一个<P>的结束。段落标记P如下。

P：段落标记

Nobr：取消文字换行标记

Br：换行标记

Pre：保留原始排版方式标记

Center：居中对齐标记

left：左对齐标记

right：右对齐标记

blockquote：向右缩进标记

15.2.2 表格

表格是网页制作中使用最多的工具之一，很多网页都是使用表格布局的，这是因为表格在文本和图像的位置控制方面都有很强的功能。灵活、熟练地使用表格，在网页制作中会有如虎添翼的感觉。表格标记属性及说明如下。

<table bgcolor="">：设置表格的背景色

<table border="">：设置边框的宽度，若不设置此属性，则边框宽度默认为0

<table bordercolor="">：设置边框的颜色

<table bordercolorlight="">：设置边框明亮部分的颜色(当border的值大于等于1时才有用)

```
<table bordercolordark="">：设置边框昏暗部分的颜色(当border的值大于等于1时才有用)
<table cellspacing="">：设置表格格子之间空间的大小
<table cellpadding="">：设置表格格子边框与其内部内容之间空间的大小
<table width="">：设置表格的宽度，单位用像素或百分比
```

15.2.3 超级链接

超级链接是网站的灵魂，网站上的网页是通过超级链接互相链接的。超级链接除了可链接网页文件外，也可链接各种媒体，通过它们可享受丰富多彩的多媒体世界。

超级链接的基本语法：

```
<a href="链接URL" target="目标窗口的打开方式">
```

链接由以下3个部分组成。

(1) 位置点标记<a>，将文本或图片标识为链接。

(2) 属性href="..."，放在位置点起始标记中。

(3) 地址(称为URL)，浏览器要链接的文件。URL用于标识要链接文件的位置，这些链接可以指向某个HTML文档，也可以指向文档引用的其他元素，如图形、脚本或其他文件。

<a href=""></a>还具有target属性，此属性用来指明浏览的目标帧，如果不使用target属性，当浏览者单击了链接之后将在原来的浏览器窗口中浏览新的HTML文档，若target的值等于_blank，单击链接后将会打开一个新的浏览器窗口来浏览新的HTML文档。超级链接属性及说明如下。

Href：超链接URL地址

target：指定打开超链接的窗口。其属性值包括_blank、_parent、_self、_top等，具体如下。

_blank：在新窗口打开链接

_parent：在当前窗口的上一级窗口打开链接

_self：在当前窗口打开链接

_top：在整个浏览器窗口中打开

Title：当鼠标移动到链接上时显示的说明文字

15.2.4 图像

在网页上使用图像，从视觉效果上，能使网页充满生机，而且能直观巧妙地表达出网页的主题。一个精美的图像网页不但能引起浏览者的兴趣，而且在很多时候要通过图像以及相关颜色的配合来体现出网站的风格。

插入图像的时候，仅仅使用img标记是不够的，还需要配合其他属性来完成。其中src属性是必要的属性，它指定要插入的图像文件的保存位置与名称。img的属性及说明如下。

Src：图像的源文件

Alt：提示文字

width，height：宽度和高度

border：边框

vspace：垂直间距

hspace：水平间距

align：对齐

usemap：映像地图

框架由两个部分组成，即框架集和单个框架。框架集是在一个文档内定义一组框架结构的HTML网页，它定义了一个网页中的框架数目、每个框架的大小、载入每个框架的网页源和每个框架的其他属性等；单个框架指在网页中定义的一个区域，每个区域可以分别显示不同的网页。

框架网页涉及几个网页的源代码，下面的实例是一个上下结构的框架网页，包括整体框架网页文件、上框架中的网页文件和下框架中的网页文件，整体框架网页中的源代码如下。

```html
<html>
<head>
<meta http-equiv="Content-Type" content="text/html; charset=gb2312" />
<title>无标题文档</title>
</head>
<frameset rows="141,*" cols="*" framespacing="0" frameborder="no" border="0">
<frame src="top.html" name="topFrame" scrolling="No" noresize="noresize"
 id="topFrame" />
<frame src="foot.html" name="mainFrame" id="mainFrame" />
</frameset>
<noframes>
<body>
</body>
</noframes></html>
```

上框架网页文件中的源代码如下。

```html
<html>
<head>
<meta http-equiv="Content-Type" content="text/html; charset=gb2312" />
<title>无标题文档</title>
<style type="text/css">
<!--
body {
    margin-left: 0px;
    margin-top: 0px;
    margin-right: 0px;
    margin-bottom: 0px;
}
-->
</style></head>
<body>
<table height="130" cellspacing="0" cellpadding="0" width="778" align="center"
border="0">
```

```
    <tbody>
     <tr>
      <td background="images/pt_7.gif">   </td>
     </tr>
    </tbody>
   </table>
   <table cellspacing="0" cellpadding="0" width="778" align="center" border="0">
    <tbody>
     <tr>
      <td><img height="11" alt="" src="images/pt_9.gif"
      width="778" /></td>
     </tr>
    </tbody>
   </table>
  </body>
</html>
```

下框架网页文件中的源代码如下。

```
<html>
<head>
<meta http-equiv="Content-Type" content="text/html; charset=gb2312" />
<title>无标题文档</title>
<style type="text/css">
<!--
body {
    margin-left: 0px;
    margin-top: 0px;
    margin-right: 0px;
    margin-bottom: 0px;
}
.yy {
    font-size: 13px;
    line-height: 250%;
}
-->
</style>
</head>
<body>
<table cellspacing="0" cellpadding="0" width="100%" border="0">
```

```
<tbody>
 <tr>
 <td valign="center" height="47">
<div align="center"><b class="font14">公司简介</b></div>
</td>
  </tr>
  <tr>
   <td><table class="wz" cellspacing="0" cellpadding="0" width="95%"
    align="center" border="0">
     <tbody>
       <tr>
```

    `<td align="left"><span class="yy">`我公司位于全国最大的木制品加工基地，也是全国最大的木制品出口基地。主要生产桐木拼板胶合板、家具板、棺木板、集成材、多层板、贴面板和木制工艺品等8大系列100多个品种。产品技术全，质量稳。我公司有多年的外贸经验，在工艺方面也是最有竞争力的。本公司具有16年的生产管理经验，熟练的技术工人上百人，引进先进的生产设备，采用国产优质桐木。公司是桐木制品的专业制造商，凭其先进的加工工艺和科学的管理，生产出质优价廉的各种拼板、人造板和胶合板。桐木拼板主要用于各种家具和装饰材料等的板材原料。产品具有实用、不变形和不开裂等特点，可长期稳定供货。我公司提供最优惠的价格和合作条件，产品融传统风格与现代工艺为一体，并形成独特的常信风格，长期得到国内外客商的信赖和喜爱。我公司本着"以诚待客，以质服人"的经营原则，凭着"钻研求新，开拓进取"的精神，以优质的产品和良好的售后服务，真诚地与中外客商合作，共创美好的明天。`</span></td>`

```
       </tr>
     </tbody>
   </table>
</td>
    </tr>
  </tbody>
</table>
</body>
</html>
```

15.2.6 表单

    表单的用途很多，在制作网页，特别是制作动态网页时常常会用到。表单主要用来收集客户端提供的相关信息，使网页具有交互功能。表单在网页中起着重要作用，它是与用户交互信息的主要手段。

    `<form>`和`</form>`标记用于定义一个表单，任何表单都是以`<form>`开始，以`</form>`结束。在其中包含了一些表单元素，如文本域、按钮和下拉列表框等。form标记属性及说明如下。

    `Action`：指定处理该表单的程序文件所在的位置，当单击提交按钮后，就将表单信息提交给该文件

    `Method`：指定该表单的传送方式

    `Name`：指定表单的名字

    `<input>`和`</input>`标记用于在表单中定义单行文本域、单选按钮、复选框和按钮等表单元素，不同的元素有不同的属性，input标记的属性如下。

Type：元素类型

name：表单元素名称

size：单行文本域的长度

maxlength：单行文本域可以输入的最大字符数

value：对于单行文本域，则指定输入文本框的默认值。

对于单选按钮或复选框，则指定单选按钮被选中后传送到服务器的实际值。

对于按钮，则指定按钮表面上的文本

Checked：若被加入，则默认选中

其type的属性值如下。

Text：表示是单行文本域

password：表示是密码域，输入的字符以*显示

radio：表示是单选按钮

checkbox：表示是复选框

submit：表示是提交按钮

reset：表示是重置按钮，单击后将清除所填内容

image：表示是图像域

hidden：隐藏文本域，不可见，常用来传递信息

15.3 在Dreamweaver中编辑代码

中国风——中文版Dreamweaver CS4学习总动员

　　从创建简单的网页到设计、开发复杂的网站应用程序，Dreamweaver CS4提供了功能全面的代码编写环境。Dreamweaver提供了许多有效的工具来支持对源代码的创建，利用这些工具可以高效率地编写和编辑HTML代码。

15.3.1 查看源代码

可以使用以下几种方法查看当前文档的源代码。

- 在页面空白处，单击鼠标右键，在弹出的菜单中选择【查看源文件】命令。
- 在浏览器菜单栏上，选择【查看】|【源文件】命令，可以查看源文件。
- 在浏览器工具栏中，单击【使用记事本编辑】按钮，可以查看源文件。
- 通过打开【代码】视图，在文当窗口中显示源代码。

15.3.2 使用标签选择器和标签编辑器

可以使用标签选择器将Dreamweaver标签库中的任何标签插入到页面中。

　　将光标放置在要插入代码的位置，单击鼠标右键，在弹出的菜单中选择【插入标签】命令或选择【插入】|【标签】命令，打开【标签选择器】对话框，如图15.1所示。在对话框中选择一个标签，单击⊞按钮，在对话框中就会显示该标签的详细信息，单击【插入】按钮，就会插入该标签。

　　可以在Dreamweaver中使用【标签库编辑器】来进行标签库管理。【标签库编辑器】可以将标签库、标签和属性添加到标签库中，可以使用【标签库管理器】设置标签库的属性以及对库中的标签和属性

进行编辑，可以编辑它们的属性、值和格式，还可以使用【标签库编辑器】删除标签库、标签和属性。

标签库中列出了绝大部分各种语言所用到的标签及其属性参数，用户可以从标签库中轻松地找到所需要的标签，然后根据列出的属性参数来使用它。

选择【编辑】|【标签库】命令，打开【标签库编辑器】对话框，在对话框中根据需要进行编辑，如图15.2所示。

图15.1　【标签选择器】对话框

图15.2　【标签库编辑器】对话框

15.3.3　使用代码提示插入背景音乐

通过代码提示，可以快速插入和编辑代码，这样可以避免代码输入的错误。在输入某些字符时，将显示一个列表，列出完成条目所需要的选项。在网页中插入背景音乐会使页面增色不少。下面通过实例讲述使用代码提示添加背景音乐的效果如图15.3所示，具体操作步骤如下。

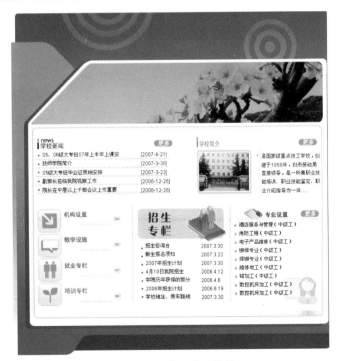

图15.3　添加背景音乐的效果

(1) 打开原始网页文档，如图15.4所示。

(2) 选择【编辑】|【首选参数】命令，弹出【首选参数】对话框，在对话框中的【分类】列表框中选择【启用代码提示】选项，勾选所有的复选框，将【延迟】设置为0，如图15.5所示。

图15.4 打开原始网页文档

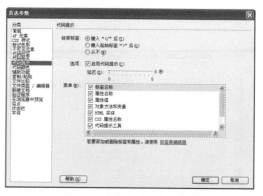

图15.5 【首选参数】对话框

(3) 切换到【代码】视图状态下，将光标放置在<body>标签的后面，输入"<"，以显示代码提示列表，如图15.6所示。

(4) 在弹出的列表中选择标签bgsound，双击并插入标签，如图15.7所示。

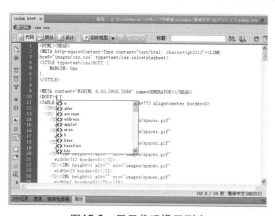

图15.6 显示代码提示列表

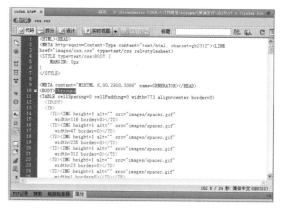

图15.7 插入标签

(5) 按空格键，以显示该标签支持的属性列表，在弹出的列表中选择代码提示src标签，如图15.8所示。

(6) 双击并插入标签，插入该标签后，弹出【浏览】字样，单击【浏览】字样，弹出【选择文件】对话框，如图15.9所示。

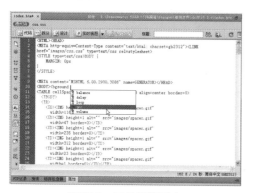

图15.8 显示属性列表

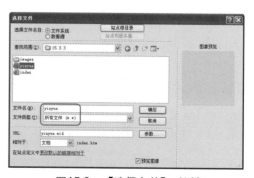

图15.9 【选择文件】对话框

(7) 在对话框中选择声音文件，单击【确定】按钮，插入声音文件，如图15.10所示。

(8) 按空格键，以显示该标签支持的属性列表，在弹出的列表中选择标签loop，双击并插入标签，如图15.11所示。

图15.10　插入声音文件

图15.11　显示属性列表

(9) 插入该标签后，弹出"-1"字样，双击并插入该标签，在标签的后面输入">"如图15.12所示。

(10) 保存文档，按F12键在浏览器中浏览效果，如图15.3所示。

图15.12　-1字样

15.4 使用代码片断面板

中国风——中文版Dreamweaver CS4学习总动员

使用代码片断，可以用来保存内容以便快速重复使用。可以创建和插入HTML、JavaScript、ASP和JSP等语言编写的代码片断。在Dreamweaver中还包含一些预定义的代码片断，可以使用它们作为基础，并在它们的基础上拓展更加丰富的功能。

15.4.1 插入代码片段

代码片断提供了一些现成的功能，如导航、文本和JavaScript小程序等都可以通过代码片断来插入。插入代码片断的具体操作步骤如下。

(1) 将光标放置在插入代码片断的位置，选择【窗口】|【代码片断】命令，打开【代码片断】面板，如图15.13所示。

图15.13　【代码片断】面板

(2) 在面板中选择插入的代码片断，单击面板右下角的【插入】按钮，或双击选中的代码片断将其拖入到代码中，即可插入代码片断。

15.4.2 创建代码片断

创建代码片断的操作主要在于对【代码片断】对话框的设置，具体操作步骤如下。

(1) 选择【窗口】|【代码片断】命令，打开【代码片断】面板，如图15.14所示。

(2) 在面板中单击底部的【新建代码片断文件夹】按钮，可以在面板中建立一个ASP文件夹，如图15.15所示。

图15.14　【代码片断】面板

图15.15　新建文件夹

(3) 单击底部的【新建代码片断】按钮，弹出【代码片断】对话框，如图15.16所示。

图15.16　【代码片断】对话框

在【代码片段】对话框中可以设置以下参数。

- 名称：输入代码片断的名称。
- 描述：文本框用于输入代码片断的描述性文本，描述性文本可以帮助使用者理解和使用代码片断。
- 代码片断类型：包括两个选项。如果勾选【环绕选定内容】单选按钮，那么就会在所选源代码的前后各插入一段代码片断。【前插入】列表框中输入或粘贴的是要在当前选定内容前插入的代码；【后插入】列表框中输入的是要在选定内容后插入的代码。
- 前插入与后插入：列表框中可以输入要插入的代码。
- 预览类型：包括两个选项。如果勾选【代码】单选按钮，则Dreamweaver将代码在【代码片断】面板的预览窗口中显示，如果勾选【设计】单选按钮，则Dreamweaver不在预览窗口中显示代码。

(4) 设置完毕后，单击【确定】按钮，即可创建代码片断。

15.5 优化代码

如果从Word或其他编辑器复制文本到Dreamweaver中，将会产生一些垃圾代码或者Dreamweaver不能识别的错误代码，这不仅使文档增大，而且会影响下载时间或使浏览器速度变慢。Dreamweaver提供了清除多余代码的功能，通过该功能可以删除多余的代码。

15.5.1 清理HTML/XHTML代码

清理HTML/XHTML代码的具体操作步骤如下。

(1) 打开要清除的HTML代码的文档。

(2) 选择【命令】|【清理HTML】命令，弹出【清理HTML/XHTML】对话框，如图15.17所示。设置完毕，单击【确定】按钮。

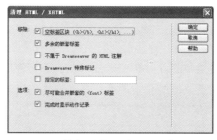

图15.17 【清理HTML/XHTML】对话框

在【清理HTML/XHTML】对话框中可以设置以下参数。

- 空标签区块：选定该复选框，将删除没有内容的标签。
- 多余的嵌套标签：选定该复选框，将删除所有的多余标签。
- 不属于Dreamweaver的HTML注解：选定该复选框，将删除不是由Dreamweaver插入的注释。
- Dreamweaver特殊标记：选定该复选框，将删除所有Dreamweaver特殊标记。
- 指定的标签：选定该复选框，将删除从后面的文本框中输入的标签。
- 尽可能合并嵌套的<font>标签：将两个或者更多的控制相同文本区域的标签组合在一起。
- 完成后显示记录：清理完后显示文档修改的详细资料。

15.5.2 清理Word生成的HTML代码

由于一些文本文件多为Word格式,所以经常会将一些Word生成的HTML文档直接应用到网站中,这样就不可避免地带来一些错误代码、无用的样式代码和废代码等,所以要对其进行清理,具体操作步骤如下。

(1) 打开要清理Word生成的HTML代码的文档。

(2) 选择【命令】|【清理Word生成的HTML】命令,弹出【清理Word生成的HTML】对话框,如图15.18所示。

(3) 单击【确定】按钮,弹出Dreamweaver信息提示框,单击【确定】按钮,完成清理,如图15.19所示。

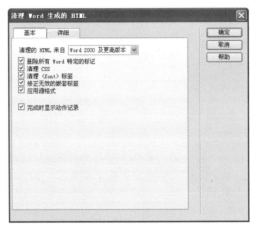

图15.18 【清理Word生成的HTML】对话框   图15.19 提示框

在【清理Word生成的HTML】对话框的【基本】选项卡中可以设置以下参数。

- 删除所有Word特定的标记:从文档中删除所有Word带来的特定标签,在文档头部由Word自定义的数据和链接标签、Word的XML标签、条件标签和其中的内容,以及样式中的空白段落和空白边距等。

- 清理CSS:删除文档中所有Word制定的CSS代码,包括内联的CSS样式、以mso开头的CSS样式属性、非CSS标准的样式声明、来自表格的CSS样式属性,以及在头的部的所有未使用的样式定义。

- 清理<font>标签:从文档中删除<font>标签,将页面主体部分的文本大小设置为2。

- 修正无效的嵌套标签:从文档中删除那些位于段落和头部之外的<font>标签。

- 设定背景颜色:可以重新设置文档的背景颜色,并在右边的文本框中输入颜色代码。

- 应用源格式:将按照现有的HTML格式参数设置,对文档中的源代码进行重新格式化。

- 完成时显示动作记录:在清理完毕后,显示相关的提示信息,设置完毕,单击【确定】按钮,确认操作,即可开始清理Word生成的HTML代码。

15.6 本章实例——使用HTML代码插入滚动广告

本章主要讲述了HTML的常用标记,在Dreamweaver CS4中编写HTML代码等知识。下面通过实例讲述利用标签选择器插入滚动公告效果如图15.20所示,具体操作步骤如下。

图15.20　插入滚动公告效果

(1) 打开原始网页文档，如图15.21所示。

(2) 将光标放置在滚动公告文字的前面，切换到代码视图中，输入"<"以显示代码提示列表，如图15.22所示。

图15.21　打开原始网页文档

图15.22　代码提示列表

(3) 在弹出的列表中选择marquee标记，双击插入标记，如图15.23所示。

(4) 按空格键，以显示允许的属性列表标记，如图15.24所示。

图15.23　插入标记

图15.24　属性列表标记

(5) 在列表中选择scrollamount，双击并插入标记，在双引号中输入"1"，如图15.25所示。

（6）按空格键，在弹出的属性列表中选择scrolldelay标记插入，并在双引号中输入"10"，如图15.26所示。

图15.25　插入标记

图15.26　插入标记

（7）按空格键，显示允许的属性列表如图15.27所示。

（8）在列表中选择direction标记插入，并弹出属性列表，如图15.28所示。

图15.27　属性列表

图15.28　插入标记

（9）在属性列表中选择up标记插入，如图15.29所示。

（10）按空格键，弹出允许的属性列表，在列表中选择behavior标记插入，并在双引号中输入"loop"，如图15.30所示。

图15.29　插入标记

图15.30　插入标记

（11）按空格键，显示允许的属性列表，选择width标记插入，并在双引号中输入"100%"，如图15.31所示。

(12) 按空格键，显示允许的属性列表，选择onMouseOver标记插入，并在双引号中输入"this.stop()"，如图15.32所示。

图15.31 插入标记

图15.32 插入标记

(13) 按空格键，显示允许的属性列表，选择onMouseOut标记插入，并在双引号中输入"this.start()"，如图15.33所示。

(14) 将光标放置在标记的后面输入">"，如图15.34所示。

图15.33 插入标记

图15.34 输入">"

(15) 将光标放置在文字的后面，输入"</marquee>"标记，如图15.35所示。

图15.35 插入标记

(16) 保存文档，按F12键在浏览器中浏览效果，如图15.20所示。

第 16 章

创建动态网页

本章导读

动态网页就是该网页文件不仅含有HTML标记，而且含有程序代码，这种网页的后缀一般根据不同的程序设计语言来定，如ASP文件的后缀为.asp。动态网页能够根据不同的时间、不同的访问者而显示不同的内容，还可以根据用户的即时操作和即时请求，动态网页的内容发生相应的变化。如常见的BBS、留言板、聊天室等就是用动态网页来实现的。

学习要点

- 掌握服务器平台的搭建
- 创建数据库和数据库连接
- 掌握绑定动态数据和服务器行为的添加
- 掌握制作留言系统的创建

16.1 搭建服务器平台

网站要在服务器平台下运行，离开一定的平台，动态交互式的网站就不能正常运行。建议使用Windows 2000平台，除了安全性、稳定性以及软件接口的综合问题以外，最重要的是因为网络上所有进入网络主机的用户都是【匿名用户】，IIS就是专为网络上所需的计算机网络服务而设计的一套网络套件。它不但有WWW、FTP、SMTP、NNTP等服务，同时它本身也拥有ASP、Transaction Server、Index Server等功能强大的服务器端软件。

16.1.1 安装服务器软件

在Windows XP下安装IIS组件的具体操作步骤如下。

(1) 打开电脑，选择【开始】|【控制面板】命令，打开【控制面板】，如图16.1所示。

(2) 在对话框中单击【添加/删除程序】选项，弹出【添加/删除程序】对话框，如图16.2所示。

图16.1 【控制面板】

图16.2 【添加/删除程序】对话框

(3) 在【添加/删除程序】对话框中，单击左侧的【添加/删除Windows组件】选项，打开【Windows组件向导】对话框，如图16.3所示。

(4) 在每个组件之前都有一个复选框，若该复选框显示为灰色，则代表该组件内还含有子组件存在可以选择，双击【Internet信息服务(IIS)】选项。打开如图16.4所示的对话框。

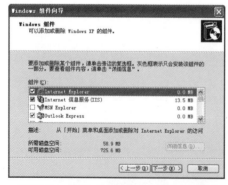

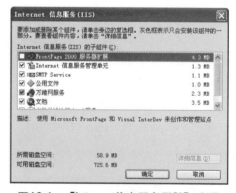

图16.3 【Windows组件向导】对话框

图16.4 【Internet信息服务(IIS)】选项

(5) 选择完使用的组件以及子组件后，单击【下一步】按钮，打开如图16.5所示的对话框。

(6) 制完成之后，IIS安装完成，如图16.6所示。

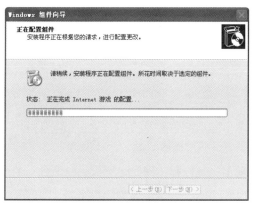 

图16.5　安装对话框　　　　　　　　　　　　　　　图16.6　IIS安装完成

16.1.2 设置服务器属性

一般Windows 2000 Server安装完成后，系统都包含Internet Information Server，如果系统中没有IIS，也可以单独安装IIS组件。安装IIS组件的具体操作步骤如下。

(1) 选择【开始】|【控制面板】命令，弹出【控制面板】对话框。在对话框中选择【管理工具】选项，在【管理工具】中双击打开【Internet信息服务】，弹出【Internet信息服务】对话框，如图16.7所示。

(2) 在【Internet信息服务】对话框中，在打开【网站】下的【默认网站】图标上右键单击，在弹出的菜单中选择【属性】选项，如图16.8所示。

图16.7　【Internet信息服务】对话框　　　　　　　图16.8　选择【属性】选项

(3) 弹出【默认网站属性】对话框，在对话框中切换到【网站】选项卡，在【IP地址】文本框中输入"127.0.0.1"，【TCP端口】默认为"80"，如图16.9所示。

(4) 切换到【主目录】选项卡，在【本地路径】右侧的文本框中输入或通过【浏览】按钮选择目录，其他选项可以根据需要设置，如图16.10所示。

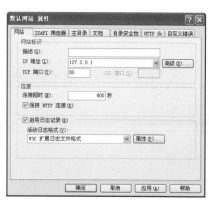

图16.9 【默认网站属性】对话框

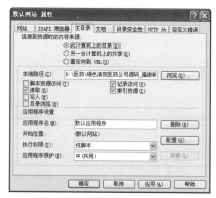

图16.10 【主目录】选项卡

（5）切换到【文档】选项卡，勾选【启用默认文档】前面的复选框，同时还可以进行添加新的默认文档，如图16.11所示。

（6）切换到【自定义错误】选项卡，表示可以在自定义各类错误提示的相关信息。单击【编辑属性】按钮，弹出【错误映射属性】对话框，【浏览】获得自定义的400错误页面的路径，单击【确定】按钮完成，如图16.12所示。

图16.11 【文档】选项卡

图16.12 【错误映射属性】对话框

16.2 创建数据库

中国风——中文版Dreamweaver CS4学习总动员

数据库就是计算机中用于存储、处理大量数据的软件，一些关于某个特定主题或目的的信息集合。数据库系统主要目的在于维护信息，并在必要时提供协助取得这些信息。创建数据库的具体操作步骤如下。

（1）启动Microsoft Access，选择【文件】|【新建】命令，在打开的【新建文件】面板中单击【空数据库】，如图16.13所示。

（2）在弹出的【文件新建数据库】对话框中选择数据库要保存的位置，在【文件名】文本框中输入db1.mdb，如图16.14所示。

图16.13 【新建文件】面板

图16.14 【文件新建数据库】对话框

(3) 单击【创建】按钮，在弹出的如图16.15所示的对话框中双击【使用设计器创建表】选项。

(4) 在弹出的【表1：表】窗口中输入【字段名称】和字段所对应的【数据类型】，如图16.16所示。

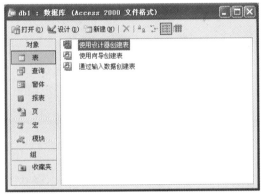

图16.15 双击【使用设计器创建表】选项

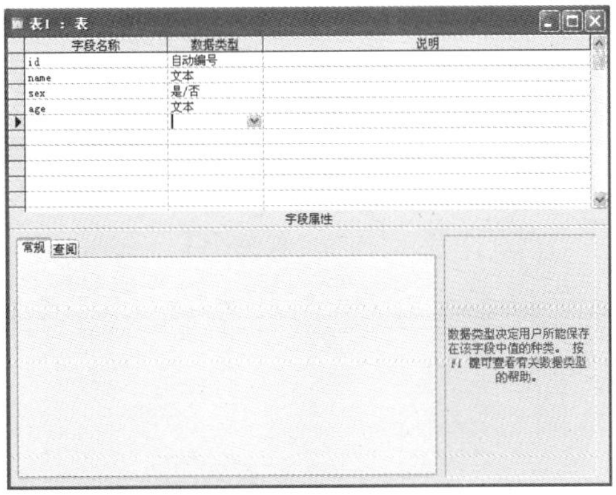

图16.16 【表1：表】窗口

(5) 将插入点放置在id字段中，单击鼠标右键，在弹出的快捷菜单中选择【主键】选项，如图16.17所示。

(6) 选择【文件】|【保存】命令，在弹出【另存为】对话框中的【表名称】文本框中输入"表1"，如图16.18所示。单击【保存】按钮，保存表。

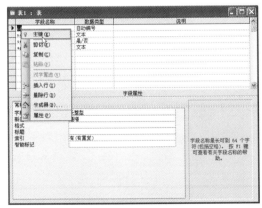

图16.17 选择【主键】选项

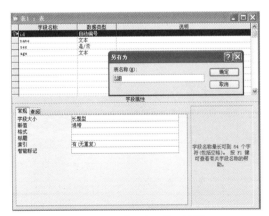

图16.18 【另存为】对话框

16.3 建立数据库连接

只有创建了数据库连接，网站中的网页才能存取数据库中的数据信息，具体操作步骤如下。

16.3.1 建立系统DSN

Windows DSN文件(数据源名)主要是用来存储数据库连接信息。如果有很多网页需要传送数据，就可以很简单的通过DSN文件路径来完成而不需要传送数据到每个页面了。

(1) 选择【开始】|【控制面板】命令，弹出【控制面板】对话框。在对话框中选择【管理工具】选项，在【管理工具】中双击打开【Internet信息服务】，弹出【Internet信息服务】对话框，在对话框中选择【数据源ODBC】选项，弹出【ODBC数据源管理器】对话框，如图16.19所示。

(2) 在对话框中单击【添加】按钮，弹出【创建新数据源】对话框，在对话框中的【名称】列表中选择Driver do Micosoft Acess(*.mdb)，如图16.20所示。

图16.19 【ODBC数据源管理器】对话框

图16.20 选择Driver do Microsoft Access(*.mdb)

(3) 弹出【选择数据库】对话框，如图16.21所示。

(4) 单击【确定】按钮，弹出【ODBC Microsoft Access安装】对话框，如图16.22所示。

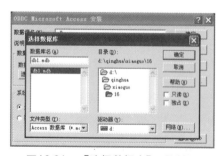

图16.21 【选择数据库】对话框

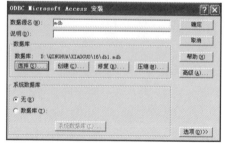

图16.22 【ODBC Microsoft Access安装】对话框

(5) 单击【确定】按钮，添加数据库，如图16.23所示。

图16.23　添加数据库

16.3.2 建立系统DSN连接

如果使用DSN创建ADO连接的具体操作步骤如下。

(1) 选择【窗口】|【数据库】命令，打开【数据库】面板，在面板中单击➕按钮，在弹出的菜单中选择【数据源名称(DSN)】选项，如图16.24所示。

(2) 单击【确定】按钮，返回到【数据源名称(DSN)】对话框，在【数据源名称(DSN)】文本框的后面就会出现已经定义好的数据库了。在【连接名称】文本框中输入db1，如图16.25所示。

图16.24　【数据库】面板

图16.25　【数据源名称(DSN)】对话框

(3) 单击【测试】按钮，弹出【成功创建连接脚本】提示框，单击【确定】按钮，关闭对话框。单击【确定】按钮，即可成功连接，此时【数据库】面板，如图16.26所示。

图16.26　成功连接

16.4 定义记录集(查询)

在Dreamweaver中创建记录集，无需输入SQL查询语句，通过相关面板的选择即可自动生成SQL，即完成记录集的创建。

(1) 选择【窗口】|【绑定】命令，打开【绑定】面板，单击 ➕ 按钮，在弹出的菜单中选择【记录集(查询)】选项，如图16.27所示。

(2) 选择选项后，弹出【记录集】对话框，在【记录集】对话框中进行设置，如图16.28所示。

图16.27　选择【记录集(查询)】选项　　　　图16.28　【记录集】对话框

(3) 单击【确定】按钮，即可完成创建记录。

16.5 绑定动态数据

动态网页制作完毕后，就要将定义好的数据源绑定到网页中。定义好的数据源都显示在【绑定】面板中，在页面中绑定动态数据时绑定的位置可以是页面的任何位置。

16.5.1 绑定动态文本

利用【绑定】面板中列出的数据源可以替换现有文本，也可以将动态数据插入到页面上的某一处。替换或者插入的动态文本沿用已存在的文本或插入点的格式。绑定动态文本的具体操作步骤如下。

(1) 在网页中选中【发表人姓名】文字，打开【绑定】面板，从中选择shijian字段，如图16.29所示。

(2) 单击【绑定】面板下面的【插入】按钮，绑定后的效果如图16.30所示。

图16.29　选择name字段

图16.30　绑定后的效果

(3) 同步骤(1)~(2)可以绑定其他字段，绑定后的效果如图16.31所示。

图16.31　绑定字段

16.5.2　设置动态文本的数据格式

根据需要，可以把动态文本指定某种数据格式，具体操作步骤如下。

(1) 选中文档中的占位符。

(2) 在【绑定】面板中单击【格式】中的▼按钮，在弹出的列表中选择一种数据格式，如图16.32所示，即可将动态文本设置为数据格式。

图16.32　设置动态文本数据格式

16.5.3 绑定动态图像

绑定动态图像的具体操作步骤如下。

(1) 将光标放置在要插入图像的位置，选择【插入】|【图像】命令，弹出【选择图像源文件】对话框，如图16.33所示。

(2) 在对话框中勾选【数据源】单选按钮，出现数据源列表，如图16.34所示。

图16.33 【选择图像源文件】对话框

图16.34 数据源列表

(3) 在数据源列表中选择包含图像路径的字段，单击【确定】按钮即可。

16.6 添加服务器行为

服务器行为是一些典型、常用的可定制的Web应用代码模块。若要向网页添加服务器行为，可以从插入栏或【服务器行为】面板中选择它们。如果使用插入栏，可以在【数据】插入栏中单击相应的服务器按钮。

14.6.1 显示多条记录

显示多条记录的服务器行为即【重复区域】服务器行为。如果一个页面绑定了记录集中的动态数据，并且显示多条或者所有记录，那么就需要添加该服务器行为，具体操作步骤如下。

(1) 在文档中选中要显示多条的动态数据。

(2) 选择【窗口】|【服务器行为】命令，打开【服务器行为】面板，在面板中单击➕按钮，在弹出的列表中选择【重复区域】命令，如图16.35所示。

(3) 弹出【重复区域】对话框，如图16.36所示。在对话框中【记录集】下拉列表中选择相应的记录集，【显示】文本框中输入要预览的记录数，默认值为10个记录。

图16.35 选择【重复区域】命令 　　　　图16.36 　【重复区域】对话框

(4) 单击【确定】按钮，即可创建重复区域服务器行为。

选择【窗口】|【服务器行为】命令，打开【服务器行为】面板，在面板中单击■按钮，在弹出的列表中选择【重复区域】命令，在弹出的子菜单中可以根据需要选择，如图16.37所示。

图16.37 　【重复区域】命令子菜单

- 如果记录集为空则显示区域：只有当记录集为空时才显示所选区域。
- 如果记录集不为空则显示区域：只有当记录集不为空时才显示所选区域。
- 如果是第一页则显示区域：当处于记录集中的第一页时，显示选中区域。
- 如果不是第一页则显示区域：当当前页中不包括记录集中第一页时显示所选区域。
- 如果是最后一页则显示区域：当当前页中包括记录集最后一页记录时显示所选区域。
- 如果不是最后一页则显示区域：当当前页中不包括记录集中最后一页记录时显示所选区域。

如图16.38所示是【如果记录集为空则显示区域】对话框，在对话框中的【记录集】下拉列表中选择记录集。

图16.38 　【如果记录集为空则显示区域】对话框

显示与隐藏记录服务器行为除【如果记录集为空则显示区域】和【如果记录集不为空则显示区域】两个服务器行为之外，其他4个服务器行为在使用之前都需要添加移动记录的服务器行为。

16.6.3 页面之间的信息传递

应用程序可以将信息或参数从一个页面传递到另一个页面。要想让一个页面告诉另一个页面显示什么记录或想把一个页面的信息传递到另一个页面时，就要用到适当的服务器行为。

如果想让一个页面告诉另一个页面显示什么记录或想把一个页面的信息传递到另一个页面时，就要用到【转到详细页面】服务器行为。转到详细页面的服务器行为的具体操作步骤如下。

(1) 在列表页面中，选中要设置为指向细节页上的动态内容。

(2) 选择【窗口】|【服务器行为】命令，打开【服务器行为】面板。

(3) 在面板中单击 ✚ 按钮，在弹出的下拉菜单中选择【转到详细页面】选项，单击选项后，弹出【转到详细页面】对话框，如图16.39所示。

(4) 单击【确定】按钮，这样原先的动态内容就会变成一个包含动态内容的超文本链接了。

图16.39 【转到详细页面】对话框

在【转到详细页面】对话框中主要有以下参数。

- 在【链接】下拉列表中设置要把行为应用到哪个链接上。如果在文档中选择了动态内容，在下拉列表中则会自动选择该内容。
- 在【详细信息页】文本框中输入细节页面对应的ASP页面的URL地址，或单击右边的【浏览】按钮选择。
- 在【传递URL参数】文本框中输入要通过URL传递到细节页中的参数名称，然后设置以下选项的值。
◆ 记录集：选择通过URL传递参数所属的记录集。
◆ 列：选择通过URL传递参数所属记录集中的字段名称，即设置URL传递参数的值的来源。
- URL参数：选择复选框表示要将结果页中的URL参数传递到细节页上。
- 表单参数：选择复选框表示要将结果页中的表单值以URL参数的方式传递到细节页上。

16.6.4 插入重复区域

【重复区域】服务器行为是将当前包含动态数据的区域沿垂直方向循环显示，在数据集导航条的帮助下完成大数据页面的分页显示技术，插入重复区域的具体操作步骤如下。

(1) 选择【窗口】|【服务器行为】命令，打开【服务器行为】面板，在面板中单击 ✚ 按钮，在弹出的菜单中选择【重复区域】选项，如图16.40所示。

(2) 选择选项后，弹出【重复区域】对话框，如图16.41所示。

图16.40　选择【重复区域】选项　　　　　图16.41　【重复区域】对话框

(3) 在对话框中的【记录集】下拉列表框中设置需要在重复区域中显示数据的记录集，在【显示区域】中设置每页可以显示的记录数。

(4) 单击【确定】按钮，即可完成【重复区域】对话框的设置，新定义的重复区域就会出现在【服务器行为】面板中。

16.6.5 记录集分页

插入记录集分页的具体操作步骤如下。

(1) 选择需要链接的对象，可以是文本或者是图像，如果在页面中没有选择任何内容，在对话框中的【链接】下拉列表框中选择【创建新链接】选项。

(2) 选择【窗口】|【服务器行为】命令，打开【服务器行为】面板，在面板中单击➕按钮，在弹出的下拉菜单中选择【记录集分页】选项，在弹出的子菜单中可以根据需要选择，如图16.42所示。

图16.42　选择【记录集分页】选项

- 移至第一页：选择该命令，则可以将所选的链接或文本设置为跳转到记录集显示子页的第一页的链接。
- 移至前一页：选择该命令，则可以将所选的链接或文本设置为跳转到上一页显示子页的链接。
- 移至下一页：选择该命令，则可以将所选的链接或文本设置为跳转到下一页子页的链接。
- 移至最后一页：选择该命令，则可以将所选的链接或文本设置为跳转到记录集显示子页的最后一页的链接。

16.6.6 用户身份验证

1. 登录用户

(1) 选择【窗口】|【服务器行为】命令，打开【服务器行为】面板，在面板中单击 ✚ 按钮，在弹出的菜单中选择【用户身份验证】|【登录用户】选项，选择选项后，弹出【登录用户】对话框，如图16.43所示。

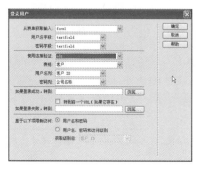

图16.43 【登录用户】对话框

在【登录用户】对话框中主要有以下参数。

- 从表单中获取输入：在下拉列表中设置哪一个表单的提交。
- 用户名字段：在下拉列表中设置用户名称所对应的文本域的名称。
- 密码字段：在下拉列表中设置用户密码所对应的文本域。
- 使用连接验证：在下拉列表中确定使用哪一个数据库连接。
- 表格：在下拉列表中设置要使用数据库中的哪一个表格。
- 用户名列：在下拉列表中选择用户名对应的字段。
- 密码列：在下拉列表中选择用户密码对应的字段。
- 如果登录成功，转到：在文本框中输入如果登录成功(验证通过)那么就跳转到所指定的页面。
- 转到前一个URL(如果它存在)：选择复选框，如果存在一个需要通过当前定义的登录行为验证才能访问的页面。
- 如果登录失败，转到：在文本框中输入如果登录不成功(验证没有通过)那么就跳转到所指定的页面。
- 基于以下项限制访问：选项提供的一组单选按钮中，可以选择是否包含级别验证。

(2) 在对话框中进行相应的设置，单击【确定】按钮，即可创建登录用户服务器行为。

2. 限制对页的访问

选择【窗口】|【服务器行为】命令，打开【服务器行为】面板，在面板中单击 ✚ 按钮，在弹出的菜单中选择【用户身份验证】|【限制对页的访问】选项，选择选项后，弹出【限制对页的访问】对话框，如图16.44所示。

图16.44 【限制对页的访问】对话框

在【限制对页的访问】对话框中主要有以下参数。

- 在【基于以下内容进行限制】选项组中，可以选择是否包含级别验证。
- 如果没有经过验证，那么就将跳转到指定的页面。
- 如果需要进行经过验证，则可以单击【定义】按钮，来添加级别。

3. 注销用户

选择【窗口】|【服务器行为】命令，打开【服务器行为】面板，在面板中单击 ┻ 按钮，在弹出的菜单中选择【用户身份验证】|【注销用户】选项，选择选项后，弹出【注销用户】对话框，如图16.45所示。

图16.45　【注销用户】对话框

在【限制对页的访问】对话框中主要有以下参数。

- 单击链接：当单击指定的链接时运行。
- 页面载入：加载本页面时运行。
- 在完成后，转到：用来指定运行【注销用户】服务器行为后引导用户所至的页面。

4. 检查新用户名

选择【窗口】|【服务器行为】命令，打开【服务器行为】面板，在面板中单击 ┻ 按钮，在弹出的菜单中选择【用户身份验证】|【检查新用户名】选项，选择选项后，弹出【检查新用户名】对话框，如图16.46所示。

图16.46　【检查新用户名】对话框

在【检查新用户名】对话框中主要有以下参数。

- 用户名字段：选择需要验证的记录字段。
- 如果存在，则转到：指定引导用户所去的页面。

16.7 本章实例

　　留言系统是网站与用户交流沟通的方式之一。当客户浏览网页时，如果有什么需要，可以在留言系统中给站点管理员留言。留言系统作为一个非常重要的交流工具在收集用户意见方面起到了很大的作用。

16.7.1 实例1——创建留言添加页面

添加留言页面效果如图16.47所示,主要是利用插入表单对象、检查表单行为和创建插入记录服务器行为制作的,具体操作步骤如下。

图16.47 添加留言页面效果

(1) 打开网页文档,将其保存为tianjia.asp,如图16.48所示。

(2) 将光标置于相应的位置,选择【插入】|【表单】|【表单】命令,插入表单,如图16.49所示。

图16.48 另存为tianjia.asp

图16.49 插入表单

(3) 将光标置于表单中,选择【插入】|【表格】命令,插入6行2列的表格,在【属性】面板中将【填充】设置为4,【间距】设置为2,【对齐】设置为【居中对齐】,如图16.50所示。

(4) 分别在第1列单元格中输入文字,如图16.51所示。

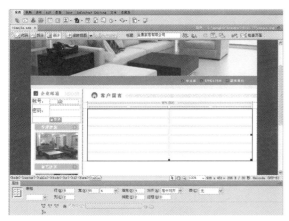

图16.50 插入表格

图16.51 输入文字

（5）将光标置于第1行第2列单元格中，选择【插入】|【表单】|【文本域】命令，插入文本域，在【属性】面板中的【文本域名称】文本框中输入"name"，【字符宽度】设置为25，【类型】设置为【单行】，如图16.52所示。

（6）将光标置于第2行第2列单元格中，插入文本域，在【属性】面板中的【文本域名称】文本框中输入"Email"，【字符宽度】设置为25，【类型】设置为【单行】，如图16.53所示。

图16.52 插入文本域

图16.53 插入文本域

（7）将光标置于第3行第2列单元格中，插入文本域，在【属性】面板中的【文本域名称】文本框中输入"QQ"，【字符宽度】设置为25，【类型】设置为【单行】，如图16.54所示。

（8）将光标置于第4行第2列单元格中，选择【插入】|【表单】|【文本域】命令，插入文本域，在【属性】面板中的【文本域名称】文本框中输入"subject"，【字符宽度】设置为25，【类型】设置为【单行】，如图16.55所示。

| 图16.54 插入文本域 | 图16.55 插入文本域 |

(9) 将光标置于第5行第2列单元格中，选择【插入】|【表单】|【文本区域】命令，插入文本区域，在【属性】面板中的【文本域名称】文本框中输入"content"，【字符宽度】设置为50，【行数】设置为6，【类型】设置为【多行】，如图16.56所示。

(10) 将光标置于第6行第2列单元格中，选择【插入】|【表单】|【按钮】命令，插入按钮，在【属性】面板中的【值】文本框中输入"提交"，【动作】设置为【提交表单】，如图16.57所示。

| 图16.56 插入文本区域 | 图16.57 插入按钮 |

(11) 将光标置于按钮的后面，再插入一个按钮，在【属性】面板中的【值】文本框中输入"重置"，【动作】设置为【重设表单】，如图16.58所示。

(12) 选中表单，选择【窗口】|【行为】命令，打开【行为】面板，在面板中单击 **+,** 按钮，在弹出的菜单中选择【检查表单】选项，如图16.59所示。

| 图16.58 插入按钮 | 图16.59 选择【检查表单】选项 |

(13) 弹出【检查表单】对话框，在对话框中将文本域name、subject 和content的【值】设置为【必需

的】，【可接受】设置为【任何东西】，文本域Email的【值】设置为【必需的】，【可接受】设置为【电子邮件地址】，文本域QQ的【值】设置为【必需的】，【可接受】设置为【数字】，如图16.60所示。

(14) 单击【确定】按钮，添加行为，将事件设置为onSubmit，如图16.61所示。

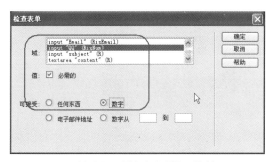

图16.60　【检查表单】对话框　　　　　　　　　　图16.61　添加行为

(15) 单击【服务器行为】面板中的 ✚ 按钮，在弹出的菜单中选择【数据源名称(DSN)】选项，弹出【数据源名称(DSN)】对话框，在对话框中的【连接名称】设置为"liuyan"，在【数据源名称(DSN)】下拉列表中选择liuyan，如图16.62所示。

(16) 单击【确定】按钮，链接制作好的数据库文件，如图16.63所示。

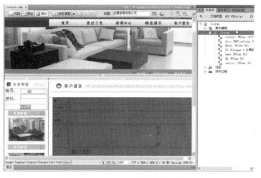

图16.62　【数据源名称(DSN)】对话框　　　　　　　图16.63　链接数据库

(17) 单击【服务器行为】面板中的 ✚ 按钮，在弹出的菜单中选择【插入记录】选项，弹出【插入记录】对话框，在对话框中的【连接】下拉列表中选择liuyan，在【插入到表格】下拉列表中选择liuyan，在【插入后，转到】文本框中输入"liebiao.asp"，在【获取值自】下拉列表中选择form1，如图16.64所示。

(18) 单击【确定】按钮，创建插入记录服务器行为，如图16.65所示。

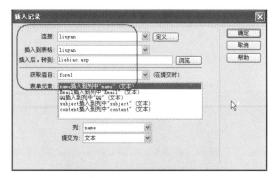

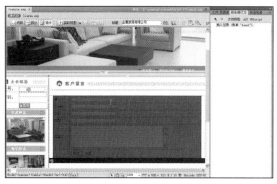

图16.64　【插入记录】对话框　　　　　　　　　图16.65　创建服务器行为

16.7.2 实例2——创建留言列表页面

留言列表页面效果如图16.66所示，主要利用创建记录集，绑定字段，创建重复区域，记录集分页和显示区域服务器行为制作的，具体操作步骤如下。

图16.66　留言列表页面效果

(1) 打开网页文档，将其保存为liebiao.asp。

(2) 将光标置于相应的位置，选择【插入】|【表格】命令，插入4行1列的表格，在【属性】面板中将【填充】设置为2，【对齐】设置为【居中对齐】，如图16.67所示。

(3) 将光标置于第1行单元格中，输入文字，如图16.68所示。

图16.67　插入表格

图16.68　输入文字

(4) 单击【绑定】面板中的 + 按钮，在弹出的菜单中选择【记录集(查询)】选项，弹出【记录集】对话框，在对话框中的【名称】文本框中输入"R1"，在【连接】下拉列表中选择liuyan，在【表格】下拉列表中选择liuyan，【列】勾选【全部】单选按钮，【排序】下拉列表中选择date和降序，如图16.69所示。

(5) 单击【确定】按钮，创建记录集，如图16.70所示。

图16.69　【记录集】对话框

图16.70　创建记录集

(6) 将光标置于文字【姓名】的后面，在【绑定】面板中选择name字段，单击右下角的【插入】按钮，绑定字段，如图16.71所示。

(7) 按照步骤(6)的方法，分别将Email、QQ、subject、content和date字段绑定到相应的位置，如图16.72示。

图16.71　绑定字段

图16.72　绑定字段

(8) 选中{R1.Email}，在【属性】面板中的【链接】文本框中输入"#"，进行空链接，如图16.73所示。

(9) 选中{R1.Email}，在【属性】面板中的【链接】文本框中代码前面加上Mailto:，如图16.74所示。

图16.73　设置链接

图16.74　添加Mailto:

技巧 提示 ●●●

E-mail链接必须在E-mail前面加上Mailto:，而数据库中的Email字段没有这几个字，所有必须加上去。

(10) 选中表格，单击【服务器行为】面板中的 **+** 按钮，在弹出的菜单中选择【重复区域】选项，弹出【重复区域】对话框，在对话框中的【记录集】下拉列表中选择R1，【显示】选择【4记录】，如图16.75所示。

(11) 单击【确定】按钮，创建重复区域服务器行为，如图16.76所示。

图16.75 【重复区域】对话框

图16.76 创建服务器行为

(12) 将光标置于表格的右边，按Shift+Enter组合键换行，选择【插入】|【表格】命令，插入1行1列的表格，在【属性】面板中将【填充】设置为4，【对齐】设置为【右对齐】，如图16.77所示。

(13) 将光标置于表格中，输入文字，如图16.78所示。

图16.77 插入表格

图16.78 输入文字

(14) 选中文字【首页】，单击【服务器行为】面板中的 **+** 按钮，在弹出的菜单中选择【记录集分页】|【移至第一页】选项，弹出【移至第一条记录】对话框，在对话框中的【记录集】下拉列表中选择R1，如图16.79所示。

(15) 单击【确定】按钮，创建移至第一条记录服务器行为，如图16.80所示。

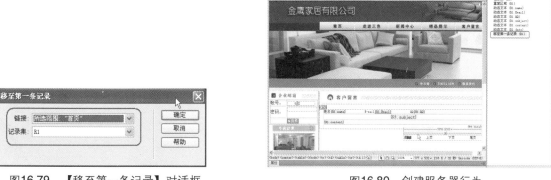

图16.79 【移至第一条记录】对话框　　　　　　　　　　图16.80 创建服务器行为

(16) 按照步骤(14)~(15)的方法，分别为文字【上页】、【下页】和【尾页】创建【移至前一页】、【移至下一页】和【移至最后一页】服务器行为，如图16.81所示。

(17) 选中文字【首页】，单击【服务器行为】面板中的 ⁺ 按钮，在弹出的菜单中选择【显示区域】|【如果不是第一页则显示区域】选项，弹出【如果不是第一条记录则显示区域】对话框，在对话框中的【记录集】下拉列表中选择R1，如图16.82所示。

图16.81 创建服务器行为　　　　　　　　　　图16.82 【如果不是第一条记录则显示区域】对话

(18) 单击【确定】按钮，创建如果不是第一条记录则显示区域服务器行为，如图16.83所示。

(19) 按照步骤(17)~(18)的方法，分别为文字【上页】、【下页】和【尾页】创建【如果为最后一条页则显示区域】、【如果为第一页则显示区域】和【如果不是最后一条页则显示区域】服务器行为，如图16.84所示。

图16.83 创建服务器行为　　　　　　　　　　图16.84 创建服务器行为

第 17 章

网站的发布和维护

本章导读

    网页制作完毕要发布到网站服务器上才能让别人观看。现在上传用的工具有很多，既可以采用专门的FTP工具，也可以采用网页制作工具本身带有的FTP功能。网站发布以后，必须进行推广才能让更多的人知道。

学习要点

- 网站的测试
- 网站的发布
- 网站的维护与推广

17.1 测试网站

整个网站中有成千上万的超级链接，发布网页前需要对这些链接进行测试，如果对每个链接都进行手工测试，会浪费很多时间，Dreamweaver中的【站点管理器】窗口就提供了对整个站点的链接进行快速检查的功能。

17.1.1 检查链接

如果网页中存在错误链接，这种情况下是很难被察觉的。采用常规的方法，只有打开网页单击链接时才能发现错误。使用Dreamweaver可以帮助快速检查站点中网页的链接，避免出现链接错误。为当前站点检查链接的具体操作步骤如下。

(1) 选择【站点】|【检查站点范围的链接】命令，Dreamweaver将会自动为站点检查链接，检查结果出来后将会在【链接检查器】面板中显示出检查结果，如图17.1所示。

图17.1 检查结果

(2) 在【链接检查器】面板中的【显示】下拉列表框中选择【断掉的链接】选项，将会在下面的列表框中显示出站点中所有断掉的链接。

(3) 在【链接检查器】面板中的【显示】下拉列表框中选择【外部链接】选项，将会在下面的列表框中显示出站点中包含外部链接的文件，如图17.2所示。

图17.2 外部链接

(4) 在【链接检查器】面板中的【显示】下拉列表框中选择【孤立文件】选项，将会在下面的列表框中显示出站点中所有的孤立文件，如图17.3所示。

图17.3 孤立文件

17.1.2 创建站点报告

站点报告用来检查有无多余的标签，具体操作步骤如下。

(1) 选择【站点】|【报告】命令，弹出【报告】对话框，在对话框中的【报告在】下拉列表框中选择【整个当前本地站点】选项，【选择报告】列表框中勾选【多余的嵌套标签】和【可移除的空标签】复选框，如图17.4所示。

(2) 单击【运行】按钮，Dreamweaver会对整个站点进行检查。检查完毕后，将会自动打开【站点报告】面板，在面板中显示检查结果，如图17.5所示。

图17.4 【报告】对话框   图17.5 【站点报告】面板

(3) 在面板中双击其中的任何文件，将会自动打开页面文件，并选中空标签，可以进行编辑。

17.1.3 清理文档

清理文档就是清理一些空标签或者在Word中编辑时所产生的一些多余的标签，具体操作步骤如下。

(1) 打开需要清理的文档，选择【命令】|【清理HTML】命令，弹出【清理HTML/XHTML】对话框，

(2) 在对话框中【移除】选项组中勾选【空标签区块】和【多余的嵌套标签】复选框，或者在【指定的标签】文本框中输入所要删除的标签，并在【选项】选项组中勾选【尽可能合并嵌套的<font>标签】和【完成后显示记录】复选框，如图17.6所示。

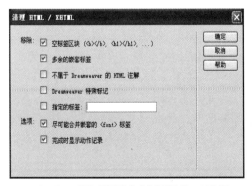

图17.6 【清理HTML/XHTML】对话框

(3) 单击【确定】按钮，Dreamweaver自动开始清理工作。清理完毕后，弹出一个提示框，在提示框中显示清理工作的结果，如图17.7所示。

(4) 选择【命令】|【清理Word生成的HTML】命令，弹出【清理Word生成的HTML】对话框，如图17.8所示。

图17.7　显示清理工作的结果

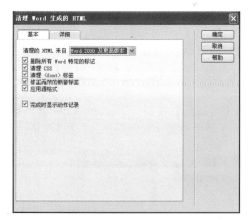

图17.8　【清理Word生成的HTML】对话框

(5) 在对话框中单击【详细】选项卡，勾选需要的选项，如图17.9所示。

(6) 单击【确定】按钮，清理工作完成后显示提示框，如图17.10所示。

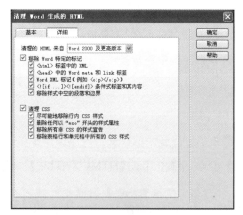

图17.9　【详细】选项卡

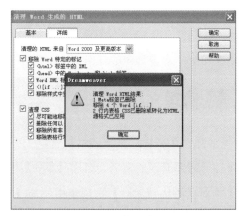

图17.10　提示框

17.1.4 站点的其他设置

还有一种【高级】的方式也可以用来创建站点，在新建站点的窗口中单击左上角的标签即可进行切换，这种方式适用于对Dreamweaver已经有了一定了解的用户，通过高级选项卡设置站点的具体操作步骤如下。

(1) 选择【站点】|【管理站点】命令，弹出【管理站点】对话框，在对话框中单击【编辑】按钮，在弹出的【xiaoguo的站点定义为】对话框中单击【高级】选项卡，在【分类】列表框中选择【本地信息】选项，如图17.11所示。

(2) 在【分类】列表中选择【远程信息】选项，这里主要设置访问远程文件夹的方法，主要有无、FTP、本地/网络、WebDAV、RDS和SourceSafe(R)数据库几种方法。其中最常用的是FTP访问远程方法，如图17.12所示。

图17.11 【本地信息】选项

图17.12 【远程信息】选项

在【远程信息】选项中可以进行如下设置。

- FTP主机：在文本框中输入远程站点的FTP主机名。
- 主机目录：在文本框中输入在远程站点上的主机目录。
- 登录：在文本框中输入用于连接到FTP服务器的登录名。
- 密码：在文本框中输入用于连接到FTP服务器的密码。
- 保存：默认情况下，Dreamweaver保存密码。如果希望每次连接到远程服务器时，Dreamweaver都提示输入密码，取消勾选【保存】复选框。
- 如果防火墙配置要求使用Passive FTP，勾选【使用Passive FTP】复选框。
- 如果从防火墙后面连接到远程服务器，勾选【使用防火墙】复选框。
- 如果希望在保存文件时，Dreamweaver将文件上传到远程站点，勾选【保存时自动将文件上传到服务器】复选框。
- 勾选【使用安全FTP】复选框以使用安全FTP身份验证。
- 如果希望激活【存回/取出】系统，则勾选【启用文件存回和取出】复选框。

(3) 在【分类】列表中选择【测试服务器】选项，用于指定Dreamweaver CS4处理动态页以进行网页创作的测试服务器，如图17.13所示。

(4) 在【分类】列表中选择【版本控制】选项，Dreamweaver可以连接到使用Subversion (SVN)的服务器，Subversion是一种版本控制系统，它使用户能够协作编辑和管理远程Web服务器上的文件。Dreamweaver不是一个完整的SVN客户端，但却可使用户获取文件的最新版本、更改和提交文件。与服务器建立连接后，可在【文件】面板中查看SVN存储库。若要查看SVN存储库，可以从【视图】弹出菜单中选择【存储库视图】，或在展开的【文件】面板中，单击【存储库文件】按钮，如图17.14所示。

图17.13 【测试服务器】选项

图17.14 【版本控制】选项

在【版本控制】选项中可以进行如下设置。

- 协议：可选协议包括HTTP、HTTPS、SVN和SVN+SSH。
- 服务器地址：输入SVN服务器的地址。通常形式为"服务器名称.域.com"。
- 存储库路径：输入SVN服务器上存储库的路径。通常类似于"/svn/your_root_directory"，SVN存储库根文件夹的命名由服务器管理员确定。
- 服务器端口：如果希望使用的服务器端口不同于默认服务器端口，请选择【非默认值】，并在文本框中输入端口号。
- 用户名与密码：输入SVN服务器的用户名和密码。

(5) 在【分类】列表中选择【遮盖】选项，用于在所有站点操作中排除指定的文件夹和文件。如果不希望上传多媒体文件，可以将多媒体文件所在的文件夹遮盖，此时多媒体文件就不会被上传了，如图17.15所示。

(6) 在【分类】列表中选择【设计备注】选项，在最初开发站点，需要记录一些开发过程中的信息或备忘。如果在团队中开发站点，需要记录一些与别人共享的信息，然后上传到服务器，供别人访问，如图17.16所示。

图17.15 【遮盖】选项

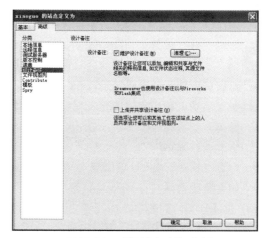

图17.16 【设计备注】选项

在【设计备注】选项中可以进行如下设置。

- 设计备维护设计备注：可以保存设计备注。
- 清理：单击此按钮，删除过去保存的设计备注。
- 上传并共享设计备注：可以在上传或取出文件的时候，设计备注上传到【远程信息】中设置的远端服务器上。

(7) 在【分类】列表中选择【文件视图列】选项，如图17.17所示，用来设置站点管理器中的文件浏览器窗口所显示的内容。

在【文件视图列】选项中可以进行如下设置。

- 名称：显示文件名。
- 备注：显示设计备注。
- 大小：显示文件大小。
- 类型：显示文件类型。
- 修改：显示修改内容。

- 取出者：正在被谁打开和修改。
- 调整列的先后顺序：选重要调整的列的项目，单击面板右上角的向上或者向下的按钮，调整列的先后顺序。
- 添加新列：单击⊞按钮，可以添加新列。选中新添加的列，下面设置面板出现相应设置项目。

(8) 在【分类】列表中选择Contribute选项，勾选【启用Contribute兼容性】复选框，则可以提高与Contribute用户的兼容性，如图17.18所示。

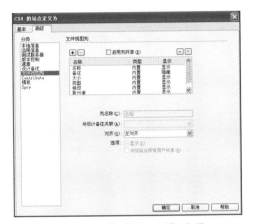

图17.17 【文件视图列】选项　　　　　　　　　图17.18 Contribute选项

(9) 在【分类】列表中选择【模板】选项，如图17.19所示。

(10) 在【分类】列表中选择Spry选项，如图17.20所示。

图17.19 【模板】选项　　　　　　　　　　　图17.20 Spry选项

(11) 在对话框中设置完毕后，单击【确定】按钮，返回到【管理站点】对话框，单击【确定】按钮，即可完成站点的设置。

17.2 发布网站

中国风——中文版Dreamweaver CS4学习总动员

网站的页面制作完毕，链接也测试完毕，并且连接到远程服务器后，就可以开始发布上传了。利用

Dreamweaver发布网站的具体操作步骤如下。

(1) 选择【站点】|【管理站点】命令，弹出【管理站点】对话框，如图17.21所示。

(2) 单击【编辑】按钮，弹出【站点定义为】对话框，在对话框中单击【高级】选项卡，在【分类】列表框中选择【远程信息】选项，在【访问】下拉列表框中选择FTP选项，如图17.22所示。

图17.21　【管理站点】对话框

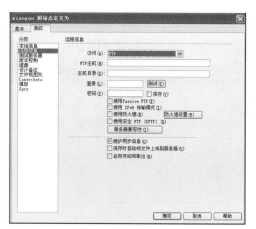

图17.22　【远程信息】选项

在【远程信息】选项中可以设置以下参数。

【FTP主机】：输入站点要传到的FTP主机名，也就是Internet上计算机的域名，在输入时直接输入，不用加任何协议。

【主机目录】：输入在远程站点需要进入的目录名称，即该计算机上对应用于存放站点的目录名称。

【登录】：用户拥有的FTP服务主机的用户名。

【密码】：相应用户的密码。出于安全方面的考虑，在【密码】文本框后面的【保存】复选框通常都不选，而是每次连接服务器时都输入密码。

【测试】按钮：测试连接到FTP是否成功。

【保存】：Dreamweaver保存连接到远程服务器时输入的密码。

【使用Passive FTP】：如果防火墙配置要求使用Passive FTP，则勾选此复选框。

【使用防火墙】：如果从防火墙后面连接到远程服务器，则勾选此复选框。

【保存时自动将文件上传到服务器】：可以在保存文件时，由Dreamweaver将文件自动上传到远程站点。

【使用安全FTP】：勾选此复选框以使用安全FTP身份验证。

如果希望激活【存回/取出】系统，则勾选【启用存回和取出】复选框。

(3) 设置完远程信息的相关参数后，单击【确定】按钮。

(4) 选择【窗口】|【文件】命令，打开【文件】面板，在面板中单击🔲按钮，如图17.23所示。

图17.23 【文件】面板

(5) 弹出如图17.24所示的对话框，在对话框中单击【连接到远端主机】按钮 ，建立与远程服务器的连接。

(6) 连接到服务器后，【连接到远端主机】按钮 会自动变为闭合状态，并在一旁亮起一个小绿灯，列出远端网站的目录，右侧窗口显示为【本地信息】，如图17.25所示。

图17.24 建立与远程服务器的连接

图17.25 连接到服务器

(7) 在本地目录中选择要上传的文件，单击【上传文件】按钮 ，上传文件。上传完毕后，左边【远端站点】列表框中将显示出已经上传的本地文件。

17.3 网站的维护与推广

中国风——中文版Dreamweaver CS4学习总动员

一个好的网站，是不可能一次就制作完美的。由于市场环境在不断地变化，网站的内容也需要随之调整，给人经常更新的感觉，只有这样网站才会更加吸引访问者，而且给访问者很好的印象。这就要求对站点进行长期的不间断的维护和更新。

17.3.1 网站更新

网站的内容应该经常更新，如果浏览者访问某企业网站看到的都是该企业很久以前的信息，那么他们对企业的印象肯定会大打折扣。因此注意实时更新网站内容是相当重要的。在网站栏目设置上，最好将一些可以定期更新的栏目(如新闻等)放在首页上，使首页的更新频率更高些。

网站风格的更新包括版面和配色等各方面。改版后的网站让客户感觉焕然一新。但是改版周期不能太短。如果客户对网站比较满意，改版可以延长到几个月甚至半年。一般一个网站建设完成以后，代表了公司的形象，公司的风格。随着时间的推移，很多客户对这种形象已经形成了定势。如果经常改版，会让客户感觉不适应，特别是那种彻底改变风格的改版。当然如果对公司网站有更好的设计方案，可以考虑改版。毕竟长期使用一种版面会让人感觉陈旧、厌烦。

17.3.2 网站推广

目前，网络推广主要有以下几种形式，这几种方式各有特点，下面逐一对其介绍。

1．登录搜索引擎

据统计，除电子邮件以外，信息搜索已成为第二大互联网应用。并且随着技术进步，搜索效率不断提高，用户在查询资料时不仅越来越依赖于搜索引擎，而且对搜索引擎的信任度也日渐提高。有了如此雄厚的用户基础，利用搜索引擎宣传企业形象和产品服务当然能获得极好的效果。所以对于信息提供者，尤其是对商业网站来说，目前很大程度上也都是依靠搜索引擎来扩大自己的知名度。

国内外调查报告表明，除了国外如Microsoft、IBM、Yahoo等著名企业网站，国内如新浪、搜狐、网易这样的大型互联网站可以获得大量独立域名访问外，一般网站的访问来源有75%或以上都是来自各搜索引擎，其重要性可见一斑。常见的搜索引擎网站有Google、百度、雅虎等，如图17.26所示百度。

图17.26　百度网

2．规划站点

一个网站设计的成功与否，很大程度上取决于设计者的规划水平。网站规划包含的内容很多，如网站的结构、栏目的设置、网站的风格、网站导航、颜色搭配、版面布局、文字图片的运用等。只有在制作网页之前把这些方面都考虑到了，才能在制作时驾轻就熟，胸有成竹。

搜索引擎上的信息针对性都很强。用搜索引擎查找资料的人都是对某一特定领域感兴趣的群体，所以愿意花费精力找到网站的人，往往很有可能就是渴望已久的客户。而且不用强迫别人接受提出要求的信息，相反，如果客户确实有某方面的需求，他就会主动找上门来。

3．电子邮件推广

电子邮件推广是利用邮件地址列表，将信息通过E-Mail发送到对方邮箱，来达到宣传推广的目的。电子邮件是目前使用最广泛的互联网应用。它方便快捷，成本低廉，不失为一种有效的联络工具，电子邮件推销类似传统的直销方式，属于主动信息发布，带有一定的强制性。

目前，市面上还出现了一种称为【定向邮件系统】，该系统要么将邮件地址按行业进行分门别类，要么干脆就是某站点的邮件列表(Mailing List)，对象为列表的订户。与上述混杂的邮件地址比较，定向邮件的针对性显然要强一些。

4．网络广告

网络广告是指在其他网站上刊登企业的视觉宣传信息。一般形式是各种图形广告，称为旗帜广告。网络广告本质上还是属于传统宣传模式，只不过载体不同而已。如图17.27所示使用网络广告推广网站。

图17.27 网络广告

5．交换链接/广告互换

网站之间互相交换链接和互换广告有助于增加双方的访问量，但这是对个人主页或非商业性的以提供信息为主的网站而言。企业网站如借鉴这种方式则可能搬起石头砸自己的脚，搞不好会将自己好不容易吸引过来的客户拱手让给别人。

如果网站提供的是某种服务，而其他网站的内容刚好和你形成互补，这时不妨考虑与其建立链接或交换广告，一来增加了双方的访问量，二来可以给客户提供更加周全的服务，同时也避免了直接的竞争。此外还可考虑与门户或专业站点建立链接，不过这项工作负担很重。首先要逐一确定链接对象的影响力，其次要征得对方的同意。现实情况往往是，小网站迫切希望与你做链接，而大网站却常常不太情愿，除非在经济上或信息内容上给它带来好处。

6．在新闻组和论坛上发布网站信息

互联网上有大量的新闻组和论坛，人们经常就某个特定的话题在上面展开讨论和发布消息，其中当然也包括商业信息。实际上专门的商业新闻组和论坛数量也很多，不少人利用它们来宣传自己的产品。但是，由于多数新闻组和论坛是开放性的，几乎任何人都能在上面随意发布消息，所以其信息质量比起搜索引擎来要逊色一些。而且在将信息提交到这些网站时，一般都被要求提供电子邮件地址，这往往会给垃圾邮件提供可乘之机。当然，在确定能够有效控制垃圾邮件前提下，企业不妨也可以考虑利用新闻组和论坛来扩大宣传面。

7．其他网站推广方式

除上面几种主要的网络营销方式外，还有如制造事件、提供免费资源等其他推广手段。但这些宣传手段一般不是成本高昂，就是影响力有限。尤其像制造事件这类方式，比较适合有资金技术实力的大企业，对于外向型和中、小企业来说没有多少采用的价值。

第 18 章

设计美食休闲网站

本章导读

随着互联网的飞速发展，不仅涌现出了很多个人网站和商业网站，也产生了很多的美食休闲类网站。本章就通过一个美食网站的制作来讲述美食休闲类网站的设计。

学习要点

- 熟悉美食休闲类网站设计
- 掌握制作网站主页

18.1 美食休闲类网站概述

美食网站的主要内容是以美食及饮食相关信息为主的精彩文章与菜谱，目的是让美食爱好者或从事饮食行业的相关人事可以从这里找到自己喜欢的需要的东西。

18.1.1 美食网站介绍

本章制作的美食休闲网站是一家具有预定功能的美食网站，主要通过收集整理吃、喝、玩、乐的各类信息，集中到一个统一的网络平台上进行展示、宣传和推广。它方便了网民及游客在这方面的需求，也促进了美食、休闲、娱乐、生活、旅游爱好者的交流学习，为消费者提供了更为广泛的选择空间。消费者可以随时上网查找或电话咨询，依照个人的消费档次、偏爱的环境等个性化喜好进行检索、挑选并在线免费预定、预购或休闲娱乐。每个录入的单位将拥有一个独立的网页，包括企业简介、特色服务、交通路线、热线电话等，可以很方便地通过这些信息选择所喜爱的美食天地、休闲娱乐及购物场所。同时，配有企业内部设施及环境图片，对企业的形象起了一个很好的推广作用，为企业挖掘潜在的客户，方便了人们消费选择。此外，网站浏览计数和顾客评价系统，可帮助企业了解顾客的意见，完善自我经营。

18.1.2 美食网站网页配色原则

美食网站是与生活相关的网站。网站的特点一般是较为实用，贴近生活，其设计风格也比较多元化，可以华丽动感，也可以时尚高雅，这主要由网站内容来确定。本站制作的美食休闲网站效果如图18.1所示。橙色是可以通过变换色调营造出不同氛围的典型颜色，它既能表现出青春的活力也能够实现稳重的效果，所以橙色在网页中的使用范围是非常广泛的。橙色适用于视觉要求较高的时尚网站，也常被用于味觉较高的食品网站，是容易引起食欲的颜色。

图18.1　美食休闲网站效果

18.2 制作网站主页

本章实例结构简单、传统，适用于不同类型的网站。在网页制作过程中，首先制作主页，需要熟悉掌握网页布局、表格嵌套、图像的插入和文本的插入设置方法等。

18.2.1 制作网站顶部文件

制作网站顶部文件效果18.2所示，具体操作步骤如下。

图18.2 网站顶部文件效果

(1) 新建空白文档，将其保存为index.htm，选择【修改】|【页面属性】命令，弹出【页面属性】对话框，在对话框中将【大小】设置为12像素，【左边距】、【右边距】、【上边距】和【下边距】分别设置为0像素，如图18.3所示。

(2) 在对话框中的【分类】列表中选择【标题/编码】选项，在【标题】文本框中输入"美食休闲网"，如图18.4所示。

图18.3 【页面属性】对话框

图18.4 设置【标题/编码】选项

(3) 单击【确定】按钮，设置页面属性。将光标置于页面中，选择【插入】|【表格】命令，插入3行1列的表格，此表格记为表格1，在【属性】面板中将【对齐】设置为【居中对齐】，如图18.5所示。

(4) 将光标置于【表格1】的第1行单元格，选择【插入】|【图像】命令，插入图像images/top.jpg，如图18.6所示。

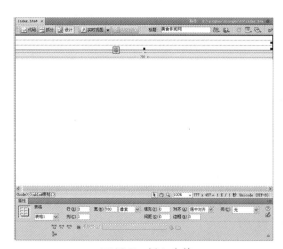

图18.5　插入表格

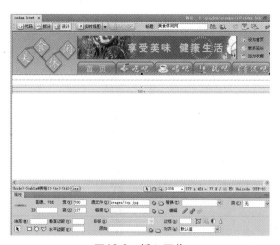

图18.6　插入图像

(5) 将光标置于表格1的第2行单元格，插入背景图像images/dh_bg.gif，将【高】设置为32，插入图像images/chi.jpg，如图18.7所示。

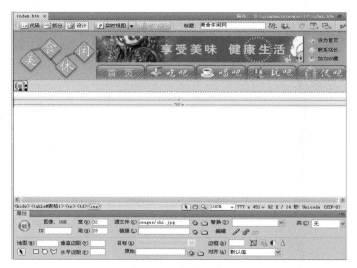

图18.7　插入图像

(6) 将光标置于表格1的第2行单元格中图像的后面，切换到代码视图，输入以下代码，如图18.8所示。

```
<SCRIPT language=JavaScript>

today=new Date();

function initArray(){

this.length=initArray.arguments.length

for(var i=0;i<this.length;i++)

this[ i+1]=initArray.arguments[ i]  }

var d=new initArray(

"星期日",

"星期一",
```

```
"星期二",

"星期三",

"星期四",

"星期五",

"星期六");

document.write(

"<font color=#000000 style='font-size:9pt;font-family: 宋体'> ",

today.getYear(),"年",

today.getMonth()+1,"月",

today.getDate(),"日   ",

d[ today.getDay()+1],

"</font>" );

</SCRIPT>
```

(7) 将光标置于表格1的第3行单元格中，将【背景颜色】设置为#f7941d，【高】设置为29，选择【插入】|【表单】|【表单】命令，插入表单，如图18.9所示。

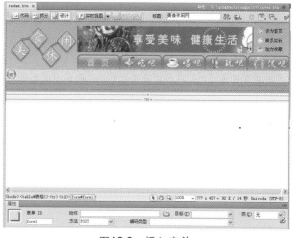

图18.8　输入代码

图18.9　插入表单

(8) 将光标置于表单中，插入1行6列的表格，此表格记为表格2，在第1列单元格中插入图像images/seach.jpg，如图18.10所示。

(9) 将光标置于表格2的第2列单元格中，输入文字，在第3列单元格中插入文本域，在【属性】面板中将【字符宽度】设置为18，【类型】设置为【单行】，【初始值】文本框中输入"请输入查询关键词"，如图18.11所示。

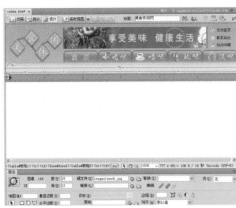
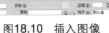

图18.10　插入图像

图18.11　插入文本域

(10) 将光标置于表格2的第4列单元格中，选择【插入】|【表单】|【图像域】命令，弹出【选择图像源文件】对话框，在对话框中选择images/go2.gif，如图18.12所示。

(11) 单击【确定】按钮，插入图像域，如图18.13所示。

图18.12　【选择图像源文件】对话框

图18.13　插入图像域

(12) 分别在表格2的第5、6列单元格中输入文字，如图18.14所示。

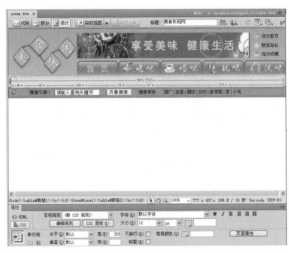

图18.14　输入文字

技巧 提示 ● ● ●

单击【表单】插入栏中的【图像域】按钮，也可以插入图像域。

18.2.2 制作会员登录

会员登录效果如图18.15所示，具体操作步骤如下。

图18.15　会员登录效果

(1) 将光标置于表格1的右边，插入1行2列的表格，此表格记为表格3，在【属性】面板中将【对齐】设置为【居中对齐】，如图18.16所示。

(2) 将光标置于表格3的第1列单元格中，将【宽】设置为179，【垂直】设置为【顶端】，【背景颜色】设置为#ffe0b3，插入2行1列的表格，此表格记为表格4，如图18.17所示。

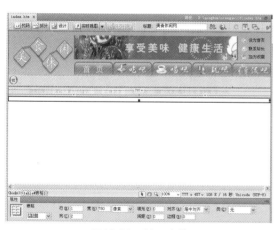

图18.16　插入表格

图18.17　插入表格

(3) 将光标置于表格4的第1行单元格中，选择【插入】|【图像】命令，插入图像images/index-0.jpg，如图18.18所示。

(4) 将光标置于表格4的第2行单元格中，插入背景图像images/dl-bg.jpg，将【高】设置为152，选择【插入】|【表单】|【表单】命令，插入表单，如图18.19所示。

图18.18　插入图像

图18.19　插入表单

技巧 提示 ●●●

在插入表单对象前，为什么要先创建表单？

在插入表单对象之前，首先要创建表单，因为表单对象是表单中的对象，它们都位于表单标记<form></form>之间。如果没有创建表单，就直接插入表单对象，在设置完表单对象的属性后，将会弹出一个提示信息框，询问是否添加表单标签。单击【是】按钮，可以添加表单标签，单击【否】按钮，将不添加表单标签。

(5) 将光标置于表单中，插入4行2列的表格，此表格记为表格5，在【属性】面板中将【填充】设置为2，【对齐】设置为【居中对齐】，并在相应的单元格中输入文字，如图18.20所示。

(6) 将光标置于表格5的第1行第2列单元格中，选择【插入】|【表单】|【文本域】命令，插入文本域，切换到拆分视图，在文本域代码中输入以下代码，如图18.21所示。

```
style="BORDER-RIGHT: #fcafaf 1px solid; BORDER-TOP: #484746 1px solid; FONT-SIZE:
9pt; BORDER-LEFT: #484746 1px solid; WIDTH: 85px; COLOR: #000000; BORDER-BOTTOM:
#fcafaf 1px solid; FONT-FAMILY: 宋体; HEIGHT: 18px; BACKGROUND-COLOR: #ffffff"
```

图18.20　输入文字

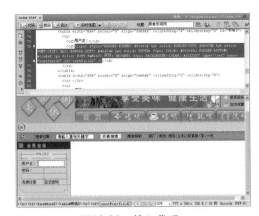

图18.21　输入代码

(7) 将光标置于表格5的第2行第2列单元格中，选择【插入】|【表单】|【文本域】命令，插入文本域，切换到拆分视图，在文本域代码中输入以下代码，如图18.22所示。

style="BORDER-RIGHT: #fcafaf 1px solid; BORDER-TOP: #892c2c 1px solid; FONT-SIZE: 9pt; BORDER-LEFT: #892c2c 1px solid; WIDTH: 85px; COLOR: #000000; BORDER-BOTTOM: #fcafaf 1px solid; FONT-FAMILY: 宋体; HEIGHT: 18px; BACKGROUND-COLOR: #ffffff"

图18.22　输入代码

(8) 将光标置于表格5的第3行第2列单元格中，选择【插入】|【表单】|【图像域】命令，弹出【选择图像源文件】对话框，在对话框中选择图像images/dl.jpg，如图18.23所示。

(9) 单击【确定】按钮，插入图像域，如图18.24所示。

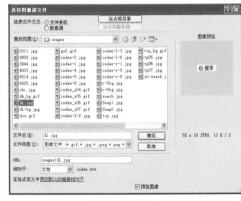

图18.23　【选择图像源文件】对话框

图18.24　插入图像域

 技巧 提示 ●●●

单图像域【属性】面板中主要有以下参数。

- 【图像区域名称】：在其文本框中为图像域命名。
- 【源文件】：指定该按钮在文件夹的位置。
- 【替换】：在其文本框中输入描述性文本，一旦图像在浏览器中载入失败，将显示这些文件。
- 【对齐】：设置图像域的对齐方式。
- 【编辑图像】：单击此按钮，启动默认的图像编辑器并打开该图像文件进行编辑。
- 【类】：设置图像域的样式。

18.2.3 制作网站公告和美食排行

网站公告和美食排行效果如图18.25所示，具体操作步骤如下。

图18.25 网站公告和美食排行效果

(1) 将光标置于表格4的右边，插入2行1列的表格，此表格记为表格6，在第1行单元格中插入图像 images/index-1.jpg，如图18.26所示。

(2) 将光标置于表格6的第2行单元格中，将【高】设置为70，插入2行1列的表格，此表格记为表格7，在【属性】面板中将【对齐】设置为【居中对齐】，分别在单元格中输入文字，将【高】设置为25，如图18.27所示。

图18.26 插入图像

图18.27 输入文字

(3) 选中表格7，切换到拆分视图，在表格代码的前面输入以下代码，如图18.28所示。

```
<MARQUEE onmouseover=this.stop(); onmouseout=this.start() scrollAmount=1
scrollDelay=20 direction=up width="100%" height=60>
```

(4) 选中表格7, 切换到拆分视图, 在表格代码的后面输入</MARQUEE>代码, 如图18.29所示。

图18.28 输入代码

图18.29 输入代码

(5) 将光标置于表格6的右边, 插入1行1列的表格, 此表格记为表格8, 在【属性】面板中将【间距】设置为6, 【背景颜色】设置为#dcce9d, 如图18.30所示。

(6) 将光标置于表格8中, 插入10行1列的表格, 此表格记为表格9, 选中表格9中的所有单元格, 将【背景颜色】设置为#f7ede1, 将【高】设置为20, 分别插入图像并输入相应的文字, 如图18.31所示。

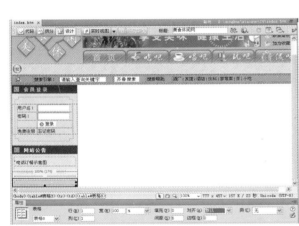
图18.30 插入表格

图18.31 输入文字

18.2.4 制作餐饮搜索和网友评论

制作餐饮搜索和网友评论效果如图18.32所示, 具体操作步骤如下。

图18.32　餐饮搜索和网友评论效果

　　(1) 将光标置于表格8的右边，插入4行1列的表格，此表格记为表格10，在第1行单元格中插入图像 images/index-4.jpg，如图18.33所示。

　　(2) 将光标置于表格10的第2行单元格中，将【高】设置为110，插入4行2列的表格，此表格记为表格11，在【属性】面板中将【对齐】设置为【居中对齐】，选中第1列中所有单元格，将【高】设置为25，输入文字，如图18.34所示。

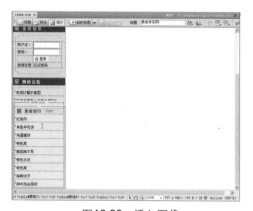

图18.33　插入图像

图18.34　输入文字

　　(3) 将光标置于表格11的第1行第2列单元格中，选择【插入】|【表单】|【列表/菜单】命令，插入列表/菜单，在【属性】面板中单击【列表值】按钮，弹出【列表值】对话框，在对话框中单击田按钮，添加项目标签，如图18.35所示。

　　(4) 单击【确定】按钮，添加到【初始化时选定】列表框中，将【类型】设置为【列表】，【高度】设置为1，如图18.36所示。

技巧　提示 ●●●

列表/菜单的【属性】面板中主要有以下参数。

- 【列表/菜单名称】：在文本框中输入列表/菜单的名称。
- 【类型】：指定此对象是弹出菜单还是滚动列表。
- 【高度】：设置列表框中显示的行数，单位是字符。
- 【选定范围】：指定浏览者是否可以从列表中选择多个项。
- 【初始化时选定】：设置列表中默认选择的菜单项。
- 【列表值】：单击此按钮，弹出【列表值】对话框，在对话框中向菜单中添加菜单项。

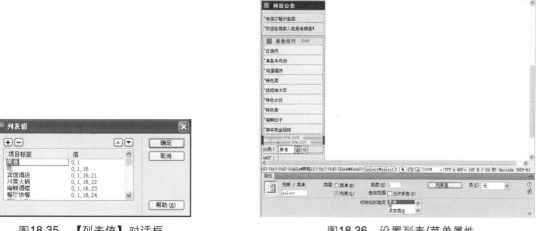

图18.35　【列表值】对话框　　　　　　　　　　图18.36　设置列表/菜单属性

(5) 按照步骤(3)～(4)的方法在表格11的第2行第2列单元格中插入列表/菜单，如图18.37所示。

(6) 选中表格11的第3行单元格，合并单元格，在合并后的单元格中插入文本域，在【属性】面板中将【字符宽度】设置为18，【类型】设置为【单行】，【初始值】文本框中输入"请输入关键查询词"，如图18.38所示。

图18.37　插入列表/菜单

图18.38　插入文本域

(7) 将光标置于表格11的第4行第2列单元格中，选择【插入】|【表单】|【图像域】命令，插入图像域images/zn-seach.jpg，如图18.39所示。

(8) 将光标置于表格10的第3行单元格中，选择【插入】|【图像】命令，插入图像images/index-5.jpg，如图18.40所示。

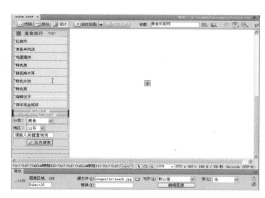
图18.39　插入图像域

图18.40　插入图像

（9）将光标置于表格10的第4行单元格中，将【高】设置为195，插入8行1列的表格，此表格记为表格12，在【属性】面板中将【对齐】设置为【居中对齐】，选中所有第1列单元格，将【高】设置为22，并分别输入文字，如图18.41所示。

图18.41　输入文字

18.2.5　制作餐饮资讯

制作餐饮资讯效果如图18.42所示，具体操作步骤如下。

	吃鸡鸭鹅鱼头要小心中毒 (图)	[2008-04-02]
	春季饮食养生不妨挑食 (图)	[2008-04-05]
	尖上的春季素食之旅 (图)	[2008-04-05]
	学生备考前的最佳三餐安排	[2008-04-08]
	我们凭什么颠覆传统营养观念	[2008-04-10]
	能迅速增强性欲的食物清单	[2008-04-12]
	减肥高手公布健康美体吃喝心得	[2008-04-22]
	巧吃白米饭不发胖的秘诀	[2008-04-12]
	春季饮食护脾胃刻不容缓	[2008-04-22]

图18.42　餐饮资讯效果

（1）将光标置于表格3的第2列单元格中，将【背景颜色】设置为#f7ede1，【垂直】设置为【顶端】，插入1行1列的表格，此表格记为表格13，在【属性】面板中将【对齐】设置为【居中对齐】，如图18.43所示。

(2) 将光标置于表格13中，选择【插入】|【图像】命令，插入图像images/index-r-1.jpg，如图18.44所示。

图18.43　插入表格

图18.44　插入图像

(3) 将光标置于表格13的右边，插入1行2列的表格，此表格记为表格14，在【属性】面板中将【对齐】设置为【居中对齐】，在第1列单元格中插入2行1列的表格，此表格记为表格15，将【背景颜色】设置为#e9dfbc，如图18.45所示。

(4) 将光标置于表格15的第1行单元格中，插入图像images/0311.jpg，在第2行单元格中将【水平】设置为【居中对齐】，【高】设置为22，输入文字，如图18.46所示。

图18.45　插入表格

图18.46　输入文字

(5) 将光标置于表格14的第2列单元格中，插入9行3列的表格，此表格记为表格16，选中第1列中所有单元格，将【高】设置为23，如图18.47所示。

(6) 分别在单元格中插入图像并输入相应的文字，如图18.48所示。

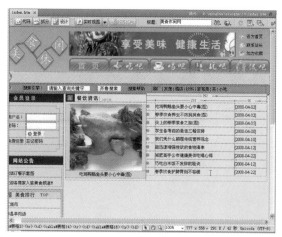

图18.47　设置单元格属性　　　　　　　　　图18.48　输入文字

18.2.6　制作最新菜谱和曹州名吃

制作最新菜谱和曹州名吃效果如图18.49所示，具体操作步骤如下。

图18.49　最新菜谱和曹州名吃效果

（1）将光标置于表格14的右边，插入2行3列的表格，此表格记为表格17，在【属性】面板中将【对齐】设置为【居中对齐】，在第1行第1列单元格中插入背景图像images/r-5bg.jpg，在背景图像上插入图像images/index-r-5.jpg，如图18.50所示。

（2）将光标置于表格17的第2行第1列单元格中，将【高】设置为160，【背景颜色】设置为#ffffff，并插入6行1列的表格，此表格记为表格18，如图18.51所示。

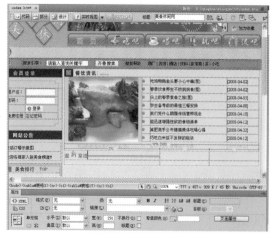

图18.50　插入图像　　　　　　　　　　　图18.51　插入表格

（3）选中表格18中的所有单元格，将【高】设置为25，输入文字，如图18.52所示。

（4）将光标置于表格18的第1行第3列单元格中，插入背景图像images/r-6bg.jpg，在背景图像上插入图像images/index-r-6.jpg，如图18.53所示。

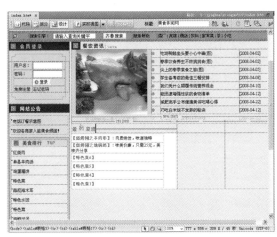

图18.52　输入文字

图18.53　插入图像

（5）将光标置于表格17的第2行第3列单元格中，将【背景颜色】设置为#ffffff，插入2行3列的表格，此表格记为表格19，选中表格19的第1行单元格，将【背景颜色】设置为#f3f3f3，【高】设置为72，如图18.54所示。

（6）分别在表格19中插入相应的图像并输入文字，如图18.55所示。

图18.54　设置单元格属性

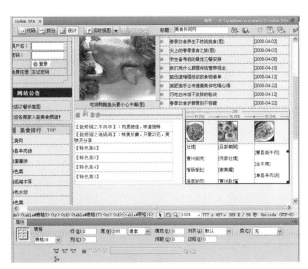

图18.55　输入文字

18.2.7　制作精品菜肴

制作精品菜肴效果如图18.56所示，具体操作步骤如下。

图18.56 精品菜肴效果

(1) 将光标置于表格17的右边，插入1行1列的表格，此表格记为表格20，在【属性】面板中将【间距】设置为3，【背景颜色】设置为#dcce9d，【对齐】设置为【居中对齐】，如图18.57所示。

(2) 将光标置于表格20中，将【背景颜色】设置为#f7ede1，插入1行2列的表格，此表格记为表格21，在第1列单元格中插入图像images/index-8.jpg，如图18.58所示。

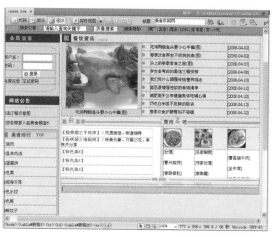

图18.57 插入表格

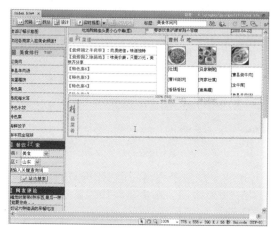

图18.58 插入图像

(3) 将光标置于表格21的第2列单元格中，插入2行5列的表格，此表格记为表格22，在第1行第1列单元格中插入图像images/3944.jpg，如图18.59所示。

(4) 将光标置于表格22的第2行第1列单元格中，将【高】设置为20，输入文字，如图18.60所示。

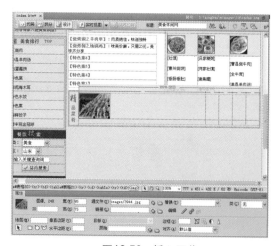

图18.59 插入图像

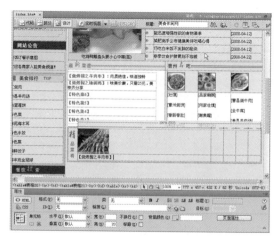

图18.60 输入文字

(5) 分别在表格22的其他单元格中插入相应的图像并输入文字，如图18.61所示。

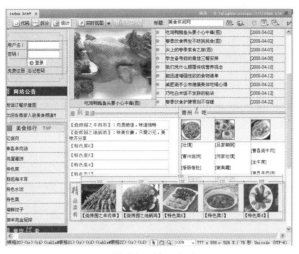

图18.61 输入文字

制作厨房妙招和美酒文化效果如图18.62所示，具体操作步骤如下。

厨房妙招		美酒文化	
• 炒菜，最好用老陈醋	2008-1-29	• 节日酒桌稍饮干红健康	2008-1-29
• 洗葡萄垢简单干净窍门	2008-2-2	• 揭开酗酒者行为异常的秘密	2008-2-2
• 萝卜烧排骨	2008-2-9	• 当美酒开始爱上咖啡	2008-2-9
• 排酸肉只能冷藏一两天	2008-2-15	• 葡萄酒的存储小窍门	2008-2-15
• 过度节食可能引发脂肪肝	2008-2-17	• 红茶与健康	2008-2-17
• 女人身体急需的八种营养	2008-2-29	• 沪女性比男士更愿买好酒	2008-2-29

图18.62 厨房妙招和美酒文化效果

(1) 将光标置于表格20的右边，插入1行2列的表格，此表格记为表格23，在【属性】面板中将【背景颜色】设置为#FFFFFF，【对齐】设置为【居中对齐】，如图18.63所示。

(2) 将光标置于表格23的第1列单元格中，将【高】设置为160，【垂直】设置为【顶端】，插入3行1列的表格，此表格记为表格24，如图18.64所示。

图18.63 插入表格

图18.64 插入表格

(3) 将光标置于表格24的第1行单元格中，将【高】设置为25，【背景颜色】设置为#ffc671，插入图像images/index_z07.gif，如图18.65所示。

(4) 将光标置于表格24的第2行单元格中，插入背景图像images/Snap1.jpg，插入6行3列的表格，此表格记为表格25，选中表格25中的第1列所有单元格，将【高】设置为20，如图18.66所示。

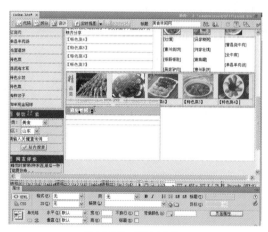

图18.65　插入图像

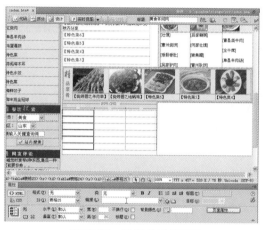

图18.66　设置单元格属性

(5) 分别在表格25中的单元格中输入相应的文字，如图18.67所示。

(6) 将光标置于表格24的第3行单元格中，选择【插入】|【图像】命令，插入图像images/Snap2.jpg，如图18.68所示。

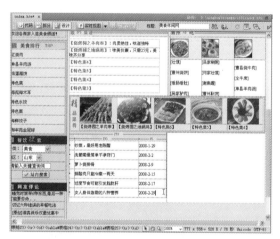

图18.67　输入文字

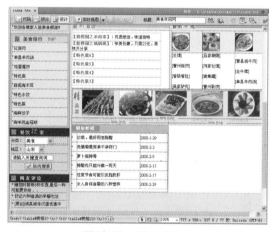

图18.68　插入图像

(7) 将光标置于表格23的第2列单元格中，将【垂直】设置为【顶端】，插入3行1列的表格，此表格记为表格26，在表格26第1行单元格中将【高】设置为25，【背景颜色】设置为#ffc671，插入图像images/index_z06.gif，如图18.69所示。

(8) 将光标置于表格26的第2行单元格中，插入背景图像images/Snap1.jpg，插入6行3列的表格，此表格记为表格27，选中表格27中的第1列所有单元格，将【高】设置为"20"，并在单元格中输入相应文字，如图18.70所示。

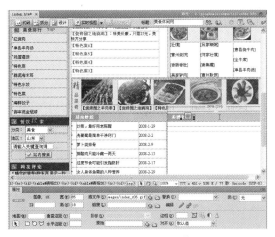

图18.69 插入图像

图18.70 输入文字

(9) 将光标置于表格27的第3行单元格中，选择【插入】|【图像】命令，插入图像images/Snap2.jpg，如图18.71所示。

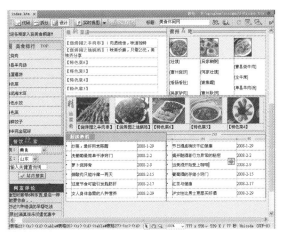

图18.71 插入图像

18.2.9 制作休闲吃趣和商家优惠

制作休闲吃趣和商家优惠效果如图18.72所示，具体操作步骤如下。

休闲吃趣		商家优惠	
民间烹调术 千奇百怪	2008-3-29	转让一中型酒店	2008-4-29
秋天四款美人汤	2008-4-2	大量出售各种丸子	2008-4-12
巧妇煲汤留住健康与鲜香	2008-4-9	路中段营业中酒店	2008-4-9
我国烧烤文化的起源	2008-4-15	歌城	2008-4-10
从劳动食堂到力力豆花压	2008-3-17	茶社小包10元/小时	2008-4-17
在食物中嗅到男人味道	2008-3-29	大量出售各种鸡肉丸子	2008-4-25

图18.72 休闲吃趣和商家优惠效果

(1) 将光标置于表格23的右边，插入1行2列的表格，此表格记为表格28，在【属性】面板中将【背景颜色】设置为#FFFFFF，【对齐】设置为【居中对齐】，如图18.73所示。

(2) 将光标置于表格28的第1列单元格中，将【高】设置为160，【垂直】设置为【顶端】，插入3行1列的表格，此表格记为表格29，在表格29第1行单元格中将【高】设置为25，【背景颜色】设置为#ffc671，插入图像images/index_z04.gif，如图18.74所示。

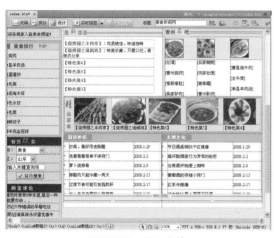

图18.73 插入表格

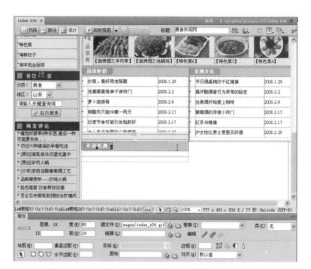

图18.74 插入图像

(3) 将光标置于表格29的第2行单元格中，插入背景图像images/Snap1.jpg，插入6行3列的表格，此表格记为表格30，选中表格30中的第1列所有单元格，将【高】设置为20，并在单元格中输入相应的文字，在表格27的第3行单元格中，插入相应的图像，如图18.75所示。

(4) 在表格28的第2列单元格中，将【垂直】设置为【顶端】，插入3行1列的表格，此表格记为表格31，如图18.76所示。

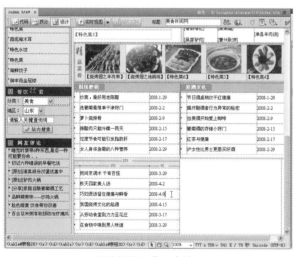

图18.75 输入文字

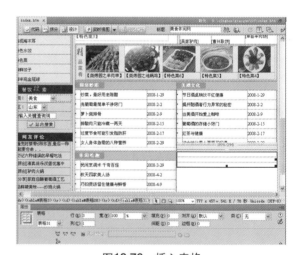

图18.76 插入表格

(5) 将光标置于表格31的第1行单元格中，将【高】设置为25，【背景颜色】设置为#ffc671，插入图像images/index_z05.gif，如图18.77所示。

(6) 将光标置于表格31的第2行单元格中，插入背景图像images/Snap1.jpg，插入6行3列的表格，此表格记为表格32，选中表格32中的第1列所有单元格，将【高】设置为20，并在单元格中输入相应的文字，如图18.78所示。

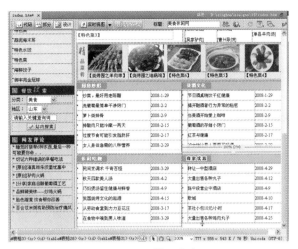

| 图18.77 插入图像 | 图18.78 输入文字 |

（7）将光标置于表格31的第3行单元格中，选择【插入】|【图像】命令，插入图像images/Snap2. jpg，如图18.79所示。

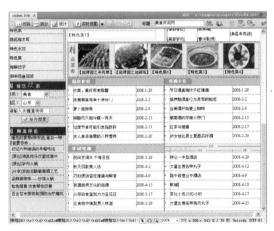

图18.79 插入图像

18.2.10 制作底部版权

制作底部版权效果如图18.80所示，具体操作步骤如下。

版权所有©美食休闲网

图18.80 底部版权效果

（1）将光标置于表格3的右边，插入1行1列的表格，此表格记为表格33，在【属性】面板中将【背景颜色】设置为#F7EDE1，【对齐】设置为【居中对齐】，如图18.81所示。

（2）将光标置于表格33中，将【高】设置为50，【水平】设置为【居中对齐】，输入文字，如图18.82所示。

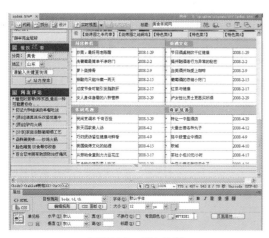
图18.81 插入表格

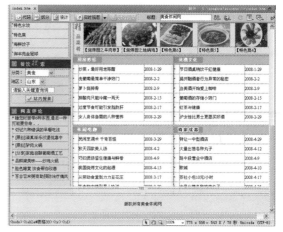
图18.82 输入文字

(3) 将光标置于文字【版权所有】的后面，选择【插入】|【HTML】|【特殊字符】|【版权】命令，插入版权符号，如图18.83所示。

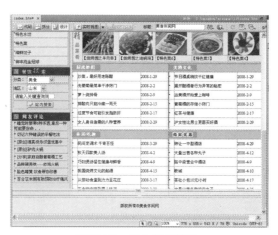
图18.83 插入版权符号

(4) 至此，整个主页制作完成。

第 19 章

设计个人博客网站

本章导读

博客是blog的中文译名(blog又译作网志)，英文blog起源于weblog，意思是网络日志。博客开始成千上万涌现，并成为一个热门概念，作为一种社会交流工具。随着社会的快速发展博客将超越E-mail、BBS、ICQ，成为人们之间更重要的沟通和交流方式。本章就来介绍博客网站的设计制作。

学习要点

- 了解博客网站
- 掌握创建数据库连接
- 掌握制作博客显示列表页面
- 掌握制作博客详细信息页
- 掌握制作日志管理列表页面
- 掌握制作发表日志页面
- 掌握制作修改日志页面
- 掌握制作删除日志页面

19.1 博客网站概述

Blog是一个网页，通常由简短且经常更新的帖子(Post，作为动词，表示张贴的意思，作为名词，指张贴的文章)构成，这些帖子一般是按照年份和日期倒序排列的。而作为Blog的内容，它可以是你纯粹个人的想法和心得，包括你对时事新闻、国家大事的个人看法，或者你对一日三餐、服饰打扮的精心料理等，也可以是在基于某一主题的情况下或是在某一共同领域内由一群人集体创作的内容。它并不等同于"网络日记"。作为网络日记是带有很明显的私人性质的，而Blog则是私人性和公共性的有效结合，它绝不仅仅是纯粹个人思想的表达和日常琐事的记录，它所提供的内容可以用来进行交流和为他人提供帮助，是可以包容整个互联网的，具有极高的共享精神和价值。

在网络上发表Blog的构想始于1998年，但到了2000年才开始真正流行。而2000年博客开始进入中国，并迅速发展，但都业绩平平。直到2004年木子美事件，才让中国民众了解到了博客，并运用博客。2005年，国内各门户网站，如新浪、搜狐，原不看好博客业务，也加入博客阵营，开始进入博客春秋战国时代。

由于沟通方式比电子邮件、讨论群组更简单和容易，Blog已成为家庭、公司、部门和团队之间越来越盛行的沟通工具，因为它也逐渐被应用在企业内部网络(Intranet)。目前已有数十家大型博客站点。目前，国内优秀的中文博客网有：新浪博客、搜狐博客、中国博客网、腾讯博客、博客中国等。

博客主要可以分为以下几大类。

(1) 基本的博客：Blog中最简单的形式。单个的作者对于特定的话题提供相关的资源，发表简短的评论。这些话题几乎可以涉及人类的所有领域。

(2) 小组博客：基本博客的简单变型，一些小组成员共同完成博客日志，有时候作者不仅能编辑自己的内容，还能够编辑别人的条目。这种形式的博客能够使得小组成员就一些共同的话题进行讨论，甚至可以共同协商完成同一个项目。

(3) 亲朋之间的博客(家庭博客)：这种类型博客的成员主要由亲属或朋友构成，他们是一种生活圈、一个家庭或一群项目小组的成员。

(4) 协作式的博客：与小组博客相似，其主要目的是通过共同讨论使得参与者在某些方法或问题上达成一致，通常把协作式的博客定义为允许任何人参与、发表言论、讨论问题的博客日志。

(5) 公共社区博客：公共出版在几年以前曾经流行过一段时间，但是因为没有持久有效的商业模型而销声匿迹了。廉价的博客与这种公共出版系统有着同样的目标，但是使用更方便，所花的代价更小，所以也更容易生存。

(6) 商业、企业、广告型的博客：商业博客分为CEO博客、企业博客、产品博客、"领袖"博客等。以公关和营销传播为核心的博客应用已经被证明将是商业博客应用的主流。

19.2 制作博客网站

博客网站页面主要包括，博客信息显示列表页面、博客详细信息显示页面、签写留言日志页面等主要部分。

个人日志比较简单，下面介绍博客网站的主要页面。

博客显示列表页面，如图19.1所示，主要显示博客的列表信息。

博客详细信息页，如图19.2所示，显示博客的详细信息。

图19.1　博客显示列表页面

图19.2　博客详细信息页

发表日志页面，如图19.3所示，在这个页面可以发表日志。

日志管理页面，如图19.4所示，在这个页面可以删除、修改博客文章。

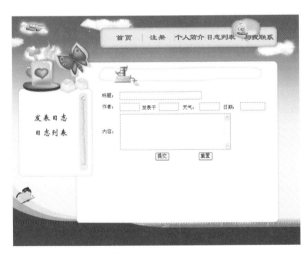

图19.3　发表日志页面

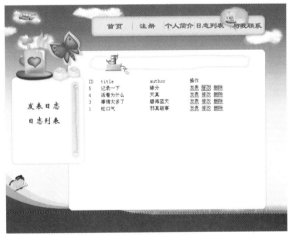

图19.4　日志管理列表页面

19.2.2 创建数据库

博客系统中创建数据库boke.mdb，其中包含一张数据表boke，如表19.1所示。

表19.1　boke数据表的设计

字 段 名 称	字 段 类 型	说　　明
ID	自动编号	自动编号，主键
title	文本	标题
author	文本	作者
address	文本	地点
addDate	日期/时间	日期
weahter	文本	天气情况
content	备注	内容

技巧 提示 ●●●

数据字段命名时要注意哪些原则呢？

在编写程序时常会出现一些找不出原因的错误，最后查出来却是因为数据库字段命名影响的结果，下面介绍几条数据字段命名的注意事项和原则，请千万要注意遵守！

- 利用中文来为字段命名，往往会造成数据库连接时的错误，因此要使用英文为字段命名。
- 使用英文字来命名字段时，注意不要使用代码的内置函数名称及保留字！例如time、date不能用来当作字段的名称。
- 在数据库字段中不可以使用一些特殊符号，如？！%或空格等。

19.2.3 创建数据库连接

创建数据库连接前首先定义一个本地站点，创建数据库连接的具体操作步骤如下。

技巧 提示 ●●●

在建立数据库之前，应该先建立一个动态服务器技术的站点，并打开站点内要运用数据库的网页文件，否则按钮显示无效。

（1）选择【窗口】|【数据库】命令，打开【数据库】面板，在面板中单击⊞按钮，在弹出的菜单中选择【数据源名称(DSN)】选项，弹出【数据源名称(DSN)】对话框，在对话框中单击【定义】按钮，弹出【ODBC数据源管理器】对话框，如图19.5所示。

（2）在对话框中单击右侧的【添加】按钮，弹出【创建新数据源】对话框，在对话框中的【名称】列表框中选择Driver do Microsoft Access(*mbd)选项，如图19.6所示。

技巧 提示 ●●●

ASP动态网页与数据库连接一定要在服务器端设置DSN吗？

不一定非要设置DSN，ASP与服务器的数据库连接方法有两种，一种为通过DSN建立连接；如果没有在服务器上设置DSN，只要知道数据库或数据源名就可以访问数据库。

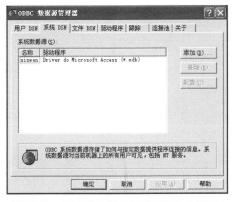

图19.5 【ODBC 数据源管理器】对话框

图19.6 【创建新数据源】对话框

(3) 单击【完成】按钮，弹出【ODBC Microsoft Access安装】对话框，在对话框中的【数据源名】文本框中输入boke，单击【选择】按钮，选择数据库的路径，如图19.7所示。

(4) 单击【确定】按钮，返回到【ODBC数据源管理器】对话框，单击【确定】按钮，返回到【数据源名称(DSN)】对话框，在【连接名称】文本框中输入boke，【数据源名称(DSN)】下拉列表选择boke，如图19.8所示。

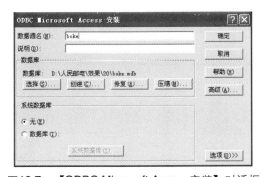

图19.7 【ODBC Microsoft Access安装】对话框

图19.8 【数据源名称(DSN)】对话框

(5) 单击【确定】按钮，即可成功连接，此时【数据库】面板如图19.9所示。

图19.9 创建数据库连接

19.3 制作网站功能页面

博客网站页面主要包括博客信息显示列表页面、博客详细信息显示页面、发表日志页面等主要部分。首先制作模板网页，然后再分别利用模板制作其他网页。

19.3.1 制作横板网页

在制作整个网站之前，需要先做一个应用于网站内部所有网页的模板。模板是一种特殊的文档，可以按照模板创建新的网页，从而得到与模板相似但又有所不同的新的网页。当修改模板时使用该模板创建的所有网页可以一次自动更新，这就大大提高了网页更新维护的效率。制作模板网页如图19.10所示，具体操作步骤如下。

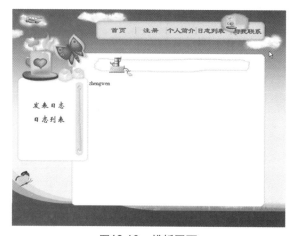

图19.10 模板网页

(1) 选择【文件】|【新建】命令，弹出【新建文档】对话框，在对话框中选择【空模板】|【HTML模板】选项，如图19.11所示。

(2)单击【创建】按钮，创建一模板网页。将光标置于页面中，选择【插入】|【表格】命令，插入1行1列的表格，在【属性】面板中将【对齐】设置为【居中对齐】，如图19.12所示。

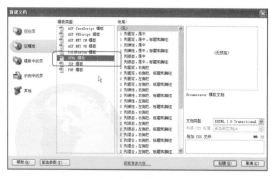

图19.11 【新建文档】对话框

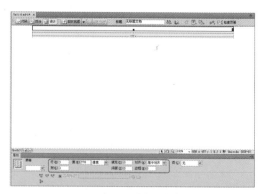

图19.12 插入表格

(3) 将光标置于单元格中，选择【插入】|【图像】命令，插入图像images/index_01.jpg，如图19.13所示。

(4) 将光标置于表格的右边，选择【插入】|【表格】命令，插入1行3列的表格，在【属性】面板中将【对齐】设置为【居中对齐】。在第1列单元格中插入4行1列的表格，在表格的第1行单元格中插入图像images/index_02.jpg，如图19.14所示。

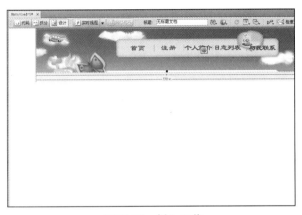

图19.13　插入图像

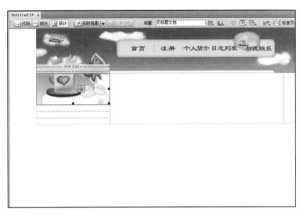

图19.14　插入表格并插入图像

(5) 将光标置于表格的第2行单元格中，选择【插入】|【图像】命令，插入图像images/index_06.jpg，在【属性】面板中选中【矩形热点工具】，在【发表日志】上面绘制热点，如图19.15所示。

技巧 提示 ● ● ●

什么叫做热点？

热点是一些看不见的区域，当访问者单击热点所在区域时，热点的链接页面将会显示在Web浏览器中。

热区链接通常应用在一个图像中需要设置多个链接的情况下。

(6) 选中绘制的热点，在【属性】面板中的【链接】文本框中设置链接fabiao.asp，如图19.16所示。

图19.15　绘制热点

图19.16　设置链接

(7) 将光标置于表格的第3行单元格中，选择【插入】|【图像】命令，插入图像images/index_07.jpg，并在【日志列表】上面绘制热点，在【属性】面板中的【链接】文本框中输入liebiao.asp，设置链接，如图19.17所示。

技巧 提示 ●●●

当预览网页时，热点链接不会显示，当光标移至热点链接上时会变为手形，以提示浏览者该处为超链接。

(8) 将光标置于表格的第4行单元格中，选择【插入】|【图像】命令，插入图像images/index_08.jpg，如图19.18所示。

图19.17　绘制热点并设置链接

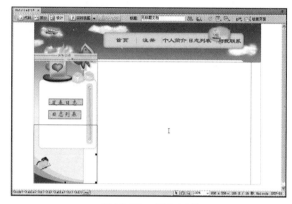

图19.18　插入图像

(9) 将光标置于表格的第2列单元格中，将【垂直】设置为【顶端】，选择【插入】|【表格】命令，插入2行1列的表格，在其第1行单元格中插入图像images/index_03.jpg，如图19.19所示。

(10) 将光标置于第2行单元格中，将【高】设置为342，【垂直】设置为【顶端】，在第3列单元格中插入图像images/index_04.jpg，如图19.20所示。

图19.19　插入图像

图19.20　插入图像

(11) 将光标置于表格的右边，选择【插入】|【表格】命令，插入1行1列的表格，将【对齐】设置为【居中对齐】，并在表格中插入图像images/index_09.jpg，如图19.21所示。

(12) 将光标置于第2行单元格中，选择【插入】|【模板对象】|【可编辑区域】命令，弹出【新建可编辑区域】对话框，在【名称】文本框中输入"zhengwen"，如图19.22所示。

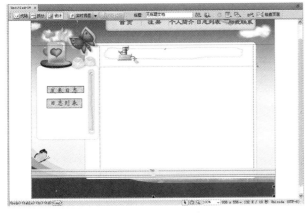
图19.21　插入图像

图19.22　【新建可编辑区域】对话框

(13) 单击【确定】按钮，插入可编辑区域，如图19.23所示。

(14) 选择【文件】|【保存】命令，弹出【另存模板】对话框，在对话框中的【站点】下拉列表中选择19，【另存为】文本框中输入"index"，如图19.24所示。

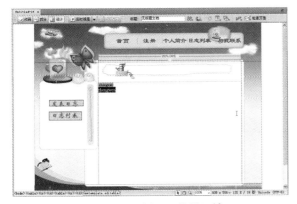
图19.23　插入可编辑区域

图19.24　【另存模板】对话框

(15) 单击【保存】按钮，即可保存为模板网页，如图19.25所示。

图19.25　保存为模板

19.3.2 制作博客显示列表页面

制作博客显示列表页面效果如图**19.26**所示，主要利用创建记录集、显示区域、绑定字段、创建重复区域和转到详细页面服务器行为制作的，具体操作步骤如下。

图19.26　博客显示列表页面效果

(1) 选择【文件】|【新建】命令，弹出【新建文档】对话框，在对话框中选择【模板中的页】|【博客网站】|index选项，如图**19.27**所示。

(2) 单击【创建】按钮，即可创建一模板网页。选择【文件】|【另存为】命令，将其另存为liebiao.asp，如图**19.28**所示。

图19.27　【新建文档】对话框

图19.28　新建网页

(3) 将光标置于可编辑区域中，选择【插入】|【表格】命令，插入1行2列的表格，在【属性】面板中将【填充】设置为2，【间距】设置为2，【对齐】设置为【居中对齐】，如图**19.29**所示。

(4) 分别在表格中输入相应的文字，将【大小】设置为12像素，如图**19.30**所示。

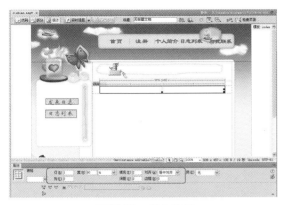

图19.29　插入表格

图19.30　输入文字

(5) 选择【窗口】|【绑定】命令，打开【绑定】面板，在面板中单击 +, 按钮，在弹出的菜单中选择【记录集(查询)】选项，如图19.31所示。

(6) 弹出【记录集】对话框，在对话框中的【名称】文本框中输入Rs1，【连接】下拉列表中选择boke，【表格】下拉列表中选择boke，【列】勾选【选定的】单选按钮，在列表框中分别选择ID、title和addDate选项，【排序】下拉列表中选择ID和降序，如图19.32所示。

图19.31　选择【记录集(查询)】选项

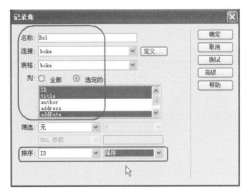

图19.32　【记录集】对话框

(7) 单击【确定】按钮，创建记录集，如图19.33所示。

(8) 将光标置于表格的右边，按Enter键换行，选择【插入】|【表格】命令，插入1行1列的表格，在【属性】面板中将【对齐】设置为【居中对齐】，如图19.34所示。

图19.33　创建记录集

图19.34　插入表格

(9) 将光标置于单元格中，输入文字，将【大小】设置为【13像素】，【文本颜色】设置为【#FF3300】，【对齐】设置为【居中对齐】，如图19.35所示。

(10) 选中表格，单击【服务器行为】面板中的 按钮，在弹出的菜单中选择【显示区域】|【如果记录集为空则显示区域】选项，如图19.36所示。

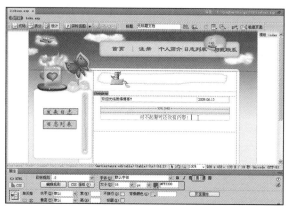

图19.35 输入文字

图19.36 选择【如果记录集为空则显示区域】选项

 技巧 提示●●●

添加服务器行为的方法？

若要向页面添加服务器行为，可以从【数据】插入栏或【服务器行为】面板中选择它们。如果使用插入栏，可以单击【数据】插入栏，然后单击相应的按钮。若要使用【服务器行为】面板，选择【窗口】|【服务器行为】命令，打开【服务器行为】面板，在面板中单击【+】按钮，在弹出的菜单中选择相应的服务器行为。

(11) 弹出【如果记录集为空则显示区域】对话框，在对话框中的【记录集】下拉列表中选择Rs1，如图19.37所示。

(12) 单击【确定】按钮，创建如果记录集为空则显示区域服务器行为，如图19.38所示。

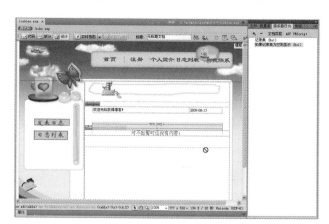

图19.37 【如果记录集为空则显示区域】对话框

图19.38 创建服务器行为

(13) 选中文字【欢迎光临我的博客！】，在【绑定】面板中展开记录集Rs1，选中title字段，单击

插入 按钮，绑定字段，如图**19.39**所示。

(14) 选中文字"2009-06-15"，在【绑定】面板中展开记录集Rs1，选中addDate字段，单击 插入 按钮，绑定字段，如图**19.40**所示。

图19.39　绑定字段

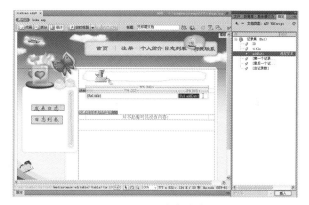

图19.40　绑定字段

(15) 选中表格，单击【服务器行为】面板中的 +. 按钮，在弹出的菜单中选择【重复区域】选项，弹出【重复区域】对话框，在对话框中的【记录集】下拉列表中选择Rs1，【显示】勾选10记录单选按钮，如图**19.41**所示。

技巧 提示 ● ● ●

如果要在一个页面上显示多条记录，必须指定一个包含动态内容的选择区域作为重复区域。任何选择区域都能转变为重复区域，最普通的是表格、表格的行，或者一系列的表格行甚至是一些字母、文字。

(16) 单击【确定】按钮，创建重复区域服务器行为，如图**19.42**所示。

图19.41　【重复区域】对话框

图19.42　创建服务器行为

(17) 选中{Rs1.title}，单击【服务器行为】面板中的 +. 按钮，在弹出的菜单中选择【转到详细页面】选项，弹出【转到详细页面】对话框，在对话框中的【详细信息页】文本框中输入xiangxi.asp，如图**19.43**所示。

(18) 单击【确定】按钮，创建转到详细页面服务器行为，此时【属性】面板中的【链接】文本框中多出以下代码，如图**19.44**所示。

```
xiangxi.asp?<%= Server.HTMLEncode(MM_keepURL) & MM_joinChar(MM_keepURL) & "ID=" &
Rs1.Fields.Item("ID").Value %>
```

图19.43 【转到详细页面】对话框

图19.44 创建服务器行为

19.3.3 制作博客详细信息页

制作博客详细信息页效果如图19.45所示，主要利用创建记录集和绑定字段制作的，具体操作步骤如下。

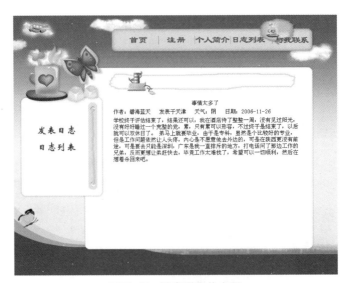

图19.45 博客详细信息页

(1) 利用模板创建模板网页，将其另存为xiangxi.asp，如图19.46所示。

(2) 将光标置于可编辑区域中，插入3行1列的表格，在【属性】面板中将【填充】设置为2，【间距】设置为1，【对齐】设置为【居中对齐】，如图19.47所示。

图19.46 新建网页

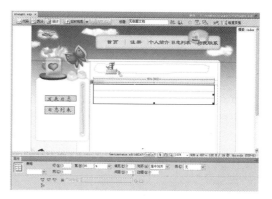

图19.47 插入表格

(3) 分别在表格中输入相应的文字，并设置文字属性，如图19.48所示。

图19.48 输入文字

(4) 单击【绑定】面板中的 + 按钮，在弹出的菜单中选择【记录集(查询)】选项，弹出【记录集】对话框，在对话框中【名称】文本框中输入Rs1，【连接】下拉列表中选择boke，【表格】下拉列表中选择boke，【列】勾选【全部】单选按钮，如图19.49所示。

(5) 单击【确定】按钮，创建记录集，如图19.50所示。

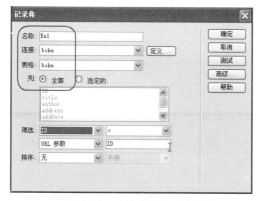

图19.49 【记录集】对话框

图19.50 创建记录集

(6) 选中文字【生活体会】，在【绑定】面板中展开记录集Rs1，选中title字段，单击 插入 按钮，绑定字段，如图19.51所示。

(7) 按照步骤(6)的方法分别对其他的文字绑定相应的字段，如图19.52所示。

图19.51 绑定字段　　　　　　　　　　　　　　图19.52 绑定字段

19.3.4 制作发表日志页面

制作发表日志页面效果如图19.53所示，主要利用插入表单对象、创建记录集和创建插入记录服务器行为制作的具体操作步骤如下。

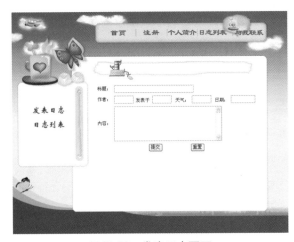

图19.53 发表日志页面

(1) 利用模板创建模板网页，将其另存为fabiao.asp，如图19.54所示。

(2) 将光标置于可编辑区域中，选择【插入】|【表单】|【表单】命令，插入表单，如图19.55所示。

图19.54 新建网页　　　　　　　　　　　　　　图19.55 插入表单

(3) 将光标置于表单中，插入4行2列的表格，在【属性】面板中将【填充】设置为2，【间距】设置为2，【对齐】设置为【居中对齐】，如图19.56所示。

(4) 将光标置于第1行第1列单元格中，输入文字【标题：】，将【大小】设置为12像素，如图19.57所示。

图19.56　插入表格

图19.57　输入文字

(5) 将光标置于第1行第2列单元格中，选择【插入】|【表单】|【文本域】命令，插入文本域，在【属性】面板中的【文本域】的名称文本框中输入"title"，【字符宽度】设置为30，【类型】设置为【单行】，如图19.58所示。

(6) 将光标置于第2行第1列单元格中，输入文字"作者："。将光标置于第2行第2列单元格中，单击【属性】面板中的【拆分单元格为行或列】近按钮，弹出【拆分单元格】对话框，在对话框中【把单元格拆分】勾选【列】单选按钮，【列数】设置为"4"，如图19.59所示。

图19.58　插入文本域

图19.59　【拆分单元格】对话框

 技巧 提示●●●

如果文本超过域的字符宽度，文本将滚动显示。如果用户输入超过最大字符数，则表单产生警告声。

(7) 单击【确定】按钮，拆分单元格，在拆分的单元格中输入相应的文字，并设置文字属性，如图19.60所示。

(8) 将光标置于第2行第2列单元格中，，插入文本域，在【属性】面板中的【文本域】的名称中输入"author"，【字符宽度】设置为8，【类型】设置为【单行】，如图19.61所示。

图19.60　输入文字　　　　　　　　　　　　　　　图19.61　插入文本域

(9) 将光标置于第2行第3列文字的后面，插入文本域，在【属性】面板中的【文本域】的名称中输入"address"，【字符宽度】设置为6，【类型】设置为【单行】，如图19.62所示。

(10) 将光标置于第2行第4列文字的后面，选择【插入】|【表单】|【文本域】命令，插入文本域，在【属性】面板中的【文本域名称】文本框中输入"weather"，【字符宽度】设置为6，【类型】设置为【单行】，如图19.63所示。

图19.62　插入文本域　　　　　　　　　　　　　　图19.63　插入文本域

(11) 将光标置于第2行第5列文字的后面，选择【插入】|【表单】|【文本域】命令，插入文本域，在【属性】面板中的【文本域】的名称文本框中输入"addDate"，【字符宽度】设置为8，【类型】设置为【单行】，如图19.64所示。

(12) 将光标置于第3行第1列单元格中，输入文字【内容：】，在第2列单元格中插入文本区域，在【属性】面板中的【文本域】的名称文本框中输入"content"，【字符宽度】设置为40，【行数】设置为6，【类型】设置为【多行】，如图19.65所示。

图19.64　插入文本域　　　　　　　　　　　　图19.65　插入文本区域

(13) 选中第4行单元格，合并单元格，将【水平】设置为【居中对齐】，分别插入【提交】按钮和【重置】按钮，如图19.66所示。

图19.66　插入按钮

(14) 单击【绑定】面板中的 + 按钮，在弹出的菜单中选择【记录集(查询)】选项，弹出【记录集】对话框，在对话框中的【名称】文本框中输入Rs1，【连接】下拉列表中选择boke，【表格】下拉列表中选择boke，【列】勾选【选定的】单选按钮，在列表框中分别选择title、author、address、addDate、weahter、content，如图19.67所示。单击【确定】按钮，创建记录集，如图19.68所示。

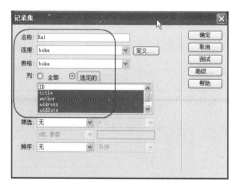

图19.67　【记录集】对话框　　　　　　　　　图19.68　创建记录集

(15) 单击【服务器行为】面板中的 + 按钮，在弹出的菜单中选择【插入记录】选项，弹出【插入记录】对话框，在对话框中的【连接】下拉列表中选择boke，【插入到表格】下拉列表中选择boke，【插入后，转到】文本框中输入"liebiao.asp"，如图19.69所示。

(16) 单击【确定】按钮，创建插入记录服务器行为，如图19.70所示。

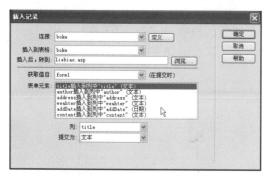

图19.69 【插入记录】对话框

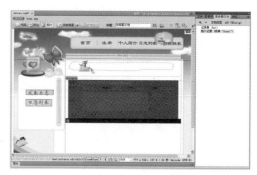

图19.70 创建服务器行为

 技巧 提示●●●

在【插入记录】对话框中主要有以下参数。

- 【连接】：用来指定一个已经建立好的数据库连接，如果在【连接】下拉列表中没有可用的连接出现，则可单击其右边的【定义】按钮建立一个连接。
- 【插入到表格】：在下拉列表中选择要插入表的名称。
- 【插入后，转到】：在文本框中输入一个文件名或单击【浏览】按钮。如果不输入该地址，则插入记录后刷新该页面。
- 【获取值自】：在下拉列表中指定存放记录内容的HTML表单。
- 【表单元素】：在列表中指定数据库中要更新的表单元素。在【列】下拉列表中选择字段。在【提交为】下拉列表中显示提交元素的类型。

19.3.5 制作日志管理列表页面

制作日志管理列表页面效果如图19.71所示，主要利用创建记录集、插入动态表格、插入记录集导航条、创建显示区域和转到详细页面服务器行为制作的，具体操作步骤如下。

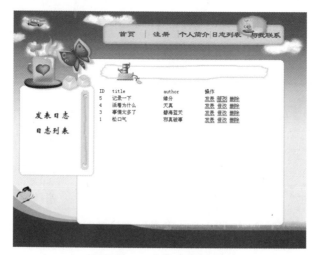

图19.71 日志管理列表页面

(1) 利用模板创建一模板网页，将其另存为guanli.asp，如图19.72所示。

(2) 单击【绑定】面板中 ⁺ 按钮，在弹出的菜单中选择【记录集(查询)】选项，弹出【记录集】对话框，在对话框中的【名称】文本框中输入Rs1，【连接】下拉列表中选择boke，【表格】下拉列表中选择boke，【列】勾选【全部】单选按钮，【排序】下拉列表中选择ID和降序，如图19.73所示。

图19.72　新建网页

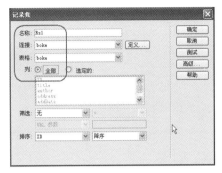

图19.73　【记录集】对话框

(3) 单击【确定】按钮，创建记录集，如图19.74所示。

(4) 将光标置于可编辑区域中，单击【数据】插入栏中的【动态数据】|【动态表格】 按钮，弹出【动态表格】对话框，在对话框中的【记录集】下拉列表中选择Rs1，【显示】勾选10记录单选按钮，【单元格边距】和【单元格间距】分别设置为"1"，如图19.75所示。

图19.74　创建记录集

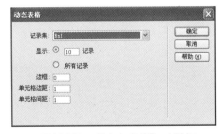

图19.75　【动态表格】对话框

技巧 提示 ●●●

【动态表格】对话框中主要有以下参数。

- 记录集：在下拉列表中选择需要重复的记录集的名称。
- 显示：设置可重复显示的记录的条数。可选择输入显示的条数，或勾选【所有记录】单选按钮。
- 边框：设置所插入的动态表格的边框。
- 单元格边距：设置所插入的动态表格的单元格内容和单元格边界之间的像素数。
- 单元格间距：设置所插入的动态表格的单元格之间的像素数。

(5) 单击【确定】按钮，插入动态表格，删除动态表格的最后3列，将【对齐】设置为【居中对齐】，如图19.76所示。

(6) 将光标置于动态表格的右边，按Enter键换行，单击【数据】插入栏中的【记录集分页】|【记录集导航条】 ⟨⟩⟨⟩ 按钮，弹出【记录集导航条】对话框，在对话框中的【记录集】下拉列表中选择Rs1，【显示方式】勾选【文本】单选按钮，如图19.77所示。

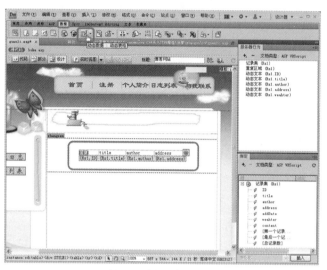

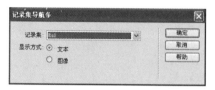

图19.76　插入动态表格　　　　　　　　　　图19.77　【记录集导航条】对话框

技巧 提示 ●●●

【记录集导航条】对话框中主要有以下参数。

- 记录集：在下拉列表中选择导航分页的记录集的名称。

- 显示方式：设置导航条以何种方式进行显示。

文本：当勾选此单选按钮，会以【上一页】、【下一页】等方式进行显示。

图像：当勾选此单选按钮，Dreamweaver将自动产生4张图像分别表示【第一页】、【下一页】、【上一页】和【最后一页】的功能。

(7) 单击【确定】按钮，插入记录集导航条，如图19.78所示。

图19.78　插入记录集导航条

(8) 将光标置于记录集导航条的右边，输入文字"暂时没有日志，请添加！"，将【大小】设置为13像素，设置为居中对齐，如图19.79所示。

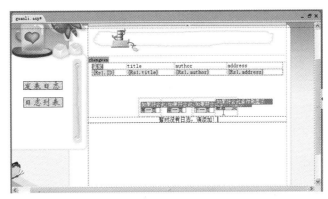

图19.79　输入文字

(9) 选中文字，单击【服务器行为】面板中的 ➕ 按钮，在弹出的菜单中选择【显示区域】|【如果记录集为空则显示区域】选项，弹出【如果记录集为空则显示区域】对话框，在对话框中的【记录集】下拉列表中选择Rs1，如图19.80所示。

(10) 单击【确定】按钮，创建如果记录集为空则显示区域服务器行为，如图19.81所示。

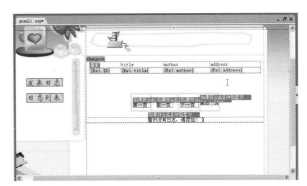

图19.80　【如果记录集为空则显示区域】对话框

图19.81　创建服务器行为

（11）选中动态表格和记录集导航条，单击【服务器行为】面板中的⊕按钮，在弹出的菜单中选择【显示区域】|【如果记录集不为空则显示区域】选项，弹出【如果记录集不为空则显示区域】对话框，在对话框中的【记录集】下拉列表中选择Rs1，如图19.82所示。

（12）单击【确定】按钮，创建如果记录集不为空则显示区域服务器行为，如图19.83所示。

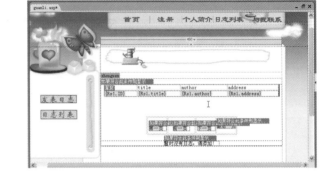

图19.82　【如果记录集不为空则显示区域】对话框　　　　　　　　图19.83　创建服务器行为

（13）将第4列单元格中的内容删除，并输入相应的文字，如图19.84所示。

（14）选中文字"添加"，在【属性】面板中的【链接】文本框中输入"fabiao.asp"，如图19.85所示。

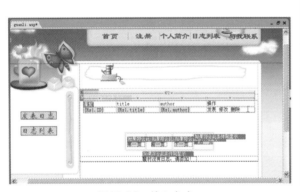

图19.84　输入文字　　　　　　　　　　　　　图19.85　设置链接

（15）选中文字"修改"，单击【服务器行为】面板中的⊕按钮，在弹出的菜单中选择【转到详细页面】选项，弹出【转到详细页面】对话框，在对话框中的【详细信息页】文本框中输入"xiugai.asp"如图19.86所示。

（16）单击【确定】按钮，创建转到详细页面服务器行为，如图19.87所示。

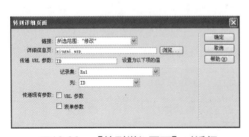
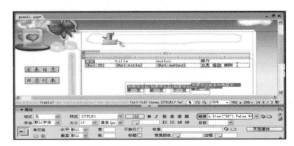

图19.86　【转到详细页面】对话框　　　　　　　　　图19.87　创建服务器行为

(17) 选中文字 "删除"，单击【服务器行为】面板中的![加号]按钮，在弹出的菜单中选择【转到详细页面】选项，弹出【转到详细页面】对话框，在对话框中的【详细信息页】文本框中输入 "shanchu.asp"，如图19.88所示。

(18) 单击【确定】按钮，创建转到详细页面服务器行为，如图19.89所示。

图19.88　【转到详细页面】对话框

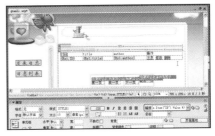

图19.89　创建服务器行为

19.3.6　制作修改日志页面

制作修改日志页面效果如图19.90所示，主要利用创建记录集和更新记录表单制作的，具体操作步骤如下。

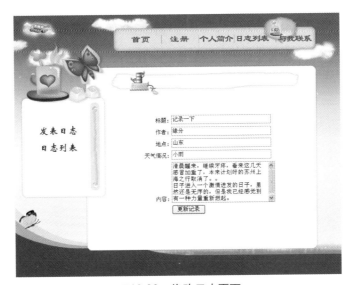

图19.90　修改日志页面

(1) 利用模板创建一模板网页，将其另存为xiugai.asp，如图19.91所示。

(2) 单击【绑定】面板中的![加号]按钮，在弹出的菜单中选择【记录集(查询)】选项，弹出【记录集】对话框，在对话框中的【名称】文本框中输入 "Rs1"，【连接】下拉列表中选择boke，【表格】下拉列表中选择boke，【列】勾选【全部的】单选按钮，【筛选】下拉列表中分别选择ID、=、URL参数和ID，如图19.92所示。

图19.91　新建网页

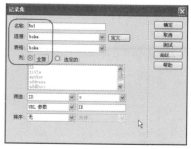
图19.92　【记录集】对话框

(3) 单击【确定】按钮，创建记录集，如图19.93所示。

(4) 单击【数据】插入栏中的【更新记录表单向导】 按钮，弹出【更新记录表单】对话框，在对话框中【连接】下拉列表中选择boke，【要更新的表格】下拉列表中选择boke，【在更新后，转到】文本框中输入"guanli.asp"，如图19.94所示。

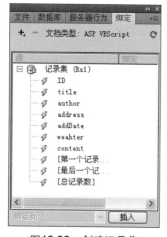
图19.93　创建记录集

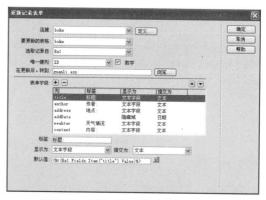
图19.94　【更新记录表单】对话框

(5) 单击【确定】按钮，插入更新记录表单。选中文本域，在【属性】面板中将【类型】设置为【多行】，【字符宽度】设置为32，【行数】设置为6，如图19.95所示。

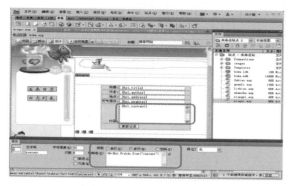
图19.95　设置文本域属性

19.3.7 制作删除日志页面

删除日志页面效果如图19.96所示，主要利用创建记录集和删除记录服务器行为制作的，具体操作步骤如下。

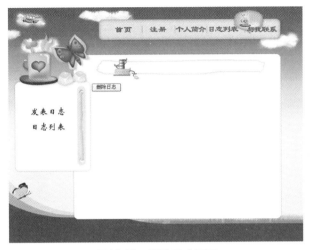

图19.96 删除日志页面

(1) 利用模板创建一模板网页，将其另存为shanchu.asp，如图19.97所示。

(2) 将光标置于可编辑区域中，选择【插入】|【表单】|【表单】命令，插入表单，如图19.98所示。

图19.97 新建网页

图19.98 插入表单

(3) 将光标置于表单中，选择【插入】|【表单】|【按钮】命令，插入按钮，在【属性】面板中的【值】文本框中输入"删除日志"，【动作】设置为【提交表单】，如图19.99所示。

(4) 单击【绑定】面板中的 按钮，在弹出的菜单中选择【记录集(查询)】选项，弹出【记录集】对话框，在对话框中的【名称】文本框中输入"Rs1"，【连接】下拉列表中选择boke，【表格】下拉列表中选择boke，【列】勾选【全部的】单选按钮，【筛选】下拉列表中分别选择ID、＝、URL参数和ID，如图19.100所示。

图19.99　插入按钮

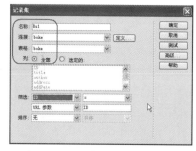

图19.100　【记录集】对话框

(5) 单击【确定】按钮，创建记录集，如图19.101所示。

(6) 单击【服务器行为】面板中的 + 按钮，在弹出的菜单中选择【删除记录】选项，弹出【删除记录】对话框，在对话框中的【连接】下拉列表中选择boke，【从表格删除】下拉列表中选择boke，【删除后，转到】文本框中输入"guanli.asp"，如图19.102所示。

图19.101　创建记录集

图19.102　【删除记录】对话框

(7) 单击【确定】按钮，创建删除记录服务器行为，如图19.103所示，支持删除页面制作完成。

图19.103　创建服务器行为

技巧 提示 ●●●

在【删除记录】对话框中主要有以下参数。

- 【连接】：在下拉列表中选择指定要更新的数据库连接。如果没有数据库连接，可以单击【定义】按钮定义数据库连接。

- 【从表格中删除】：在下拉列表中选择从哪个表中删除记录。

- 【选取记录自】：在下拉列表中选择使用的记录集的名称。

- 【唯一键列】：在下拉列表中选择要删除记录所在表的关键字字段，如果关键字字段的内容是数字，则需要勾选其右侧的【数字】复选框。

- 【提交此表单以删除】：在下拉列表中选择提交删除操作的表单名称。

- 【删除后，转到】：在文本框中输入该页面的URL地址。如果不输入地址，更新操作后则刷新当前页面。

第 20 章

设计在线购物网站

本章导读

购物系统又称网上商城管理系统、网店系统、购物车系统等，是一个建设网上商店的程序。网上购物系统是在网络上建立一个虚拟的购物商场，避免了挑选商品的烦琐过程，使购物过程变得轻松、快捷、方便，很适合现代人快节奏的生活。同时又能有效的控制"商场"运营的成本，开辟了一个新的销售渠道。

学习要点

- 购物网站概述
- 购物网站特点分析
- 购物网站主要功能页面
- 创建数据库与数据库连接
- 制作购物系统前台页面

20.1 购物网站概述

当今世界，电子商务的发展非常迅速，形成了一个发展潜力巨大的市场，具有诱人的发展前景。通过网络实现的商业销售额正在以成十倍的速度增长，电子商务的启动，将大大促进供求双方的经济活动，提高企业的整体经济效益和参与世界市场的竞争能力。

20.1.1 购物网站主要分类

购物网站作为电子商务的一部分，是一个集电子商务服务和市场推广为一体的网络应用系统。它同时服务于顾客、商家和发展商三方面。利用电子商务的优势和特点，有机地将三者联系在一起。按电子商务的交易对象来分成4类。

- 企业对消费者的电子商务(BtoC)。一般以网络零售业为主，例如经营各种书籍、鲜花、计算机等商品。BtoC是就是商家与顾客之间的商务活动，它是电子商务的一种主要的商务形式，消费者通过网络在网上购物、在网上支付。由于这种模式节省了客户和企业双方的时间和空间，大大提高了交易效率，节省了不必要的开支。

- 企业对企业的电子商务(BtoB)，B2B是商家与商家之间的商务活动，它也是电子商务的一种主要的商务形式。商家可以根据自己的实际情况，根据自己发展电子商务的目标，选择所需的功能系统，组成自己的电子商务网站。

- 企业对政府的电子商务(BtoG)。企业对政府机构包括企业与政府机构之间所有的事务交易处理。政府机构的采购信息可以发布到网上，所有的公司都可以参与交易。这种商务活动覆盖企业与政府组织间的各项事物，主要包括政府采购、网上报关、报税等。

- 消费者对消费者的电子商务(CtoC)，如一些二手市场、跳蚤市场等都是消费者对消费者个人的交易。

20.1.2 购物网站主要特点

虽然购物网站设计形式和布局各种各样，但是也有很多共同之处，下面就总结一下这些共同的特点。

- 大量的信息页面。购物网站中最为重要的就是商品信息，如何在一个页面中安排尽可能多的内容，往往影响着访问者对商品信息的获得。在常见的购物网站中，大部分都采用超长的页面布局，以此来显示大量的商品信息。

- 页面结构设计合理。设计购物网站时首先要抓住商品展示的特点，合理布局各个板块，显著位置留给重点宣传栏目或经常更新的栏目，以吸引浏览者的眼球，结合网站栏目设计在主页导航上突出层次感，使浏览者渐进接受。

- 完善的分类体系。一个好的购物网站除了需要大量的商品之外，更要有完善的分类体系来展示商品。所有需要销售的商品都可以通过相应的文字和图片来说明。分类目录可以运用一级目录和二级目录相配合的形式来管理商品，顾客可以通过点击商品的名称来阅读它的简单描述和价格等信息。

- 商品图片的使用。图片的应用使网页更加美观、生动，而且图片更是展示商品的一种重要手段，有很多文字无法比拟的优点。使用清晰、色彩饱满、质量良好的图片可增强消费者对商品的信任感、引发购买欲望。在购物网站中展示商品最直观有效的方法是使用图片。

20.2 购物网站主要功能页面

　　购物类网站是一个功能复杂、花样繁多、制作烦琐的商业网站，但也是企业或个人推广和展示商品的一种非常好的销售方式。本章所制作的购物网站主要包括前台页面和后台管理页面。在前台显示浏览商品，在后台可以添加、修改和删除商品，也可以添加商品类别。

　　商品分类展示页面，按照商品类别显示商品信息，浏览者可通过页面分类浏览商品，如图20.1所示。

　　商品详细信息页面。浏览者可通过该页了解商品的简介、价格、图片等详细信息，如图20.2所示。

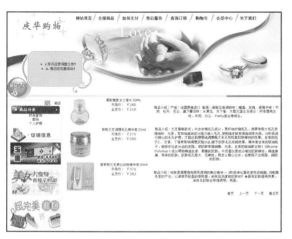

图20.1　商品分类展示页面　　　　　　　　图20.2　商品详细信息页面

　　添加商品分类页面，在这里可以增加商品类别，如图20.3所示。

　　添加商品页面，在这里输入商品的详细信息，单击【插入记录】按钮可以将商品资料添加到数据库中，如图20.4所示。

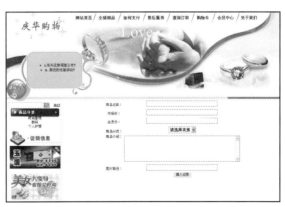

图20.3　添加商品分类页面　　　　　　　　图20.4　添加商品页面

　　商品管理页面，在这里可以管理所有的商品文件，如图20.5所示。

管理员登录页面。在这里输入管理员的名称和密码，单击【登录】按钮，登录页面可以管理所有文件，如图20.6所示。

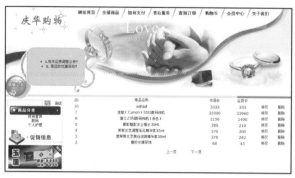

图20.5　商品管理页面

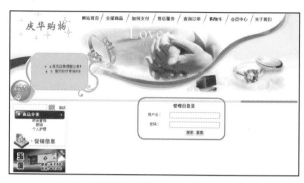

图20.6　管理员登录页面

删除页面，在这里可以删除商品记录，如图20.7所示。

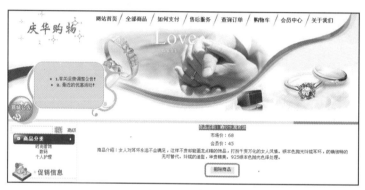

图20.7　删除页面

20.3 创建数据库与数据库连接

中国风——中文版Dreamweaver CS4学习总动员

在制作具体网站动态功能页面前，首先做一个最重要的工作，就是创建数据库表。在数据库、数据库驱动程序和DSN准备就绪之后，需要在Dreamweaver中创建数据库连接，以便于应用程序对数据库的访问。

20.3.1 创建数据库表

在制作具体网站功能页面前，首先做一个最重要的工作，就是创建数据库表，用来存放留言信息所用，这里创建一个数据库shop.mdb，其中包含的表有商品表Products、商品类别表class和管理员表admin，表中存放着留言的内容信息，其中的字段名称和数据类型如表如表20-1、20-2和20-3所示，具体操作步骤如下。

表20-1　商品表Products中的字段

字 段 名 称	数 据 类 型	说　　明
shpID	自动编号	商品的编号
shpname	文本	商品的名称
shichangjia	数字	商品的市场价
huiyuanjia	数字	商品的会员价
feilieID	数字	商品分类编号
content	备注	商品的介绍
image	文本	商品图片

表20-2　商品类别表class中的字段

字 段 名 称	数 据 类 型	说　　明
feilieID	自动编号	商品分类编号
feiliename	文本	商品分类名称

表20-3　管理员表admin中的字段

字 段 名 称	数 据 类 型	说　　明
ID	自动编号	自动编号
name	文本	用户名
password	文本	用户密码

(1) 启动Microsoft Access 2003，选择【文件】|【新建】命令，打开【新建文件】面板，在面板中单击【空数据库】超链接选项，如图20.8所示。

(2) 弹出【文件新建数据库】对话框，在对话框中选择数据库保存的路径，在【文件名】文本框中输入shop.mdb，如图20.9所示。

图20.8　【新建文件】面板

图20.9　【文件新建数据库】对话框

(3) 单击【创建】按钮，弹出如图20.10所示的对话框，在对话框中双击【使用设计器创建表】选项。

(4) 弹出【表1：表】窗口，在窗口中输入【字段名称】和字段所对应的【数据类型】，如图20.11所示。

图20.10　双击【使用设计器创建表】选项

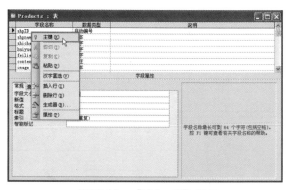

图20.11　【表1：表】窗口

(5) 将光标置于shpID字段中，单击鼠标右键，在弹出的菜单中选择【主键】选项，如图20.12所示，将其设置为主键。

(6) 选在【文件】|【保存】命令，弹出【另存为】对话框，在对话框中的【表名称】文本框中输入"Products"，如图20.13所示。

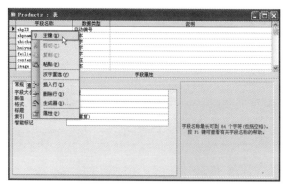

图20.12　选择【主键】选项

图20.13　【另存为】对话框

(7) 单击【确定】按钮，保存表。

(8) 按照步骤(1)~(7)的方法创建表admin和class，如图20.14和图20.15所示。

图20.14　表admin

图20.15　表class

数据库建立好之后，就要把网页和数据库连接起来，因为只有这样，才能让网页知道把数据存在什么地方。创建数据库连接的具体操作步骤如下。

(1) 选择【窗口】|【数据库】命令，打开【数据库】面板，在面板中单击 <kbd>+</kbd> 按钮，在弹出的菜单中选择【自定义连接字符串】选项，如图20.16所示。

(2) 弹出【自定义连接字符串】对话框，在对话框中的【连接名称】文本框中输入"shop"，【连接字符串】文本框中输入以下代码，如图20.17所示。

```
"Provider=Microsoft.JET.Oledb.4.0;Data Source="&Server.Mappath("/shop.mdb")
```

图20.16　选择【自定义连接字符串】选项　　　　图20.17　【自定义连接字符串】对话框

(3) 单击【确定】按钮，即可成功连接，此时【数据库】面板，如图20.18所示。

图20.18　【数据库】面板

20.4 制作购物系统前台页面

前台页面主要是浏览者可以看到的页面，主要包括商品分类展示页面和商品详细信息页面，下面具体讲述其制作过程。

20.4.1 制作商品分类展示页面

商品分类展示页面用于显示网站中的商品，主要利用创建记录集、绑定字段和创建记录集分页服务器行为制作的，商品分类展示页面的效果如图20.19所示。

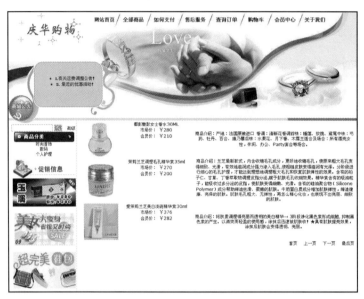

图20.19　商品分类展示页面

(1) 打开网页文档index.htm，将其另存为class.asp，如图20.20所示。

(2) 将光标置于文档中，插入2行3列的表格，如图20.21所示。

图20.20　另存为文档

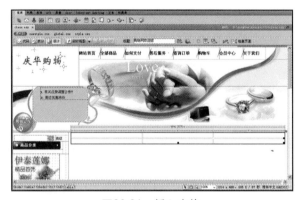

图20.21　插入表格

(3) 将光标置于第1行第1列单元格中插入图像images/50.jpg，如图20.22所示。

(4) 然后分别在第1行其他的单元格中输入文字，如图20.23所示。

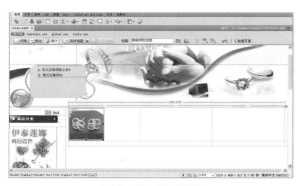

图20.22　插入图像　　　　　　　　　　　　　图20.23　输入文本

（5）选中第2行单元格，合并单元格，将【水平】设置为【右对齐】，输入文字，如图20.24所示。

（6）选择【窗口】|【绑定】命令，打开【绑定】面板，在面板中单击 **+** 按钮，在弹出的列表中选择【记录集(查询)】选项，如图20.25所示。

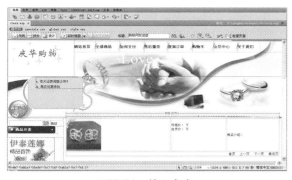
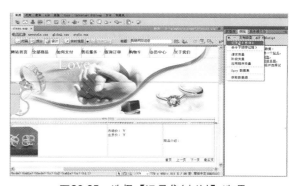

图20.24　输入文字　　　　　　　　　　　　图20.25　选择【记录集(查询)】选项

（7）弹出【记录集】对话框，在对话框中的【名称】文本框中输入"R1"，【连接】下拉列表中选择shop，【表格】下拉列表中选择Products，【列】勾选【全部】单选按钮，【筛选】下拉列表中分别选择fenleiID、=、URL参数和fenleiID，【排序】下拉列表中选择shpID和降序，如图20.26所示。

（8）单击【确定】按钮，创建记录集，如图20.27所示。

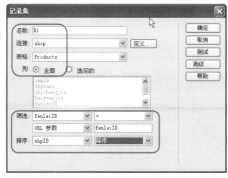

图20.26　【记录集】对话框　　　　　　　　图20.27　创建记录集

（9）选中图像，在【绑定】面板中展开记录集r1，选中image字段，单击右下角的【绑定】按钮，绑定图像，图20.28所示。

（10）同步骤(9)的方法，分别将shpname、shichangjia、huiyuanjia和content字段绑定到相应的位置，如图20.29所示。

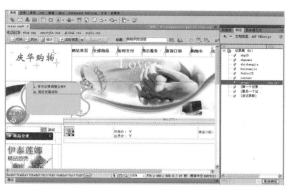

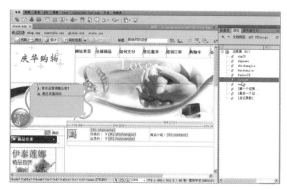

图20.28　绑定图像　　　　　　　　　　　　　图20.29　绑定字段

（11）选中第1行单元格，选择【窗口】|【服务器行为】命令，打开【服务器行为】面板，在面板中单击 ➕ 按钮，在弹出的列表中选择【重复区域】选项，如图20.30所示。

（12）弹出【重复区域】对话框，在对话框中的【记录集】下拉列表中选择R1，【显示】选择【10记录】单选按钮，如图20.31所示。

图20.30　选择【重复区域】选项　　　　　　　图20.31　【重复区域】对话框

（13）单击【确定】按钮，创建重复区域服务器行为，如图20.32所示。

（14）选中{r1.shpname}，单击【服务器行为】面板中的 ➕ 按钮，在弹出的列表中选择【转到详细页面】选项，弹出【转到详细页面】对话框，在对话框中的【详细信息页】文本框中输入，如图20.33所示。

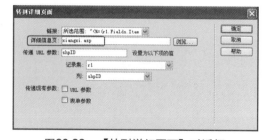

图20.32　创建重复区域　　　　　　　　　　　图20.33　【转到详细页面】对话框

（15）单击【确定】按钮，创建转到详细页面服务器行为，如图20.34所示。

（16）单击【绑定】面板中的 ➕ 按钮，在弹出的列表中选择【记录集(查询)】选项，弹出【记录集】对话框，在对话框中的【名称】文本框中输入"R2"，【连接】下拉列表中选择shop，【表格】下拉列表中选择class，【列】勾选【全部】单选按钮，【排序】下拉列表中选择feilieID和降序，如图20.35所示。

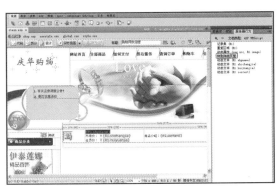

图20.34　创建转到详细页面

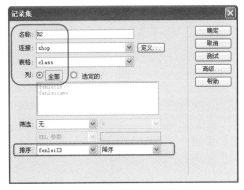

图20.35　【记录集(查询)】选项

(17) 单击【确定】按钮，创建记录集，如图20.36所示。

(18) 将光标置于左侧的【商品分类】下边，在【绑定】面板中展开记录集R2，选中fenleiname字段，单击右下角的【插入】按钮，绑定字段，如图20.37所示。

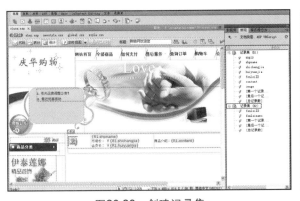

图20.36　创建记录集

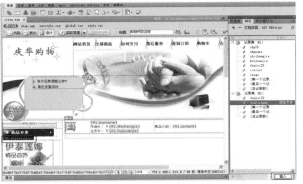

图20.37　绑定字段

(19) 选中单元格，单击【服务器行为】面板中的 <kbd>+</kbd> 按钮，在弹出的列表中选择【重复区域】选项，弹出【重复区域】对话框，在对话框中的【记录集】下拉列表中选择R2，【显示】设置为【20记录】，如图20.38所示。

(20) 单击【确定】按钮，创建重复区域服务器行为，如图20.39所示。

图20.38　【重复区域】对话框

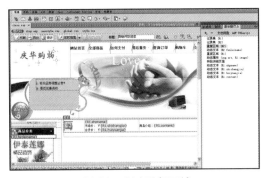

图20.39　创建重复区域

(21) 选中{R2.fenleiname}，单击【服务器行为】面板中的 ➕ 按钮，在弹出的列表中选择【转到详细页面】选项，弹出【转到详细页面】对话框，在对话框中的【详细信息页】文本框中输入class.asp，【记录集】下拉列表中选择R2，如图20.40所示。

(22) 单击【确定】按钮，创建转到详细页面服务器行为，如图20.41所示。

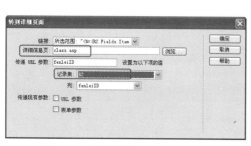

图20.40 【转到详细页面】对话框

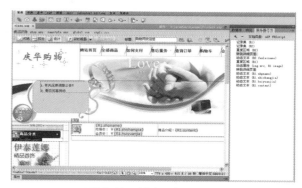

图20.41 创建服务器行为

(23) 选中文字【首页】，单击【服务器行为】面板中的 ➕ 按钮，在弹出的列表中选择【记录集分页】|【移至第一条记录】选项，如图20.42所示。

(24) 弹出【移至第一条记录】对话框，在对话框中的【记录集】下拉列表中选择R1，如图20.43所示。

图20.42 选择【移至第一条记录】选项

图20.43 【移至第一条记录】对话框

(25) 单击【确定】按钮，创建移至第一条记录服务器行为，如图20.44所示。

(26) 同步骤(23)~(25)的方法，分别对文字【上一页】、【下一页】和【最后页】创建【移至前一条记录】、【移至下一条记录】和【移至最后一条记录】服务器行为，如图20.45所示。

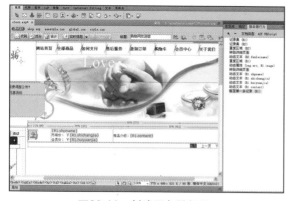

图20.44 创建服务器行为

图20.45 创建服务器行为

商品详细信息页面用于显示网站商品的详细信息，主要利用创建记录集和绑定字段制作下面是商品详细信息页面的效果如图20.46所示。具体操作步骤如下。

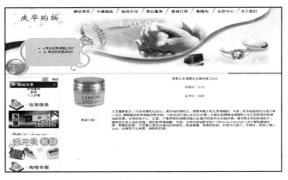

图20.46　商品详细信息页面

(1) 打开网页文档index.htm，将其另存为xiangxi.asp。在左侧动态显示商品类别信息，如图20.47所示。

(2) 将光标置于相应的位置，选择【插入】|【表格】命令，插入5行2列的表格，在属性面板中将【填充】设置为2，如图20.48所示。

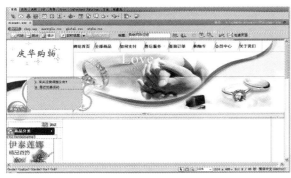

图20.47　另存为文档

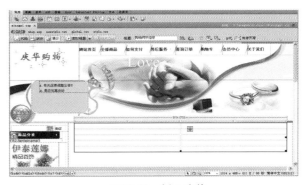

图20.48　插入表格

(3) 将光标置于第1行第1列单元格中，按住鼠标左键向下拖动至第4行第1列单元格中，合并单元格，在合并后的单元格中插入图像images/03.jpg，如图20.49所示。

(4) 分别在第2行第2列和第3行第2列单元格中输入文字，如图20.50所示。

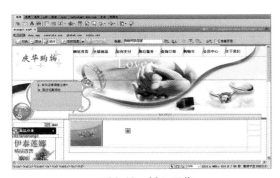

图20.49　插入图像

图20.50　输入文本

(5) 单击【绑定】面板中的 ✚ 按钮，在弹出的列表中选择【记录集(查询)】选项，打开【记录集】对话框，在对话框中的【名称】文本框中输入Rs1，【连接】下拉列表中选择shop，【表格】下拉列表中选择Products，【列】勾选【全部】单选按钮，【筛选】下拉列表中选择shpID、 =、URL参数和shpID，如图20.51所示。

(6) 单击【确定】按钮，创建记录集，如图20.52所示。

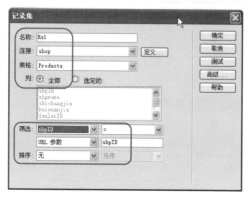

图20.51 【记录集】对话框

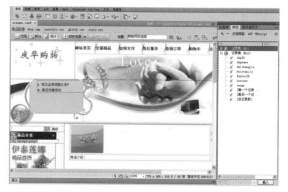

图20.52 创建记录集

(7) 选中图像，在【绑定】面板中展开记录集Rs1，选中image字段，单击右下角的【绑定】按钮，绑定图像，如图20.53所示。

(8) 同步骤7的方法，分别将shpname、shichangjia、huiyuanjia和content字段绑定到相应的位置，如图20.54所示。

图20.53 绑定图像

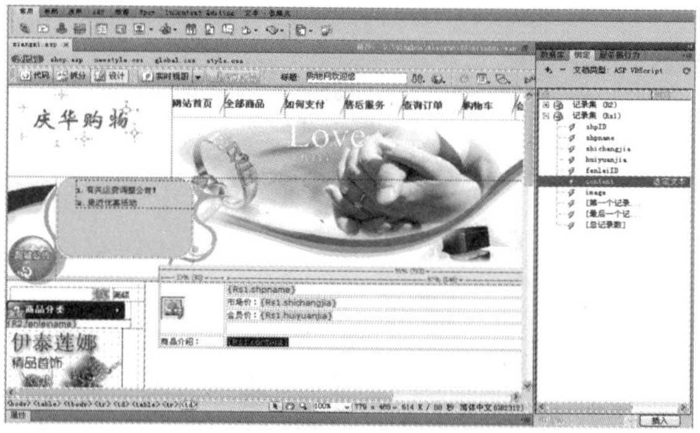

图20.54 绑定字段

(9) 保存文档，在浏览器中预览，图20.46所示。

20.5 制作购物系统后台管理

后台管理在考虑管理操作简便的同时，要提供强大的管理模式。包括管理员角色的设置，商品分类管理，商品管理、订单管理、新闻管理、文件管理、网站基本信息管理、客户留言反馈管理等。后台管理主要是商品的添加、修改、删除，管理员的登录等，下面就具体制作这些功能页面。

系统管理员拥有最高权限，可以通过后台管理员登录页面进入后台管理网站信息。主要利用插入表单对象，检查表单行为和创建登录用户服务器行为制作的，如图20.55所示。

图20.55　管理员登录页面

(1) 打开网页文档index.htm，将其另存为login.asp。在左侧动态显示商品类别信息，如图20.56所示。

(2) 将光标置于相应的位置，选择【插入】|【表单】|【表单】命令，插入表单，如图20.57所示。

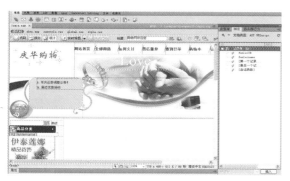

图20.56　另存为文档

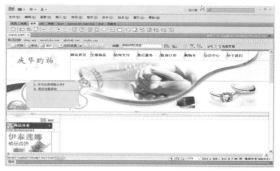

图20.57　插入表单

(3) 将光标置于表单中，插入4行2列的表格，在属性面板中将【填充】设置为2，【间距】设置为2，【对齐】设置为【居中对齐】，如图20.58所示。

(4) 选中第1行单元格，合并单元格，输入相应的文字，将【对齐】设置为【居中对齐】，单击**B**按钮对文字加粗。然后分别在其他单元格中输入相应的文字，如图20.59所示。

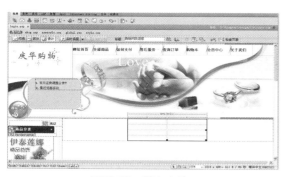

图20.58　插入表格

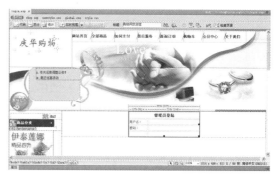

图20.59　输入文本

(5) 将光标置于第2行第2列单元格中，选择【插入】|【表单】|【文本域】命令，插入文本域，在属性面板中将【文本域名称】设置为"name"，【字符宽度】设置为20，【类型】设置为【单行】，如图20.60所示。

(6) 将光标置于第3行第2列单元格中，插入文本域，在属性面板中将【文本域名称】设置为password，【字符宽度】设置为20，【类型】设置为密码，如图20.61所示。

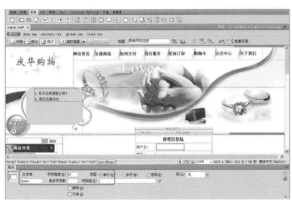

图20.60　插入文本域　　　　　　　　　　　图20.61　插入按钮

(7) 将光标置于第4行第2列单元格中，插入按钮，在属性面板中的【值】文本框中输入"登录"，【动作】设置为【提交表单】，如图20.62所示。

(8) 将光标置于按钮的后面，再插入一个按钮，在属性面板中的【值】文本框中输入"重置"，【动作】设置为【重设表单】，如图20.63所示。

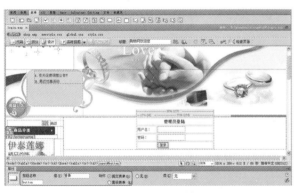
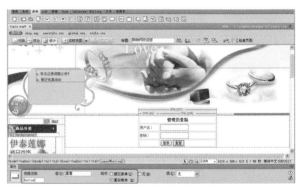

图20.62　插入登录按钮　　　　　　　　　　图20.63　插入重置按钮

(9) 选中表单，单击【行为】面板中的 + 按钮，在弹出的列表中选择【检查表单】选项，弹出【检查表单】对话框，在对话框中将文本域name和password的【值】都勾选【必需的】复选框，【可接受】勾选【任何东西】单选按钮，如图20.64所示。

(10) 单击【确定】按钮，添加行为，如图20.65所示。

图20.64 【检查表单】对话框　　　　　　　　图20.65 添加行为

(11) 单击【绑定】面板中的 ✚ 按钮，在弹出的列表中选择【记录集(查询)】选项，弹出【记录集】对话框，在对话框中的【名称】文本框中输入R1，【连接】下拉列表中选择shop，【表格】下拉列表中选择admin，【列】勾选【全部】单选按钮，如图20.66所示。

(12) 单击【确定】按钮，创建记录集，如图20.67所示。

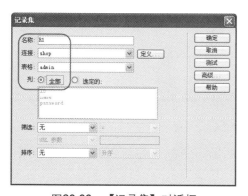

图20.66 【记录集】对话框　　　　　　　　图20.67 创建记录集

(13) 单击【服务器行为】面板中的 ✚ 按钮，在弹出的列表中选择【用户身份验证】|【登录用户】选项，弹出【登录用户】对话框，如图20.68所示。

(14) 在对话框中的【使用连接验证】下拉列表中选择shop，【表格】下拉列表中选择admin，【用户名列】下拉列表中选择name，【密码列】下拉列表中选择password，【如果登录成功，则转到】文本框中输入"manage.asp"，【如果登录失败，则转到】文本框中输入"login.asp"，如图20.69所示。

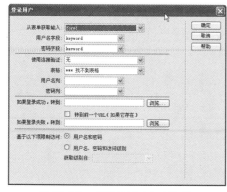

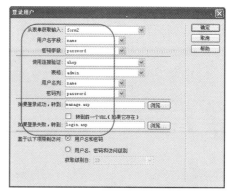

图20.68 【登录用户】对话框　　　　　　　　图20.69 【登录用户】对话框

(15) 单击【确定】按钮，创建登录用户服务器行为，如图20.70所示。

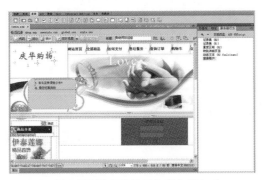

图20.70　创建登录用户服务器行为

(16) 保存文档，在浏览器中预览，图20.55所示。

20.5.2　制作添加商品分类页面

添加商品分类页面主要利用插入表单对象，创建记录集和创建插入记录服务器行为制作的，如图20.71所示。

图20.71　添加商品分类页面

(1) 打开网页文档index.htm，将其另存为add-Products.asp。同前面操作同样的方法，在左侧动态显示商品类别信息。

(2) 将光标置于相应的位置，插入表单，如图20.72所示。

(3) 将光标置于表单中，插入2行2列的表格，在属性面板中将【填充】设置为2，【间距】设置为2，【对齐】设置为【居中对齐】，如图20.73所示。

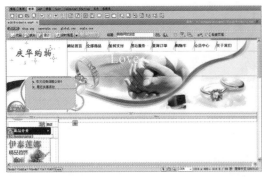

图20.72　插入表单

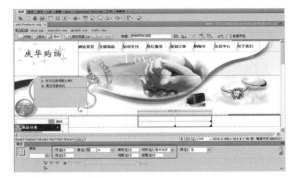

图20.73　插入表格

(4) 将光标置于第1行第1列单元格中，输入相应的文字，如图20.74所示。

（5）将光标置于第1行第2列单元格中，插入文本域，在属性面板中将【文本域名称】设置为"name"，【字符宽度】设置为25，【类型】设置为【单行】，如图20.75所示。

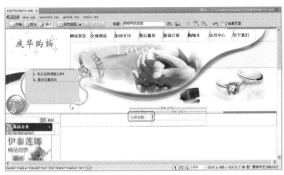

图20.74　输入文本

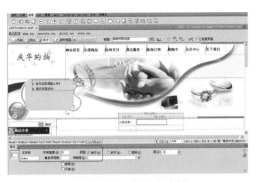

图20.75　插入文本域

（6）将光标置于第2行第2列单元格中，选择【插入】|【表单】|【按钮】命令，分别插入【提交】按钮和【重置】按钮，如图20.76所示。

（7）单击【绑定】面板中的 ➕ 按钮，在弹出的列表中选择【记录集(查询)】选项，弹出【记录集】对话框，在对话框中的【名称】文本框中输入"R1"，【连接】下拉列表中选择shop，【表格】下拉列表中选择class，【列】勾选【全部】单选按钮，【排序】下拉列表中选择fenleiID和升序，如图20.77所示。

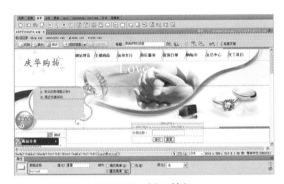

图20.76　插入按钮

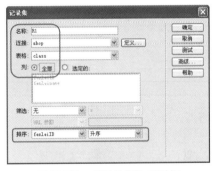

图20.77　【记录集】对话框

（8）单击【确定】按钮，创建记录集，如图20.78所示。

（9）单击【服务器行为】面板中的 ➕ 按钮，在弹出的列表中选择【用户身份验证】|【限制对页的访问】选项，弹出【限制对页的访问】对话框，在对话框中的【如果访问被拒绝，则转到】文本框中输入"login.asp"，如图20.79所示。

图20.78　创建记录集

图20.79　【限制对页的访问】对话框

(10) 单击【确定】按钮，创建限制对页的访问服务器行为，如图20.80所示。

(11) 单击【服务器行为】面板中的 + 按钮，在弹出的列表中选择【插入记录】选项，弹出【插入记录】对话框，在对话框中的【连接】下拉列表中选择shop，【插入到表格】下拉列表中选择class，【插入后，转到】文本框中输入"add-Productsok.htm"，【获取值自】下拉列表中选择form2，如图20.81所示。

图20.80　创建限制对页的访问服务器行为

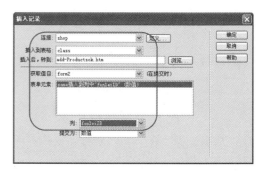

图20.81　【记录集】对话框

(12) 单击【确定】按钮，创建插入记录服务器行为，如图20.82所示。

(13) 打开网页文档index.htm，将其另存为add-Productsok.htm，在相应的位置输入文字，选中文字【添加商品分类页面】，在属性面板中的【链接】文本框中输入add-Products.asp，如图20.83所示。

图20.82　插入记录服务器行为

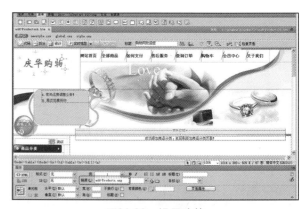

图20.83　设置连接

(14) 保存文档，在浏览器中预览，如图20.71所示。

20.5.3 制作添加商品页面

制作添加商品页面，主要利用插入表单对象，创建记录集和创建插入记录服务器行为制作的。如图20.84所示。

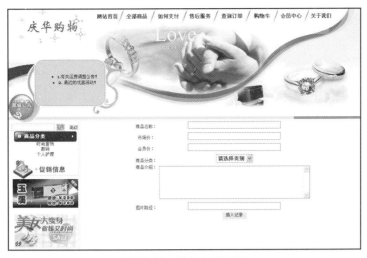

图20.84 添加商品页面

(1) 打开网页文档index.htm，将其另存为addproduct.asp。在左侧动态显示商品类别信息，如图20.85所示。

(2) 单击【数据】插入栏中的【插入记录表单向导】按钮，弹出【插入记录表单】对话框，如图20.86所示。

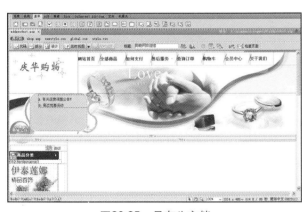

图20.85 另存为文档

图20.86 【插入记录表单】对话框

(3) 在对话框中的【连接】下拉列表中选择shop，【插入到表格】下拉列表中选择Products，【插入后，转到】文本框中输入"addProductsok.htm"，【表单字段】列表框中：选中shpID，单击━按钮将其删除，选中shpname，【标签】文本框中输入【商品名称：】，选中shichangjia:，【标签】文本框中输入"市场价："，选中huiyuanjia，【标签】文本框中输入"会员价："，选中fenleiID，【标签】文本框中输入"商品分类："，【显示为】下拉列表中选择【菜单】，单击 菜单属性 按钮，弹出【菜单属性】对话框，在对话框中的【填充菜单项】勾选【来自数据库】单选按钮，如图20.87所示。

(4) 在对话框中单击【选取值等于】文本框右边的 按钮，弹出【动态数据】对话框，在对话框中的【域】列表中选择fenleiname，如图20.88所示。

图20.87 【菜单属性】对话框

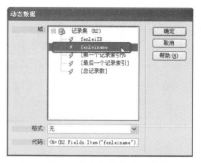

图20.88 【动态数据】对话框

(5) 单击【确定】按钮，返回到【插入记录表单】对话框，选中content，【标签】文本框中输入"商品介绍："，【显示为】下拉列表中选择【文本区域】，选中image，【标签】文本框中输入"图片路径："，如图20.89所示。

(6) 单击【确定】按钮，插入记录表单向导，如图20.90所示。

图20.89 【插入记录表单】对话框

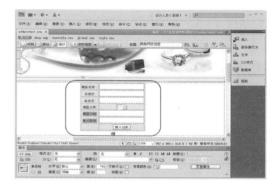

图20.90 插入记录表单向导

(7) 单击【服务器行为】面板中的 ✚ 按钮，在弹出的列表中选择【用户身份验证】|【限制对页的访问】选项，弹出【限制对页的访问】对话框，在对话框中的【如果访问被拒绝，则转到】文本框中输入"login.asp"，如图20.91所示。

(8) 单击【确定】按钮，创建限制对页的访问服务器行为。

(9) 打开网页文档index.htm，将其另存为addProductsok.htm，在相应的位置输入文字，选中文字【添加商品页面】，在属性面板中的【链接】文本框中输入"add.asp"，如图20.92所示。

图20.91 限制对页的访问

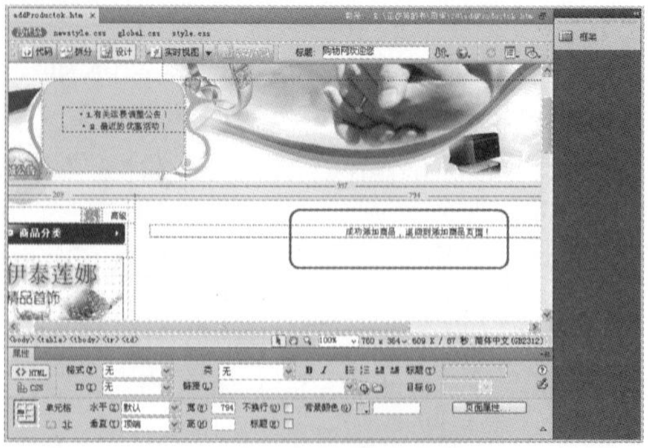

图20.92 制作商品添加成功页面

(10) 保存文档，在浏览器中预览，如图20.84所示。

20.5.4 制作商品管理页面

商品管理页面，主要利用创建记录集、绑定字段、创建重复区域、创建转到详细页面、记录集分页和显示区域服务器行为制作的。如图20.93所示。

图20.93 商品管理页面

(1) 打开网页文档index.htm，将其另存为manage.asp，在左侧动态显示商品类别信息，如图20.94所示。

(2) 将光标置于文档中，选择【插入】|【表格】命令，插入2行6列的表格，选中所有单元格，将【高】设置为20，如图20.95所示。

图20.94 另存为文档

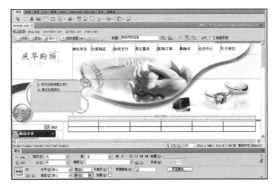

图20.95 插入表格

(3) 分别在单元格中输入文字，如图20.96所示。

(4) 单击【绑定】面板中的 ➕ 按钮，在弹出的列表中选择【记录集(查询)】选项，弹出【记录集】对话框，在对话框中的【名称】文本框中输入"R1"，【连接】下拉列表中选择shop，【表格】下拉列表中选择Products，【列】勾选【全部】单选按钮，【排序】下拉列表中选择shpID和降序，如图20.97所示。

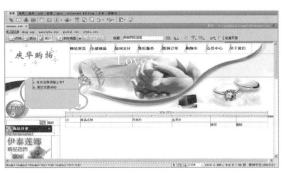
图20.96 输入文本

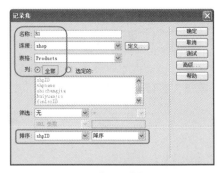
图20.97 【记录集】对话框

(5) 单击【确定】按钮，创建记录集，如图20.98所示。

(6) 将光标置于第2行第1列单元格中，在【绑定】面板中展开记录集R1，选中shpID字段，单击右下角的【插入】按钮，绑定字段，如图20.99所示。

图20.98 创建记录集

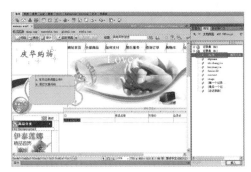
图20.99 绑定字段

(7) 按照步骤(6)的方法，分别将shpname、shichangjia和huiyuanjia字段绑定到相应的位置，如图20.100所示。

(8) 选择第2行单元格，单击【服务器行为】面板中的 + 按钮，在弹出的列表中选择【重复区域】选项，弹出【重复区域】对话框，在对话框中的【记录集】下拉列表中选择R1，【显示】选择【10记录】单选按钮，如图20.101所示。

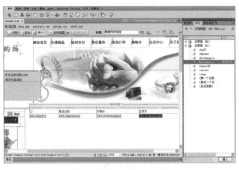
图20.100 绑定字段

图20.101 【重复区域】对话框

(9) 单击【确定】按钮，创建重复区域服务器行为，图20.102所示。

(10) 选中文字【修改】，单击【服务器行为】面板中的 + 按钮，在弹出的列表中选择【转到详细页面】选项，弹出【转到详细页面】对话框，在对话框中的【详细信息页】文本框中输入"modify.asp"，【记录集】下拉列表中选择R1，如图20.103所示。

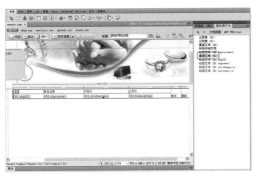
图20.102 创建重复区域

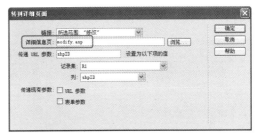
图20.103 【转到详细页面】对话框

(11) 单击【确定】按钮，创建转到详细页面服务器行为，如图20.104所示。

(12) 选中文字【删除】，单击【服务器行为】面板中的 ➕ 按钮，在弹出的列表中选择【转到详细页面】选项，弹出【转到详细页面】对话框，在对话框中的【详细信息页】文本框中输入"del.asp"，【记录集】下拉列表中选择R1，单击【确定】按钮，单击【确定】按钮，创建转到详细页面服务器行为，如图20.105所示。

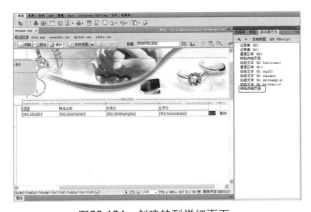
图20.104 创建转到详细页面

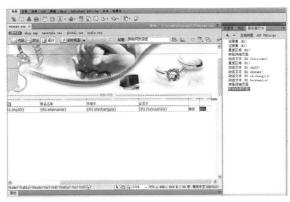
图20.105 创建转到详细页面

(13) 将光标置于表格的右边，按Enter键换行，选择【插入】|【表格】命令，插入1行1列的表格，在属性面板中将【对齐】设置为"居中对齐"，然后在表格中输入相应的文字，如图20.106所示。

(14) 选中文字【首页】，单击【服务器行为】面板中的 ➕ 按钮，在弹出的列表中选择【记录集分页】|【移至第一条记录】选项，弹出【移至第一条记录】对话框，在对话框中的【记录集】下拉列表中选择R1，如图20.107所示。

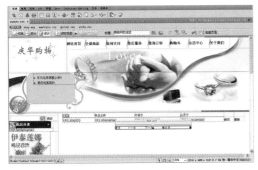
图20.106 输入文本

图20.107 【转到详细页面】对话框

(15) 单击【确定】按钮，创建移至第一条记录服务器行为，如图20.108所示。

(16) 按照步骤(14)～(15)的方法，分别对文字【上一页】、【下一页】和【最后页】创建【移至前一条记录】、【移至下一条记录】和【移至最后一条记录】服务器行为，如图20.109所示。

 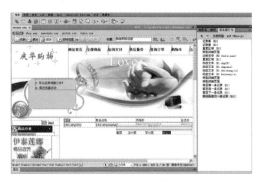

图20.108　移至第一条记录服务器行为　　　　　图20.109　创建服务器行为

(17) 选中文字【首页】，单击【服务器行为】面板中的 ✚ 按钮，在弹出的列表中选择【显示区域】|【如果不是第一条记录则显示区域】选项，弹出【如果不是第一条记录则显示区域】对话框，在对话框中的【记录集】下拉列表中选择R1，如图20.110所示。

(18) 单击【确定】按钮，创建如果不是第一条记录则显示区域服务器行为，如图20.111所示。

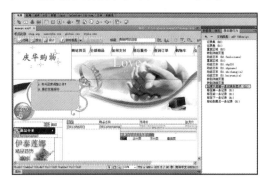

图20.110　【如果不是第一条记录则显示区域】对话框　　　　　图20.111　创建服务器行为

(19) 按照步骤17～18的方法，分别对文字【上一页】、【下一页】和【最后页】创建【如果为最后一条记录则显示区域】、【如果为第一条记录则显示区域】和【如果不是最后一条记录则显示区域】服务器行为，如图20.112所示。

图20.112　创建服务器行为

(20) 保存文档，在浏览器中预览，如图20.94所示。

删除页面用于删除添加的商品,制作时主要利用创建记录集、绑定字段和删除记录服务器行为。如图20.113所示,具体操作步骤如下。

图20-113　商品删除页面

(1) 打开网页文档index.htm,将其另存为del.asp,在左侧动态显示商品类别信息,如图20.114所示。

(2) 将光标置于文档中,选择【插入】|【表格】命令,插入4行1列的表格,在属性面板中将【填充】设置为2,【对齐】设置为【居中对齐】,如图20.115所示。

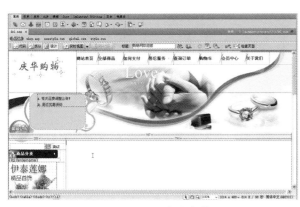

图20.114　另存为文档

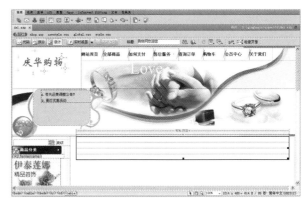

图20.115　插入表格

(3) 选中第1～3行单元格,将【水平】设置为【居中对齐】,分别在单元格中输入文字,如图20.116所示。

(4) 单击【绑定】面板中的 ➕ 按钮,在弹出的列表中选择【记录集(查询)】选项,弹出【记录集】对话框,在对话框中的【名称】文本框中输入R1,【连接】下拉列表中选择shop,【表格】下拉列表中选择Products,【列】勾选【全部】单选按钮,【筛选】下拉列表中选择shpID、=、URL参数和shpID,如图20.117所示。

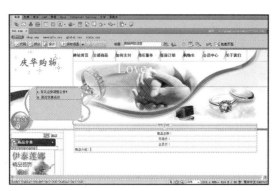

图20.116　输入文本

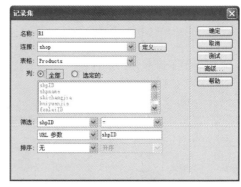

图20.117　【记录集】对话框

(5) 单击【确定】按钮，创建记录集，如图20.118所示。

(6) 将光标置于第1行单元格文字【商品名称：】的后面，在【绑定】面板中展开记录集r1，选中shpname字段，单击右下角的【插入】按钮，绑定字段，如图20.119所示。

图20.118　创建记录集

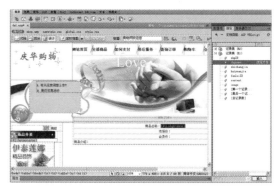

图20.119　绑定字段

(7) 按照步骤(6)的方法，分别将shichangjia、huiyuanjia和content字段绑定到相应的位置，如图20.120所示。

(8) 将光标置于表格的右边，选择【插入】|【表单】|【表单】命令，插入表单，如图20.121所示。

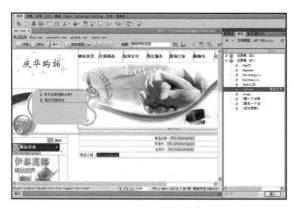

图20.120　绑定字段

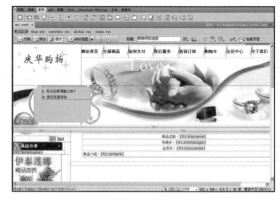

图20.121　插入表单

(9) 将光标置于表单中，选择【插入】|【表单】|【按钮】命令，插入按钮，在属性面板中的【值】文本框中输入【删除商品】，【动作】设置为【提交表单】，图20.122所示。

(10) 单击【服务器行为】面板中的 ✚ 按钮，在弹出的列表中选择【删除记录】选项，弹出【删除记录】对话框，在对话框中的【连接】下拉列表中选择shop，【从表格中删除】下拉列表中选择Products，【选取记录自】下拉列表中选择R1，【唯一键列】下拉列表中选择shpID，【提交此表单以删除】下拉列表中选择form2，【删除后，转到】文本框中输入delok.htm，如图20.123所示。

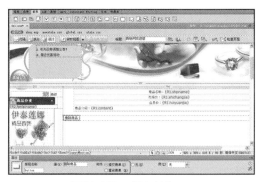

图20.122　插入按钮　　　　　　　　　　　　　　图20.123　【删除记录】对话框

(11) 单击【确定】按钮，创建删除记录服务器行为，如图20.124所示。至此商品删除页面制作完成，保存网页在浏览器中浏览效果如图20.113所示。

(12) 下面制作商品删除成功页面。打开网页文档index.htm，将其另存为delok.htm，输入文字，选中文字"商品管理页面"，在【属性】面板中的【链接】文本框中输入manage.asp，如图20.125所示。

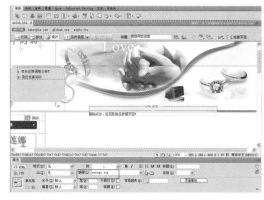

图20.124　删除记录服务器行为　　　　　　　　　　图20.125　设置链接

(13) 保存文档，当商品添加成功后，在浏览器中预览，如图20.126所示。

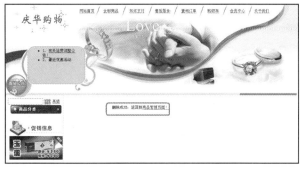

图20.126　商品添加成功页面

附 录 A

HTML常用标签

1. 跑马灯

标　签	功　能
<marquee>...</marquee>	普通卷动
<marquee behavior=slide>...</marquee>	滑动
<marquee behavior=scroll>...</marquee>	预设卷动
<marquee behavior=alternate>...</marquee>	来回卷动
<marquee direction=down>...</marquee>	向下卷动
<marquee direction=up>...</marquee>	向上卷动
<marquee direction=right>...</marquee>	向右卷动
<marquee direction=left>...</marquee>	向左卷动
<marquee loop=2>...</marquee>	卷动次数
<marquee width=180>...</marquee>	设定宽度
<marquee height=30>...</marquee>	设定高度
<marquee bgcolor=FF0000>...</marquee>	设定背景颜色
<marquee scrollamount=30>...</marquee>	设定卷动距离
<marquee scrolldelay=300>...</marquee>	设定卷动时间

2. 字体效果

标　签	功　能
<h1>...</h1>	标题字(最大)
<h6>...</h6>	标题字(最小)
...	粗体字
...	粗体字(强调)
<i>...</i>	斜体字
...	斜体字(强调)
<dfn>...</dfn>	斜体字(表示定义)
<u>...</u>	底线
<ins>...</ins>	底线(表示插入文字)
<strike>...</strike>	横线
<s>...</s>	删除线
<del>...</del>	删除线(表示删除)
<kbd>...</kbd>	键盘文字
<tt>...</tt>	打字体
<xmp>...</xmp>	固定宽度字体(在文件中空白、换行、定位功能有效)
<plaintext>...</plaintext>	固定宽度字体(不执行标记符号)
<listing>...</listing>	固定宽度小字体
<font color=00ff00>...</font>	字体颜色
<font size=1>...</font>	最小字体
<font style =font-size:100 px>...</font>	无限增大

3. 区断标记

标 签	功 能
<hr>	水平线
<hr size=9>	水平线(设定大小)
<hr width=80%>	水平线(设定宽度)
<hr color=ff0000>	水平线(设定颜色)
 	(换行)
<nobr>...</nobr>	水域(不换行)
<p>...</p>	水域(段落)
<center>...</center>	置中

4. 链接

标 签	功 能
<base href=地址>	(预设好连结路径)
<a href=地址></a>	外部连结
<a href=地址 target=_blank></a>	外部连结(另开新窗口)
<a href=地址 target=_top></a>	外部连结(全窗口连结)
<a href=地址 target=页框名></a>	外部连结(在指定页框连结)

5. 图像/音乐

标 签	功 能
<img src=图片地址>	贴图
<img src=图片地址 width=180>	设定图片宽度
<img src=图片地址 height=30>	设定图片高度
<img src=图片地址 alt=提示文字>	设定图片提示文字
<img src=图片地址 border=1>	设定图片边框
<bgsound src=MID音乐文件地址>	背景音乐设定

6. 表格

标 签	功 能
<table aling=left>...</table>	表格位置,置左
<table aling=center>...</table>	表格位置,置中
<table background=图片路径>...</table>	背景图片的URL=就是路径网址
<table border=边框大小>...</table>	设定表格边框大小(使用数字)
<table bgcolor=颜色码>...</table>	设定表格的背景颜色
<table borderclor=颜色码>...</table>	设定表格边框的颜色
<table borderclordark=颜色码>...</table>	设定表格暗边框的颜色
<table borderclorlight=颜色码>...</table>	设定表格亮边框的颜色
<table cellpadding=参数>...</table>	指定内容与网格线之间的间距(使用数字)
<table cellspacing=参数>...</table>	指定网格线与网格线之间的距离(使用数字)
<table cols=参数>...</table>	指定表格的栏数

标　　签	功　　能
<table frame=参数>...</table>	设定表格外框线的显示方式
<table width=宽度>...</table>	指定表格的宽度大小(使用数字)
<table height=高度>...</table>	指定表格的高度大小(使用数字)
<td colspan=参数>...</td>	指定储存格合并栏的栏数(使用数字)
<td rowspan=参数>...</td>	指定储存格合并列的列数(使用数字)

7. 分割窗口

标　　签	功　　能
<frameset cols="20%,*">	左右分割,将左边框架分割大小为20%右边框架的大小浏览器会自动调整
<frameset rows="20%,*">	上下分割,将上面框架分割大小为20%下面框架的大小浏览器会自动调整
<frameset cols="20%,*">	分割左右两个框架
<frameset cols="20%,*,20%">	分割左中右3个框架
<frameset rows="20%,*,20%">	分割上中下3个框架
<! - - ... - ->	批注
<a href target>	指定超级链接的分割窗口
< a href =#锚的名称>	指定锚名称的超级链接
< a href >	指定超级链接
<a name=锚的名称>	被链接点的名称
<address>....</address>	用来显示电子邮箱地址
<b>	粗体字
<base target>	指定超级链接的分割窗口
<basefont size>	更改预设字形大小
<bgsound src>	加入背景音乐
<big>	显示大字体
<blink>	闪烁的文字
<link >	设定文字颜色
 	换行
<caption align>	设定表格标题位置
<caption>...</caption>	为表格加上标题
<center>	向中对齐
<cite>...<cite>	用于引经据典的文字
<code>...</code>	用于列出一段程序代码
<dd>	设定定义列表的项目解说
<dfn>...</dfn>	显示"定义"文字
<dir>...</dir>	列表文字卷标
<dl>...</dl>	设定定义列表的卷标
<dt>	设定定义列表的项目
<em>	强调之用

附 录 B

JavaScript语法手册

1．JavaScript 函数

描　　述	语 言 要 素
返回文件中的Automation对象的引用	GetObject函数
返回代表所使用的脚本语言的字符串	ScriptEngine函数
返回所使用的脚本引擎的编译版本号	ScriptEngineBuildVersion函数
返回所使用的脚本引擎的主版本	ScriptEngineMajorVersion函数
返回所使用的脚本引擎的次版本号	ScriptEngineMinorVersion函数

2．JavaScript 方法

描　　述	语 言 要 素
返回一个数的绝对值	abs方法
返回一个数的反余弦	acos方法
在对象的指定文本两端加上一个带name属性的HTML锚点	anchor方法
返回一个数的反正弦	asin方法
返回一个数的反正切	atan方法
返回从X轴到点（y,x）的角度（以弧度为单位）	atan2方法
返回一个表明枚举算子是否处于集合结束处的Boolean值	atEnd方法
在String对象的文本两端加入HTML的<big>标识	big方法
将HTML的<Blink>标识添加到String对象中的文本两端	blink方法
将HTML的<B>标识添加到String对象中的文本两端	bold方法
返回大于或等于其数值参数的最小整数	ceil方法
返回位于指定索引位置的字符	charAt方法
返回指定字符的Unicode编码	charCodeAt方法
将一个正则表达式编译为内部格式	compile方法
返回一个由两个数组合并组成的新数组	concat方法（Array）
返回一个包含给定的两个字符串的连接的String对象	concat方法（String）
返回一个数的余弦	cos方法
返回VBArray的维数	dimensions方法
对String对象编码，以便在所有计算机上都能阅读	escape方法
对JavaScript代码求值然后执行之	eval方法
在指定字符串中执行一个匹配查找	exec方法
返回e（自然对数的底）的幂	exp方法
将HTML的<TT>标识添加到String对象中的文本两端	fixed方法
返回小于或等于其数值参数的最大整数	floor方法
将HTML带Color属性的<Font>标识添加到String对象中的文本两端	fontcolor方法
将HTML带Size属性的<Font>标识添加到String对象中的文本两端	fontsize方法
返回Unicode字符值的字符串	fromCharCode方法
使用当地时间返回Date对象的月份日期值	getDate方法

描　述	语言要素
使用当地时间返回Date对象的星期几	getDay方法
使用当地时间返回Date对象的年份	getFullYear方法
使用当地时间返回Date对象的小时值	getHours方法
返回位于指定位置的项	getItem方法
使用当地时间返回Date对象的毫秒值	getMilliseconds方法
使用当地时间返回Date对象的分钟值	getMinutes方法
使用当地时间返回Date对象的月份	getMonth方法
使用当地时间返回Date对象的秒数	getSeconds方法
返回Date对象中的时间	getTime方法
返回主机的时间和全球标准时间（UTC）之间的差（以分钟为单位）	getTimezoneOffset方法
使用全球标准时间（UTC）返回Date对象的日期值	getUTCDate方法
使用全球标准时间（UTC）返回Date对象的星期几	getUTCDay方法
使用全球标准时间（UTC）返回Date对象的年份	getUTCFullYear方法
使用全球标准时间（UTC）返回Date对象的小时数	getUTCHours方法
使用全球标准时间（UTC）返回Date对象的毫秒数	getUTCMilliseconds方法
使用全球标准时间（UTC）返回Date对象的分钟数	getUTCMinutes方法
使用全球标准时间（UTC）返回Date对象的月份值	getUTCMonth方法
使用全球标准时间（UTC）返回Date对象的秒数	getUTCSeconds方法
返回Date对象中的VT_DATE	getVarDate方法
返回Date对象中的年份	getYear方法
返回在String对象中第一次出现子字符串的字符位置	indexOf方法
返回一个Boolean值，表明某个给定的数是否是有穷的	isFinite方法
返回一个Boolean值，表明某个值是否为保留值NaN（不是一个数）	isNaN方法
将HTML的<I>标识添加到String对象中的文本两端	italics方法
返回集合中的当前项	item方法
返回一个由数组中的所有元素连接在一起的String对象	join方法
返回在String对象中子字符串最后出现的位置	lastIndexOf方法
返回在VBArray中指定维数所用的最小索引值	lbound方法
将带HREF属性的HTML锚点添加到 String 对象中的文本两端	link方法
返回某个数的自然对数	log方法
使用给定的正则表达式对象对字符串进行查找，并将结果作为数组返回	match方法
返回给定的两个表达式中的较大者	max方法
返回给定的两个数中的较小者	min方法
将集合中的当前项设置为第一项	moveFirst方法

描　述	语　言　要　素
将当前项设置为集合中的下一项	moveNext方法
对包含日期的字符串进行分析，并返回该日期与1970年1月1日零点之间相差的毫秒数	parse方法
返回从字符串转换而来的浮点数	parseFloat方法
返回从字符串转换而来的整数	parseInt方法
返回一个指定幂次的底表达式的值	pow方法
返回一个0和1之间的伪随机数	random方法
返回根据正则表达式进行文字替换后的字符串的拷贝	replace方法
返回一个元素反序的Array对象	reverse方法
将一个指定的数值表达式舍入到最近的整数并将其返回	round方法
返回与正则表达式查找内容匹配的第一个子字符串的位置	search方法
使用当地时间设置Date对象的数值日期	setDate方法
使用当地时间设置Date对象的年份	setFullYear方法
使用当地时间设置Date对象的小时值	setHours方法
使用当地时间设置Date对象的毫秒值	setMilliseconds方法
使用当地时间设置Date对象的分钟值	setMinutes方法
使用当地时间设置Date对象的月份	setMonth方法
使用当地时间设置Date对象的秒值	setSeconds方法
设置Date对象的日期和时间	setTime方法
使用全球标准时间（UTC）设置Date对象的数值日期	setUTCDate方法
使用全球标准时间（UTC）设置Date对象的年份	setUTCFullYear方法
使用全球标准时间（UTC）设置Date对象的小时值	setUTCHours方法
使用全球标准时间（UTC）设置Date对象的毫秒值	setUTCMilliseconds方法
使用全球标准时间（UTC）设置Date对象的分钟值	setUTCMinutes方法
使用全球标准时间（UTC）设置Date对象的月份	setUTCMonth方法
使用全球标准时间（UTC）设置Date对象的秒值	setUTCSeconds方法
使用Date对象的年份	setYear方法
返回一个数的正弦	sin方法
返回数组的一个片段	slice方法（Array）
返回字符串的一个片段	Slice方法（String）
将HTML的<SMALL>标识添加到String对象中的文本两端	small方法
返回一个元素被排序了的Array对象	sort方法
将一个字符串分割为子字符串，然后将结果作为字符串数组返回	split方法
返回一个数的平方根	sqrt方法
将HTML的<STRIKE>标识添加到String对象中的文本两端	strike方法

描 述	语 言 要 素
将HTML的\<SUB\>标识放置到String对象中的文本两端	Sub方法
返回一个从指定位置开始并具有指定长度的子字符串	substr方法
返回位于String对象中指定位置的子字符串	substring方法
将HTML的\<SUP\>标识放置到String对象中的文本两端	sup方法
返回一个数的正切	tan方法
返回一个Boolean值，表明在被查找的字符串中是否存在某个模式	test方法
返回一个从VBArray转换而来的标准JavaScript数组	toArray方法
返回一个转换为使用格林威治标准时间（GMT）的字符串的日期	toGMTString方法
返回一个转换为使用当地时间的字符串的日期	toLocaleString方法
返回一个所有的字母字符都被转换为小写字母的字符串	toLowerCase方法
返回一个对象的字符串表示	toString方法
返回一个所有的字母字符都被转换为大写字母的字符串	toUpperCase方法
返回一个转换为使用全球标准时间(UTC)的字符串的日期	toUTCString方法
返回在VBArray的指定维中所使用的最大索引值	ubound方法
对用escape方法编码的String对象进行解码	unescapc方法
返回1970年1月1日零点的全球标准时间（UTC）（或GMT）与指定日期之间的毫秒数	UTC方法
返回指定对象的原始值	valueOf方法

3. JavaScript 对象

描 述	语 言 要 素
启用并返回一个Automation对象的引用	ActiveXObject对象
提供对创建任何数据类型的数组的支持	Array对象
创建一个新的Boolean值	Boolean对象
提供日期和时间的基本存储和检索	Date对象
存储数据键、项对的对象	Dictionary对象
提供集合中的项的枚举	Enumerator对象
包含在运行JavaScript代码时发生的错误的有关信息	Error对象
提供对计算机文件系统的访问	FileSystemObject对象
创建一个新的函数	Function对象
是一个内部对象，目的是将全局方法集中在一个对象中	Global对象
一个内部对象，提供基本的数学函数和常数	Math对象
表示数值数据类型和提供数值常数的对象	Number对象
提供所有的JavaScript对象的公共功能	Object对象
存储有关正则表达式模式查找的信息	RegExp对象

描　述	语言要素
包含一个正则表达式模式	正则表达式对象
提供对文本字符串的操作和格式处理，判定在字符串中是否存在某个子字符串及确定其位置	String对象
提供对VisualBasic安全数组的访问	VBArray对象

4．JavaScript运算符

描　述	语言要素
将两个数相加或连接两个字符串	加法运算符（+）
将一个值赋给变量	赋值运算符（=）
对两个表达式执行按位与操作	按位与运算符（&）
将一个表达式的各位向左移	按位左移运算符（<<）
对一个表达式执行按位取非（求非）操作	按位取非运算符（~）
对两个表达式指定按位或操作	按位或运算符（|）
将一个表达式的各位向右移，保持符号不变	按位右移运算符（>>）
对两个表达式执行按位异或操作	按位异或运算符（^）
使两个表达式连续执行	逗号运算符（,）
返回Boolean值，表示比较结果	比较运算符
复合赋值运算符列表	复合赋值运算符
根据条件执行两个表达式之一	条件（三元）运算符（?:）
将变量减一	递减运算符（－－）
删除对象的属性，或删除数组中的一个元素	delete运算符
将两个数相除并返回一个数值结果	除法运算符（/）
比较两个表达式，看是否相等	相等运算符（==）
比较两个表达式，看一个是否大于另一个	大于运算符（>）
比较两个表达式，看是否一个小于另一个	小于运算符（<）
比较两个表达式，看是否一个小于等于另一个	小于等于运算符（<=）
对两个表达式执行逻辑与操作	逻辑与运算符（&&）
对表达式执行逻辑非操作	逻辑非运算符（!）
对两个表达式执行逻辑或操作	逻辑或运算符（||）
将两个数相除，并返回余数	取模运算符（%）
将两个数相乘	乘法运算符（*）
创建一个新对象	new运算符
比较两个表达式，看是否具有不相等的值或数据类型不同	非严格相等运算符（!==）
包含JavaScript运算符的执行优先级信息的列表	运算符优先级
对两个表达式执行减法操作	减法运算符（－）
返回一个表示表达式的数据类型的字符串	typeof运算符
表示一个数值表达式的相反数	一元取相反数运算符（－）
在表达式中对各位进行无符号右移	无符号右移运算符（>>>）
避免一个表达式返回值	void运算符

5．JavaScript属性

描　　述	语 言 要 素
返回在模式匹配中找到的最近的九条记录	$1...$9Properties
返回一个包含传递给当前执行函数的每个参数的数组	arguments属性
返回调用当前函数的函数引用	caller属性
指定创建对象的函数	constructor属性
返回或设置关于指定错误的描述字符串	description属性
返回Euler常数，即自然对数的底	E属性
返回在字符串中找到的第一个成功匹配的字符位置	index属性
返回number.positiue_infinity的初始值	Infinity属性
返回进行查找的字符串	input属性
返回在字符串中找到的最后一个成功匹配的字符位置	lastIndex属性
返回比数组中所定义的最高元素大1的一个整数	length属性（Array）
返回为函数所定义的参数个数	length属性（Function）
返回String对象的长度	length属性（String）
返回2的自然对数	LN2属性
返回10的自然对数	LN10属性
返回以2为底的e（即Euler常数）的对数	LOG2E属性
返回以10为底的e（即Euler常数）的对数	LOG10E属性
返回在JavaScript中能表示的最大值	Max_value属性
返回在JavaScript中能表示的最接近零的值	Min_value属性
返回特殊值NaN，表示某个表达式不是一个数	NaN属性（Global）
返回特殊值（NaN），表示某个表达式不是一个数	NaN属性（Number）
返回比在JavaScript中能表示的最大的负数（-Number. MAX_VALUE）更负的值	Negatiue_infinity属性
返回或设置与特定错误关联的数值	Number属性
返回圆周与其直径的比值，约等于3.141592653589793	PI属性
返回比在JavaScript中能表示的最大的数（Number. MAX_VALUE）更大的值	Positive_infinity属性
返回对象类的原型引用	Prototype属性
返回正则表达式模式的文本的拷贝	source属性
返回0.5的平方根，即1除以2的平方根	Sqrt1_2属性
返回2的平方根	Sqrt2属性

6. JavaScript语句

描　　述	语 言 要 素
终止当前循环，或者如果与一个label语句关联，则终止相关联的语句	break语句
包含在try语句块中的代码发生错误时执行的语句	catch语句
激活条件编译支持	@cc_on语句
使单行注释被JavaScript语法分析器忽略	//（单行注释语句）

描　　述	语 言 要 素
使多行注释被JavaScript语法分析器忽略	/*..*/（多行注释语句）
停止循环的当前迭代，并开始一次新的迭代	continue语句
先执行一次语句块，然后重复执行该循环，直至条件表达式的值为false	do...while语句
只要指定的条件为true，就一直执行语句块	for语句
对应于对象或数组中的每个元素执行一个或多个语句	for...in语句
声明一个新的函数	function语句
根据表达式的值，有条件地执行一组语句	@if语句
根据表达式的值，有条件地执行一组语句	if...else语句
给语句提供一个标识符	Labeled语句
从当前函数退出并从该函数返回一个值	return语句
创建用于条件编译语句的变量	@set语句
当指定的表达式的值与某个标签匹配时，即执行相应的一个或多个语句	switch语句
对当前对象的引用	this语句
产生一个可由try...catch语句处理的错误条件	throw语句
实现JavaScript的错误处理	try语句
声明一个变量	var语句
执行语句直至给定的条件为false	while语句
确定一个语句的默认对象	with语句

附 录 C

CSS属性一览表

1. CSS - 文字属性

语　言	功　能
color : #999999;	文字颜色
font-family : 宋体,sans-serif;	文字字体
font-size : 9pt;	文字大小
font-style:itelic;	文字斜体
font-variant:small-caps;	小字体
letter-spacing : 1pt;	字间距离
line-height : 200%;	设置行高
font-weight:bold;	文字粗体
vertical-align:sub;	下标字
vertical-align:super;	上标字
text-decoration:line-through;	加删除线
text-decoration:overline;	加顶线
text-decoration:underline;	加下划线
text-decoration:none;	删除链接下划线
text-transform : capitalize;	首字大写
text-transform : uppercase;	英文大写
text-transform : lowercase;	英文小写
text-align:right;	文字右对齐
text-align:left;	文字左对齐
text-align:center;	文字居中对齐
text-align:justify;	文字两端对齐
vertical-align属性	
vertical-align:top;	垂直向上对齐
vertical-align:bottom;	垂直向下对齐
vertical-align:middle;	垂直居中对齐
vertical-align:text-top;	文字垂直向上对齐
vertical-align:text-bottom;	文字垂直向下对齐

2. CSS - 项目符号

语　言	功　能
list-style-type:none;	不编号
list-style-type:decimal;	阿拉伯数字
list-style-type:lower-roman;	小写罗马数字
list-style-type:upper-roman;	大写罗马数字
list-style-type:lower-alpha;	小写英文字母
list-style-type:upper-alpha;	大写英文字母
list-style-type:disc;	实心圆形符号
list-style-type:circle;	空心圆形符号
list-style-type:square;	实心方形符号

语　　言	功　　能
list-style-image:url(/dot.gif)	图片式符号
list-style-position:outside;	凸排
list-style-position:inside;	缩进

3. CSS - 背景样式

语　　言	功　　能
background-color:#F5E2EC;	背景颜色
background:transparent;	透视背景
background-image : url(image/bg.gif);	背景图片
background-attachment : fixed;	浮水印固定背景
background-repeat : repeat;	重复排列-网页默认
background-repeat : no-repeat;	不重复排列
background-repeat : repeat-x;	在x轴重复排列
background-repeat : repeat-y;	在y轴重复排列
background-position : 90% 90%;	背景图片x与y轴的位置
background-position : top;	向上对齐
background-position : buttom;	向下对齐
background-position : left;	向左对齐
background-position : right;	向右对齐
background-position : center;	居中对齐

4. CSS - 链接属性

语　　言	功　　能
a	所有超链接
a:link	超链接文字格式
a:visited	浏览过的链接文字格式
a:active	按下链接的格式
a:hover	鼠标转到链接
cursor:crosshair	十字体
cursor:s-resize	箭头朝下
cursor:help	加一问号
cursor:w-resize	箭头朝左
cursor:n-resize	箭头朝上
cursor:ne-resize	箭头朝右上
cursor:nw-resize	箭头朝左上
cursor:text	文字I型
cursor:se-resize	箭头斜右下
cursor:sw-resize	箭头斜左下
cursor:wait	漏斗

5. CSS – 边框属性

语　言	功　能
border-top : 1px solid #6699cc;	上框线
border-bottom : 1px solid #6699cc;	下框线
border-left : 1px solid #6699cc;	左框线
border-right : 1px solid #6699cc;	右框线
solid	实线框
dotted	虚线框
double	双线框
groove	立体内凸框
ridge	立体浮雕框
inset	凹框
outset	凸框

6. CSS - 表单

语　言	功　能
<input type="text" name="T1" size="15">	文本域
<input type="submit" value="submit" name="B1">	按钮
<input type="checkbox" name="C1">	复选框
<input type="radio" value="V1" checked name="R1">	单选按钮
<textarea rows="1" name="1" cols="15"></textarea>	多行文本域
<select size="1" name="D1"> <option>选项1</option> <option>选项2</option> </select>	列表菜单

7. CSS - 边界样式

语　言	功　能
margin-top:10px;	上边界
margin-right:10px;	右边界值
margin-bottom:10px;	下边界值
margin-left:10px;	左边界值

8. CSS - 边框空白

语　言	功　能
padding-top:10px;	上边框留空白
padding-right:10px;	右边框留空白
padding-bottom:10px;	下边框留空白
padding-left:10px;	左边框留空白

附 录 D

VBScript语法手册

1．VBScript 函数

表附录D-1　VBScript 函数

对　象	说　明
Abs 函数	当相关类的一个实例结束时将发生
Array 函数	返回一个 Variant 值，其中包含一个数组
Asc 函数	返回与字符串中首字母相关的 ANSI 字符编码
Atn 函数	返回一个数的反正切值
CBool 函数	返回一个表达式，该表达式已被转换为 Boolean 子类型的 Variant
CByte 函数	返回一个表达式，该表达式已被转换为 Byte 子类型的 Variant
CCur 函数	返回一个表达式，该表达式已被转换为 Currency 子类型的 Variant
CDate 函数	返回一个表达式，该表达式已被转换为 Date 子类型的 Variant
CDbl 函数	返回一个表达式，该表达式已被转换为 Double 子类型的 Variant
Chr 函数	返回与所指定的 ANSI 字符编码相关的字符
CInt 函数	返回一个表达式，该表达式已被转换为 Integer 子类型的 Variant
CLng 函数	返回一个表达式，该表达式已被转换为 Long 子类型的 Variant
Cos 函数	返回一个角度的余弦值
CreateObject 函数	创建并返回对 Automation 对象的一个引用
CSng 函数	返回一个表达式，该表达式已被转换为 Single 子类型的 Variant
CStr 函数	返回一个表达式，该表达式已被转换为 String 子类型的 Variant
Date 函数	返回当前的系统日期
DateAdd 函数	返回已加上所指定时间后的日期值
DateDiff 函数	返回两个日期之间所隔的天数
DatePart 函数	返回一个给定日期的指定部分
DateSerial 函数	返回所指定的年月日的 Date 子类型的 Variant
DateValue 函数	返回一个 Date 子类型的 Variant
Day 函数	返回一个 1 到 31 之间的整数，包括 1 和 31，代表一个月中的日期值
Eval 函数	计算一个表达式的值并返回结果
Exp 函数	返回 e（自然对数的底）的乘方
Filter 函数	返回一个从零开始编号的数组，包含一个字符串数组中符合指定过滤标准的子集
Fix 函数	返回一个数的整数部分
FormatCurrency 函数	返回一个具有货币值格式的表达式，使用系统控制面板中所定义的货币符号
FormatDateTime 函数	返回一个具有日期或时间格式的表达式
FormatNumber 函数	返回一个具有数字格式的表达式
FormatPercent 函数	返回一个被格式化为尾随一个 % 字符的百分比（乘以 100）表达式
GetLocale 函数	返回当前的区域 ID 值
GetObject 函数	从文件中返回一个 Automation 对象的引用
GetRef 函数	返回一个过程的引用，该引用可以绑定到一个事件

对　象	说　明
Hex 函数	返回一个字符串，代表一个数的十六进制值
Hour 函数	返回一个 0 到 23 之间的整数，包括 0 和 23，代表一天中的小时值
InputBox 函数	在一个对话框中显示提示信息，等待用户输入文本或单击按钮，并返回文本框中的内容
InStr 函数	返回一个字符串在另一个字符串中首次出现的位置
InStrRev 函数	返回一个字符串在另一个字符串中出现的位置，从字符串尾开始计算
Int 函数	返回一个数的整数部分
IsArray 函数	返回一个布尔值，指明一个变量是否数组
IsDate 函数	返回一个布尔值，指明表达式是否可转换为一个日期
IsEmpty 函数	返回一个布尔值，指明变量是否已进行初始化
IsNull 函数	返回一个布尔值，指明一个表达式是否包含非有效数据 (Null)
IsNumeric 函数	返回一个布尔值，指明一个表达式是否可计算出数值
IsObject 函数	返回一个布尔值，指明一个表达式是否引用一个有效的 Automation 对象
Join 函数	返回一个字符串，该字符串由一个数组中所包含的子字符串连接而成
LBound 函数	返回数组的指定维上最小可用的下标
LCase 函数	返回一个已转换为小写的字符串
Left 函数	返回字符串左端的指定数量的字符
Len 函数	返回一个字符串中的字符数或存储一个变量所需的字节数
LoadPicture 函数	返回一个图片对象，仅在 32 位平台上可用
Log 函数	返回一个数的自然对数值
LTrim 函数	返回一个已删除串首空格的复制字符串
Mid 函数	返回在一个字符串中指定数量的字符
Minute 函数	返回 0 到 59 之间的一个整数，包括 0 和 59，代表一个小时中的分钟值
Month 函数	返回 0 到 12 之间的一个整数，包括 0 和 12，代表一年中的月份值
MonthName 函数	返回一个字符串，指明所指定的月份
MsgBox 函数	在对话框中显示一条消息，等待用户单击某个按钮，并返回一个值，该值指明用户单击的是哪个按钮
Now 函数	返回与计算机的系统日期和时间相对应的当前日期和时间
Oct 函数	返回一个字符串，代表一个数的八进制值
Replace 函数	返回一个字符串，其中指定的子字符串已被另一个子字符串替换了指定的次数
RGB 函数	返回一个代表 RGB 颜色值的整数
Right 函数	返回字符串中从右端开始计的指定数量的字符
Rnd 函数	返回一个随机数
Round 函数	返回一个数，该数已被舍入为小数点后指定位数
RTrim 函数	返回一个复制的字符串，其中已删除结尾的空格

对　象	说　明
ScriptEngine函数	返回一个代表正在使用的脚本语言的字符串
ScriptEngineBuildVersion函数	返回正在使用的脚本引擎的版本号
ScriptEngineMajorVersion函数	返回正在使用的脚本引擎的主版本号
ScriptEngineMinorVersion函数	返回正在使用的脚本引擎的次要版本号
Second 函数	返回一个 0 到 59 之间的整数，包括 0 和 59，代表一分钟内的多少秒
Sgn 函数	返回一个整数，指明一个数的正负
Sin 函数	返回一个角度的正弦值
Space 函数	返回一个由指定数量的空格组成的字符串
Split 函数	返回一个从零开始编号的一维数组，其中包含指定数量的字符串
Sqr 函数	返回一个数的平方根
StrComp 函数	返回一个值，指明字符串比较的结果
String 函数	返回一个指定长度的重复字符串
StrReverse 函数	返回一个字符串，其中指定字符串中的字符顺序颠倒过来
Tan 函数	返回一个角度的正切值
Time 函数	返回一个子类型为 Date 的 Variant，指明当前的系统时间
Timer 函数	返回 12:00 AM（午夜）后已经过的秒数
TimeSerial 函数	返回一个子类型为 Date 的 Variant，包含特定时分秒的时间
TimeValue 函数	返回一个子类型为 Date 的 Variant，包含时间
Trim 函数	返回一个复制的字符串，其中已删除串首和串尾的空格
TypeName 函数	返回一个字符串，其中提供了一个变量的 Variant 子类型信息
UBound 函数	返回一个数字的指定维上可用的最大下标
UCase 函数	返回一个已转换为大写的字符串
VarType 函数	返回一个值，指明一个变量的子类型
Weekday 函数	返回一个整数，代表一周中的第几天
WeekdayName 函数	返回一个字符串，指明所指定的是星期几
Year 函数	返回一个代表年份的整数

2．VBScript 对象

表附录D-2　VBScript 对象

集　合	说　明
Class 对象	提供对已创建类的事件的访问途径
Dictionary 对象	用于保存数据主键，值对的对象
Err 对象	包含与运行时错误相关的信息
FileSystemObject 对象	提供对计算机文件系统的访问途径
Match 对象	提供对一个正则表达式匹配的只读属性的访问途径功能
Matches 集合	正则表达式 Match 对象的集合
RegExp 对象	提供简单的正则表达式支持
SubMatches 集合	提供对正则表达式子匹配字符串的只读值的访问

3. VBScript 属性

表附录D-3　VBScript 属性

方　　法	说　　明
Description 属性	返回或设置与一个错误相关联的描述性字符串
FirstIndex 属性	返回搜索字符串中找到匹配项的位置
Global 属性	设置或返回一个布尔值
HelpContext 属性	设置或返回帮助文件中某个主题的上下文 ID
HelpFile 属性	设置或返回一个帮助文件的完整可靠的路径
IgnoreCase 属性	设置或返回一个布尔值，指明模式搜索是否区分大小写
Length 属性	返回搜索字符串中所找到的匹配的长度
Number 属性	返回或设置指明一个错误的一个数值
Pattern 属性	设置或返回要被搜索的正则表达式模式
Source 属性	返回或设置最初产生该错误的对象或应用程序的名称
Value 属性	返回在一个搜索字符串中找到的匹配项的值或文本

4. VBScript 语句

表附录D-4　VBScript 语句

事　　件	说　　明
Call 语句	将控制权交给一个 Sub 或 Function 过程
Class 语句	声明一个类的名称
Const 语句	声明用于替换文字值的常数
Dim 语句	声明变量并分配存储空间
Do...Loop 语句	当某个条件为 True 时或在某个条件变为 True 之前重复执行一个语句块
Erase 语句	重新初始化固定大小的数组的元素和释放动态数组的存储空间
Execute 语句	执行一条或多条指定语句
ExecuteGlobal 语句	在一个脚本的全局命名空间中执行一条或多条语句
Exit 语句	退出 Do...Loop、For...Next、Function 或 Sub 代码块
For...Next 语句	重复地执行一组语句达指定次数
For Each...Next 语句	针对一个数组或集合中的每个元素重复执行一组语句
Function 语句	声明一个 Function 过程的名称、参数和代码
If...Then...Else 语句	根据一个表达式的值而有条件地执行一组语句
On Error 语句	激活错误处理
Option Explicit 语句	强制显式声明一个脚本中的所用变量
Private 语句	声明私有变量并分配存储空间
Property Get 语句	声明一个 Property 过程的名称、参数和代码，该过程取得（返回）一个属性的值
Property Let 语句	声明一个 Property 过程的名称、参数和代码，该过程指定一个属性的值

事　件	说　明
Property Set 语句	声明一个 Property 过程的名称、参数和代码，该过程设置对一个对象的引用
Public 语句	声明公共变量并分配存储空间
Randomize 语句	初始化随机数生成器
ReDim 语句	声明动态数组变量并在过程级别上分配或重新分配存储空间
Rem 语句	包括程序中的解释性说明
Select Case 语句	根据一个表达式的值，相应地执行一组或多组语句
Set 语句	将一个对象引用赋给一个变量或属性
Sub 语句	声明一个 Sub 过程的名称、参数和代码
While...Wend 语句	给定条件为 True 时执行一系列语句.
With 语句	对单个对象执行一系列语句

5. VBScript 方法

表附录D-5　VBScript 方法

属　性	说　明
Clear 方法	清除 Err 对象的所有属性设置
Execute 方法	对一个指定的字符串进行正则表达式搜索
Raise 方法	产生一个运行时错误
Replace 方法	替换正则表达式搜索中所找到的文本
Test 方法	对一个指定的字符串进行正则表达式搜索

6. VBScript 语法错误

表附录D-6　VBScript 语法错误

错 误 编 号	说　明
1052	在类中不能有多个缺省的属性/方法
1044	调用 Sub 时不能使用圆括号
1053	类初始化或终止不能带参数
1058	只能在 Property Get 中指定 'Default'
1057	说明 'Default' 必须同时说明 'Public' "
1005	需要 '('
1006	需要 ')'
1011	需要 '='
1021	需要 'Case'
1047	需要 'Class'
1025	需要语句的结束
1014	需要 'End'
1023	需要表达式
1015	需要 'Function'

错误编号	说明
1010	需要标识符
1012	需要 'If'
1046	需要 'In'
1026	需要整数常数
1049	在属性声明中需要 Let , Set 或 Get
1045	需要文字常数
1019	需要 'Loop'
1020	需要 'Next'
1050	需要 'Property'
1022	需要 'Select'
1024	需要语句
1016	需要 'Sub'
1017	需要 'Then'
1013	需要 'To'
1018	需要 'Wend'
1027	需要 'While' 或 'Until'
1028	需要 'While,'、 'Until,' 或语句未结束
1029	需要 'With'
1030	标识符太长
1014	无效字符
1039	无效 'exit' 语句
1040	无效 'for' 循环控制变量
1013	无效数字
1037	无效使用关键字 'Me'
1038	'loop' 没有 'do'
1048	必须在一个类的内部定义
1042	必须为行的第一个语句
1041	名称重定义
1051	参数数目必须与属性说明一致
1001	内存不足
1054	Property Let 或 Set 至少应该有一个参数
1002	语法错误
1055	不需要的 'Next'
1015	未终止字符串常数